機械工作入門

小林輝夫 著

本書を発行するにあたって，内容に誤りのないようできる限りの注意を払いましたが，本書の内容を適用した結果生じたこと，また，適用できなかった結果について，著者，出版社とも一切の責任を負いませんのでご了承ください．

本書に掲載されている会社名・製品名は一般に各社の登録商標または商標です．

本書は，「著作権法」によって，著作権等の権利が保護されている著作物です．本書の複製権・翻訳権・上映権・譲渡権・公衆送信権（送信可能化権を含む）は著作権者が保有しています．本書の全部または一部につき，無断で転載，複写複製，電子的装置への入力等をされると，著作権等の権利侵害となる場合があります．また，代行業者等の第三者によるスキャンやデジタル化は，たとえ個人や家庭内での利用であっても著作権法上認められておりませんので，ご注意ください．

本書の無断複写は，著作権法上の制限事項を除き，禁じられています．本書の複写複製を希望される場合は，そのつど事前に下記へ連絡して許諾を得てください．

出版者著作権管理機構
（電話 03-5244-5088，FAX 03-5244-5089，e-mail：info@jcopy.or.jp）

JCOPY ＜出版者著作権管理機構 委託出版物＞

はしがき

　機械は多くの部品から成り立っているが，これらの部品はいろいろな材料で作られている．材料に熱や力を加えて機械の部品を加工し，これを組み立てて一つの機械を完成させるまでの方法を機械工作法という．

　ところで，現代の工業生産は技術革新・多量生産などのことばによって特徴づけられているが，これに半導体技術の結晶であるコンピュータ制御が加わり，生産現場には自動制御工作機械，ロボットが導入されている．従来，一般には機械部品等を安価に製造するには多量生産方式であるトランスファマシンの採用が有効であった．しかし，最近は製品の多様化によって多品種少量生産の要望が強いため自動化に対応して自動制御による工作機械が採用されている．

　いっぽう，従来は技能に頼っていた分野を工学的な技術によって補っていく「技術と知識の時代」に入っている．このためもともと機械工作法は基礎的な理論や技術の積重ねで今日まで発展してきたわけであるが，このような時代背景から最近では加工学とも呼ばれるようになった．

　本書は，機械工作法の全般についての入門書であるがつぎの各点に留意した．

（1）　理論を述べるときは，例題を入れて理解しやすいように配慮した．

（2）　工作機械はその基本として汎用機械をとりあげ，基礎事項を充分に説明した．

（3）　自動制御工作機械については，NC旋盤，NCフライス盤，マシニングセンタの仕組みとそのプログラミングを説明した．

（4）　特に，研削加工においては超精密研削について触れておいた．

（5）　単位系については，SI単位系を主としたが，切削加工では，実状を考えて重力単位系を主としてこれにSI単位を併記した．

本書が機械工作法の基本を学ぶためのテキストとして，いささかでも役立つことができれば，著者の喜びこれにすぎるものはない．

　終りに本書が成るに当たっては畏友水沢昭三氏にその緒をつけていただいた．また，執筆に当たっては先輩，同僚の方々に貴重な資料や意見を賜った．ここに記して各位に感謝の意を申し述べる次第である．

　　1991年　11月

著　　者

目　　　次

1章　機械工作法のあらまし
1・1　工作法の移り変わり・・・・　9
1・2　工作機械とその特質・・・・　10
　　1．工作機械の定義・・・・・・　10
　　2．工作機械の特質・・・・・・　11
　　3．加工精度・・・・・・・・・　11
　　4．工作機械の運動・・・・・・　11
1・3　機械工作法の概要とその動向　12
　　1．鋳造・・・・・・・・・・・　12
　　2．溶接・・・・・・・・・・・　12
　　3．塑性加工・・・・・・・・・　13
　　4．熱処理・・・・・・・・・・　13
　　5．切削加工・・・・・・・・・　13
　　6．研削加工・・・・・・・・・　14
　　7．特殊加工・・・・・・・・・　15
1・4　機械材料・・・・・・・・・　15
　　1．材料記号・・・・・・・・・　15
　　2．金属材料の機械的性質試験・　15
　　3．機械材料の選び方・・・・・　18

2章　鋳造
2・1　鋳造のあらまし・・・・・・　21
　　1．模型の種類・・・・・・・・　21
　　2．模型の製作・・・・・・・・　23
　　3．鋳物砂と砂型用材料・・・・　24
　　4．鋳型の種類と構造・・・・・　25
　　5．手込め造型（生型の手込め作業）・・・・・・・・・・・　26
　　6．中子の作り方と据え方・・・　28
　　7．造型機による型込め・・・・　28
2・2　鋳鉄の溶解・・・・・・・・　29
　　1．キュポラ・・・・・・・・・　29
　　2．二重溶解用電気炉・・・・・　31
　　3．キュポラによる溶解法・・・　31
　　4．鋳鉄の原料の配合・・・・・　32
　　5．高級鋳鉄と接種・・・・・・　35
　　6．合金鋳鉄・・・・・・・・・　35
　　7．特殊鋳鉄・・・・・・・・・　35
2・3　鋳鋼の溶解・・・・・・・・　36
2・4　非鉄金属の溶解・・・・・・　36
　　1．銅合金の溶解・・・・・・・　36
　　2．軽合金の溶解・・・・・・・　36
2・5　精密鋳造法・・・・・・・・　37
　　1．ダイカスト鋳造・・・・・・　37
　　2．低圧鋳造法・・・・・・・・　38
　　3．シェルモールド鋳造法・・・　39
　　4．インベスメント鋳造法・・・　40
　　5．遠心鋳造法・・・・・・・・　40
2・6　その他の鋳造法・・・・・・　41
　　2章／練習問題・・・・・・・・　42

3章　溶接と溶断
3・1　金属の溶接・・・・・・・・　43
3・2　ガス溶接・・・・・・・・・　43

1．ガス溶接用機器・・・・・・ 44	1．圧延加工・・・・・・・・ 68
2．ガス溶接の準備・・・・・ 46	2．転造加工・・・・・・・・ 70
3．ガス溶接の実例・・・・・ 47	4・4　押出し，引抜き・・・・・ 71
3・3　ガス切断・・・・・・・・・ 48	1．押出し・・・・・・・・・ 71
1．ガス切断法・・・・・・・ 48	2．引抜き・・・・・・・・・ 74
2．ガス切断の要領・・・・・ 48	4・5　プレス加工・・・・・・・ 75
3．自動ガス切断機による切断・ 49	1．せん断加工・・・・・・・ 76
3・4　アーク溶接・・・・・・・・ 49	2．曲げ加工・・・・・・・・ 79
1．被覆アーク溶接棒の種類・・ 50	3．絞り加工・・・・・・・・ 82
2．アーク溶接機・・・・・・ 50	4章／練習問題・・・・・・・・ 85
3．アーク溶接作業・・・・・ 51	
4．自動アーク溶接・・・・・ 53	**5章　熱処理**
3・5　電気抵抗溶接・・・・・・・ 55	5・1　炭素鋼組織と状態図・・・・ 86
1．重ね抵抗溶接・・・・・・ 56	5・2　焼なまし，焼ならし，焼入
2．突合わせ抵抗溶接・・・・ 56	れ，焼戻し・・・・・・・・ 88
3・6　その他の溶接法・・・・・・ 57	1．焼なまし・・・・・・・・ 88
1．エレクトロスラグ溶接法・・ 57	2．焼ならし・・・・・・・・ 89
2．テルミット溶接法・・・・ 57	3．焼入れ・・・・・・・・・ 89
3．超音波圧接・・・・・・・ 57	4．焼戻し・・・・・・・・・ 89
4．電子ビーム溶接・・・・・ 58	5・3　鋼の等温変態曲線と等温変
5．レーザ溶接・・・・・・・ 58	態処理・・・・・・・・・・ 89
3章／練習問題・・・・・・・・ 59	1．パテンチング・・・・・・ 90
	2．オーステンパ・・・・・・ 90
4章　塑性加工	3．マルテンパ・・・・・・・ 90
4・1　塑性加工の原理・・・・・・ 60	5・4　加熱炉の種類と加熱時間・・ 90
1．塑性と弾性・・・・・・・ 60	1．加熱炉・・・・・・・・・ 90
2．加工硬化と変形抵抗・・・ 63	2．加熱温度と保持時間・・・ 91
3．塑性加工における応力・・・64	5・5　鋼種別熱処理の要領・・・・ 92
4・2　鍛造・・・・・・・・・・・ 65	1．構造用炭素鋼の熱処理・・ 92
1．鍛造温度・・・・・・・・ 65	2．構造用合金鋼の熱処理・・ 93
2．自由鍛造・・・・・・・・ 65	3．炭素工具鋼の熱処理・・・ 94
3．型鍛造・・・・・・・・・ 66	4．合金工具鋼の熱処理・・・ 95
4．鍛造する力・・・・・・・ 67	5．高速度工具鋼の熱処理・・ 96
5．鍛造用機械・・・・・・・ 67	6．ステンレス鋼の熱処理・・ 97
4・3　圧延加工および転造・・・・ 68	5・6　その他の熱処理・・・・・・ 98

目次

1．鋳鋼の熱処理・・・・・・ 98
2．鋳鉄の熱処理・・・・・・ 98
3．アルミニウム合金の時効・・ 98
5・7 鋼の浸炭と窒化法・・・・ 98
1．浸炭法・・・・・・・・・ 98
2．窒化法・・・・・・・・・ 99
5章／練習問題・・・・・・ 99

6章 切削加工

6・1 切削理論・・・・・・・ 100
1．切りくずの形状と構成刃先・ 100
2．切削抵抗・・・・・・・・ 101
3．切削の幾何学・・・・・・ 103
4．工具寿命・・・・・・・・ 105
5．切削温度・・・・・・・・ 107
6・2 切削工具材料と切削油剤・・ 108
1．切削工具材料・・・・・・ 108
2．切削油剤・・・・・・・・ 112
6・3 旋盤と旋盤作業・・・・・ 114
1．旋盤の種類・・・・・・・ 114
2．旋盤の構造・・・・・・・ 116
3．旋盤用バイト・・・・・・ 118
4．旋削の理論・・・・・・・ 124
5．旋盤作業の分類・・・・・ 125
6．バイトの取付け・・・・・ 127
7．切削寸法の決め方・・・・ 127
8．超硬バイトによる旋削・・・ 128
9．高速度鋼バイトによるヘール仕上げ・・・・・・・・ 128
10．ローレット掛け・・・・・ 128
11．テーパおよびテーパ削り・・ 129
12．ねじ切り・・・・・・・・ 130
6・4 ボール盤とその作業・・・ 132
1．ボール盤の種類・・・・・ 132
2．ボール盤の動力・・・・・ 134

3．ボール盤用工具・・・・・ 134
4．ボール盤作業・・・・・・ 137
5．ガンドリリング機械と
BTA ドリリング機械・・・ 138
6・5 中ぐり盤とその作業・・・ 139
6・6 穴あけジグ・・・・・・ 143
1．ジグの利点・・・・・・・ 144
2．ジグ設計上の要点・・・・ 144
6・7 フライス盤とその作業・・・ 144
1．フライス盤・・・・・・・ 144
2．フライス盤の種類・・・・ 146
3．フライス盤の大きさ・・・ 147
4．フライス盤用工具・・・・ 147
5．フライス盤作業・・・・・ 150
6・8 平削り盤，形削り盤とその作業・・・・・・・・・ 156
1．平削り盤の構造・・・・・ 156
2．平削り用バイト・・・・・ 157
3．平削り作業・・・・・・・ 158
4．形削り盤の構造と作業・・・ 160
6・9 ブローチ盤とその作業・・・ 161
6・10 歯切り盤と歯切り作業・・・ 162
1．歯車の基礎・・・・・・・ 162
2．平歯車，はすば歯車などの
歯切り盤の種類・・・・・ 162
3．ホブ盤による歯切り・・・ 165
4．フェロース形歯切り盤による歯切り・・・・・・・・ 168
5．転位歯車・・・・・・・・ 168
6．かさ歯車の歯切り・・・・ 169
7．シェービング盤と加工・・・ 169

7章 研削加工

7・1 研削加工の特色・・・・・ 171
7・2 研削砥石の種類・・・・・ 172

1. 研削砥石・・・・・・・・・ 172
2. 研削砥石の選択・・・・・・ 174
7・3 研削理論・・・・・・・・・・ 175
1. 研削の幾何学・・・・・・・ 175
2. 研削抵抗の理論・・・・・ 177
3. 研削抵抗の測定と推定・・・ 178
4. 研削温度の測定と研削熱・・ 179
5. 仕上げ面粗さ・・・・・・・ 180
7・4 各種研削盤とその作業・・・ 181
1. 研削盤用精密軸受・・・・・ 181
2. 砥石フランジと砥石の釣合い・・・・・・・・・・ 181
3. 円筒研削盤・・・・・・・・ 183
4. 内面研削盤・・・・・・・・ 185
5. 平面研削盤・・・・・・・・ 186
6. 心無し研削盤・・・・・・・ 192
7. 歯車研削盤・・・・・・・・ 194
7・5 超精密研削加工（マイクログラインディング）・・・・ 196
1. マイクログラインディング研削盤の構造・・・・・・・ 196
2. マイクログラインディング研削盤の実例・・・・・・・ 197
3. マイクログラインディングの加工結果・・・・・・・・ 198

8章 特殊加工法
8・1 放電加工・・・・・・・・ 200
8・2 電解加工・・・・・・・・ 201
8・3 砥石を用いる加工・・・・ 202
1. ホーニング・・・・・・・ 202
2. 超仕上げ・・・・・・・・ 203
3. 電解研削・・・・・・・・ 204

8・4 砥粒による加工・・・・・ 204
1. ラッピング・・・・・・・ 204
2. 超音波加工・・・・・・・ 206

9章 数値制御工作機械
　　　（NC工作機械）
9・1 数値制御工作機械の仕組み・ 208
1. 送り機構・・・・・・・・ 208
2. サーボモータ・・・・・・ 210
3. エンコーダ・・・・・・・ 211
4. NC旋盤の構造・・・・・ 212
5. 小形マシニングセンタの構造・・・・・・・・・・ 213
9・2 NC旋盤のプログラミング・ 214
1. NCの言語・・・・・・・ 214
2. プログラム原点と機械原点および中間点・・・・・・ 218
3. ねじ切り・・・・・・・・ 219
4. バイトのノーズ半径の工作物寸法への影響と刃先R補正自動計算機能・・・・・・ 220
9・3 NCフライス盤とマシニングセンタのプログラミング・・ 224
1. アブソリュート座標とインクレメンタル座標・・・・ 225
2. 座標系設定・・・・・・・ 225
3. 工具径補正・・・・・・・ 226
4. 工具位置オフセット・・・ 226
5. 工具交換・・・・・・・・ 227
9・4 自動プログラミング・・・ 229
9・5 FA, CAD/CAM, FMC, FMS, CIM・・・・・ 230

1章　機械工作法のあらまし

機械の各部品を製作する場合は，強度，外観，価格，材質等を検討しながら設計がなされる．そして各部品の，形状，寸法，材質などは，工作法を指定した工作図に描き示される．工作法は材料，加工精度，用途，製作個数，納期等を考慮して決定する．このため，機械の設計・製作にたずさわる技術者は，材料のもっている性質と加工性についての知識はもとより加工手段を選択する能力が必要になる．

機械工作法とは材料に熱や力を加えることによって部品を加工し，これを組み立てて一つの機械として完成するまでの方法である．一般に機械工作法は，鋳造，溶接，塑性加工，熱処理，切削加工，砥粒加工，特殊加工，工作測定の各種に分類される．なお，最近の工作機械には数値制御が導入されているが，本書では切削理論と工作法の基本を説明するために，切削加工，研削加工については汎用工作機械を対象とし，数値制御工作機械とは分けて説明することにした．

1・1　工作法の移り変わり

人力をエネルギーとして使っていた時代には今日でいう機械と呼ばれるようなものは少なかったが，鉄鉱石を木炭で赤熱させて，鍛錬して鉄鋼を製造し，刀剣や農具等の道具の加工は行われていた．

1500年頃には水力や風力エネルギーの利用によって，炉への送風にも改良が加えられたため，高熱が得られるようになり，容易に

図1・1　現代の工作機械（マシニングセンタ）．

鋳造，鍛造ができるようになり，機械も製作され始めている．蒸気をエネルギーとする蒸気機関がジェームス・ワット（英）によって1765年に製作されたのは広く知られていることである．18世紀以降，科学・技術の大いなる進展によって各種の工作機械が作られるようになった．

表1・1に近代における工作機械と工具の発達について，そのあらましを示した．

表 1・1 工作機械と工具の発達．

年号	記　　　　　事
1769	中ぐり盤　スミートン(英)　最初に製作された工作機械，加工精度が悪かった．
1775	中ぐり盤　ジョン・ウイルキンソン(英)　現在の中ぐり盤の加工と同様である．
1797	旋　盤　ヘンリー・モーズレー(英)
1817	平削り盤　リチャード・ロバーツ(英)
1818	フライス盤　エリー・ホイットニ(英)
1822	ねじれきり　ヤコブ・パーキン(英)
1839	形削り盤　ジームス・ナスミス(英)
1840	ボール盤　ジームス・ナスミス(英)
1840	焼成砥石(米)　砥粒は天然産を集めて，粘土で焼成．切れ刃不安定．
1855	歯切り盤　ブラウン(米)：タレット盤　ストーン(米)
1876	円筒研削盤　ブラウン・シャープ社(米)　ミシンの部品を研削．
1887	ホブ歯切り盤　グランド(米)
1892	人造砥粒の研削砥石の出現．(米)　砥粒切れ刃の安定．
1900	高速度鋼2種の開発．テーラーとホワイト(米)　切削速度 20 m/min．
1901	円筒研削盤　ノートン社(米)　最初の実用機．
1910	高速度鋼3・4種．コバルト 15〜20% を含む．強力切削用．切削速度 30 m/min
1914	研削砥石の製造(日本)
1917	万能研削盤(唐津)，円筒研削盤(池貝，園池)の製造．
1926	超硬合金　クルップ(独)　炭化タングステン粉末をコバルトの粉で焼結させたもの．
1930	鋼用の超硬合金．TiC，TaC を入れ，耐摩耗性を増加．
1930	研削による互換性のある部品の多量生産が可能になる．
1952	NC フライス盤　マサチューセッツ工科大学(米)，回路素子は真空管．
1957	NC 旋盤　東工大で試作品(日本)．
1958	マシニングセンタ　カーニ・トレッカ社(米)
1958	NC フライス盤　牧野フライス，日立精機，日立製作所，富士通(日本)．
1959	NC ジグボーラ　機械技術研究所：代数演算方式パルス補間回路　富士通(日本)

1・2　工作機械とその特質

1.　工作機械の定義

ここでは"工作機械とは何か"について考えてみよう．一般に工作機械という言葉はつぎの二つの意味で使用されている．その第1は広い意味で，「道具や機械を作る機械」という意味に使われている．これによれば，鋳造や塑性加工用の機械もすべて包含され

る．その第2は狭い意味で，「切りくずを出す加工を行う機械」という意味に使われている．これによれば，切削用機械，研削盤等が工作機械と定義される．しかし，現代の機械工学では第2の意味で工作機械を考えるのが普通である．

2. 工作機械の特質

切削を行うと切削抵抗（力）が生じるが，この力によって生じる機械のひずみをできるだけ小さくしないと，工具刃先に変位を生じて加工精度が悪くなる．「工作機械は力による変位をきらう」これが工作機械の特色である．いいかえると力を変位で割った商を剛性というから，「工作機械には剛性が必要である」ともいえる．したがって，工作機械は外見からして，がっしりした構造になり，耐用年数も他の産業機械に較べて長い．

3. 加工精度

工作機械で工作物を加工して，所要の寸法，形状および表面粗さにする精度の度合を加工精度という．加工精度は加工中の工具と工作物との間の位置の安定によるので，工作機械は形体上の静的精度が確保されるだけでなく，運動の平滑・平衡・正確さの動的精度が保証されなければならない．したがって，工作機械の試験方法としては，運転試験，静的精度試験および工作物を加工してその工作物の精度を試験する工作精度試験があるが，この工作精度試験の結果を重視する．なお，加工精度は寸法精度，形状精度，表面粗さの三つに分類される．

一般に機械工作では切削抵抗にともなってひずみが大きくなるので，刃物の切込みを大きくして強力に切りくずを出して能率をあげる荒削りと，切込みを小さくして，送りを遅くする仕上げ削りの二つの工程に分けて切削を行って加工精度をよくするのが普通である．

研削盤では要求される加工精度も高いから，剛性が大きいだけでなく，振動に対する特性もよいことが要求される．また，旋盤でバイトを長く出して削った場合や，研削盤で工作物の送り速度を上げていくと，異常な音を出し，仕上げ面にしま模様を生じるが，これを「びびり」といい，「びびりにくい工作機械」がよい工作機械といえる．

4. 工作機械の運動

工作機械の主要な運動はつぎの通りである（図1・2参照）．

① 切削運動 … 刃物と工作物との相対運動．主運動ともいう．

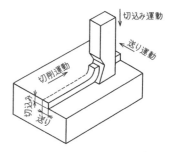

図1・2 工作機械の主要な運動（平削り）．

② 切込み運動 … 刃物に切込みを与える運動．位置決め運動ともいう．

③ 送り運動 … 切り込んだ刃物をずらせて新しい面を削るための運動．

このうち，主運動は切削速度を一定にするため，変速できる機構になっている．また，切込みは，切込み量が正確であり，切削力によって変化しないことが要求されるので，一般にはねじに切込みダイヤル目盛（マイクロカラ）を付けた機構が使われている（図1・3参照）．送り運動は刃物をずらせて進めるため，案内面の精度がよいことと，剛性が必要になる．案内面の機構にはねじの

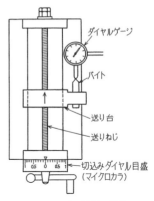

図 1・3 送り機構の模型．

回転による運動を利用したものが多い．ねじはピッチ誤差が少ないことと，一定の切込み，送りの運動と力を確実に伝達できる台形ねじおよびボールねじがよく使用されている．

1・3 機械工作法の概要とその動向

加工精度のよい部品を切削や研削などを行なわないで製作できれば，加工費も低下するので理想といえる．また，いたずらに高精度の部品は製作すべきではないが，反対にどうしても高精度な加工を必要とする場合もあり，加工技術についての開発が要求される．ここでは各加工法の概要を説明しながら，現状と将来の動向を考えてみよう．

1. 鋳　　造

鋳造は金属を熱で溶かして，鋳型に流し込んで成形する方法である．鋳造には鋳鉄がいちばん多く用いられ，これについで，鋳鋼，銅合金，アルミ合金等の加工が一般的である．鋳造によれば複雑な形状を安価に製作できる利点がある．

最近は引張り強さ $250\,\mathrm{N/mm^2}$ 以上の高級鋳鉄が多く使用され，また，シェルモールド，インベスメント，ダイカスト，遠心鋳造法などの精密鋳造が盛んである．なお，鋳造作業では砂処理，溶解，注湯，型ばらし等の各工程は，はるか以前に機械化が進み，現在では自動化の方向に進んでいる．

2. 溶　　接

溶接は金属の接合部を局部的に加熱して接合する方法である．主な溶接法にはガス溶接，アーク溶接，電気抵抗溶接がある．試作機などのように製作個数が少ない機械のフレームを作るような場合は溶接構造にすることが多くなった．鋼板構造は鋳鉄の構造物

に比べて，振動に対して弱いが，最近は防振の方法も工夫されている．なお，多関節形ロボットと組み合わせた，スポット溶接，イナートガス溶接などのほかプラズマ溶接，レーザ切断などが現在の溶接技術の流行といえる．

3．塑性加工

金属に力を加えると変形する．加えた力が大きければ金属はもとの形には戻らない．金属のこのような性質を塑性といい，塑性を利用した加工法を塑性加工という．これには鍛造，圧延，転造，押出し，引抜き，板材を成形するプレス加工などの別がある．塑性加工は，鋼材・鋼板の圧延，引抜き，アルミ材の押出し等，原料料の加工には多用されているが，部品加工の生産性を向上させるための手段として利用されつつある．なお，型の加工技術も利用の増加にともなって進歩している．

4．熱処理

鋼やアルミ合金などの金属は，加熱する温度とか冷却速度などによって強さ，ねばさなどの機械的性質が変化する．また，鋳・鍛造製品の場合は，残留応力を取り除く必要があるので熱処理が施される．また，浸炭，窒化などの表面硬化法も熱処理の1分野である．なお，等温変態を使った熱処理の自動化，浸炭熱処理の自動化等の工夫もなされ，量産の要請に対処している．

5．切削加工

材料より硬い材質の工具を用いると，工作物を削ることができる．加工精度が必要なときには切削加工が採用される．この切りくずを出す加工を行う機械を工作機械というが，旋盤，ボール盤，フライス盤，平削り盤，歯切り盤などの各種がある．

工具材質としては，超硬合金，高速度鋼，ダイヤモンド等が使われるが，1個の刃先をもった工具をバイト，穴あけ用工具をドリル，円筒の外面または端面に切れ刃をもった工具をフライスという．

工作機械のうち，1人1台で使用する一般的な工作機械（汎用機ともいう．）はしだいに使われなくなり，多量生産では，切削ユニットを組み合わせた，逐次加工方式をとっている．さらに発展すると各工程を1ステーションとして，これを並べて，工作物を一定時間ごとに移動させて加工を行うトランスファマシンと呼ぶ形式になり，各ステーションの加

図1・4 トランスファマシン

工時間（タクト時間）を3分間以内にとっている．自動車部品の製造工程などは，この方式がとられている好例である（図1・4参照）．

いっぽう現在ではニーズの多様化によって，多品種少量生産が要求されるので，融通性がありまた複雑な形状の部品を能率よく切削できる，数値制御工作機械が利用されている．このため工作機械のメーカは，各種工作機械にこの数値制御装置（NC装置）を取り付けている．時代の要求から，生産工場のNC工作機械の設備台数も多くなり，価格も低くなりつつある．

生産の現場では設計図はCADで描き，一貫してNC加工ができる，"CAD-CAM"の一貫加工の導入が理想であるが，現在はまだ進行中の段階である．なお，現状では，数種のNC工作機を連結して，1台の大形コンピュータで制御するシステムをとっている工場が多い．

なお，本書では，一般の汎用工作機の構造と取扱い法を機械工作法の基本として説明しかつ，切削理論にふれておいた．また，NC工作機（NCフライス盤，マシニングセンタ，NC旋盤）については数値制御工作機械として章を改めて説明した．

6. 研削加工

高速回転させた砥石で，工作物を削り取る加工を研削加工といい，この加工を行う工作機械を研削盤という．研削加工は切削加工よりも高精度を必要とするときや焼入れ鋼などのように材質が硬くて切削できない材料の加工に用いる加工法である．砥石は酸化アルミ，炭化けい素の砥粒を粘土で焼成したものが主に使われ，その他に炭化ボロン（CBN）やダイヤモンド砥石は，特に硬い材質であるニューセラミックス，シリコン等の研削に使われる．

研削加工では加工中に砥石が摩耗し，砥石直径の狂いも生じるうえ，ドレッシング（目直し）の問題もあるので高精度の仕上がり公差を目的とする場合は，研削盤がNC化しているとはいえ，多量生産方式のラインから外すことが常識である．なお，研削加工でも心無し研削，両頭平面研削盤などは量産を目的としているため自動化している．

円筒研削盤では，自動定寸監視装置の取付けによって，仕上がり寸法公差を±0.005 mmまでは楽に加工できる．ただし，工作機械，砥石，工作物が弾性変形したひずみによるスパークアウト（火花が研削時間とともに小さくなる．）を認める範囲である．

これに反し，最近は研削加工（μm以下の切込みで，ダイヤモンド砥石を使用．）によってシリコン，水晶，LSI用半導体等の硬ぜい性材料の超精密研削が行われるようになった．

7. 特殊加工

電気の放電現象,電気分解,超音波による振動,電子,レーザ等の高エネルギーを使用した加工法がこれである.現在では超音波加工,電解加工はさほど新しい加工法ではなくなり,これに替って数値制御方式のワイヤ放電加工機,半導体,LSI 加工用の切断,溶接用としての電子ビーム加工,レーザビーム加工が注目されている.特にレーザは測定用として,また,ガスレーザ,YAG レーザは鋼板の切断用としても普及している.

1・4 機械材料

材料と加工手段は密接な関係にある.したがって材料の記号を知り,その機械的性質を知っていることは,機械工作法を学ぶうえで重要な要素である.機械材料は金属材料と非金属材料とに大別できるが,このうち金属材料は表1・2のように鉄鋼と非鉄金属材料とに分けられる.

表 1・2 金属材料の分類.

```
          ┌        ┌ 鉄……純鉄 (C 0～0.02%)
          │        │        ┌ 軟鋼 (C 0.2%)
          │ 鋼 ┤ 硬鋼 (C 0.5%)     (炭素鋼)
  鉄 鋼 ┤        │
          │        └ 合金鋼  Cr鋼, Ni鋼, Mn鋼, Si鋼, Ni-Cr鋼, W鋼など
          │        ┌ ねずみ鋳鉄
          └ 鋳鉄 ┤ 白鋳鉄
                    └ 合金鋳鉄

          ┌ 銅合金 ┌ 黄銅(真ちゅう)……Cu-Zn 系合金
          │          │ 青銅(砲  金)………Cu-Sn 系合金
          │          └ 特殊黄銅および青銅
          │ ニッケル合金……Ni と Cu, Zn, Fe, Cr 等の合金
 非鉄金属 ┤ 軽合金……Al または Mg を主成分とする合金
          │ 亜鉛・鉛・すず合金……ダイカスト用 Zn 合金,ホワイトメタル
          │ チタンとその合金……Ti-6Al-4V 系合金など
          └ 焼結合金……超硬合金など
```

1. 材料記号

金属材料の種類は非常に多いので,JIS(日本工業規格)では材料記号を定めている.表1・3にその一部を示したがこれによって材質,強さ,製品の種類等を表している.同表の備考欄に示すように,第1位の文字は材質,第2位の文字は規格名または製品名,第3位の数字は材質の種別(材料の引張り強さまたは種別番号.),数字以下は材質の硬さ,成分等による区別を表す.

2. 金属材料の機械的性質試験

金属材料の機械的性質は強さ,硬さ,延性などによって表されるが,その試験法につ

表 1・3 JIS の材料記号(抜粋).

第 1 位		鉄鋼記号第 2 位			
記号	材質	記号	製品名	記号	製品名
A	アルミニウム	B	棒またはボイラー	NCM	ニッケルクロムモリブデン鋼
B	青銅	C	鋳造品		
Bs	黄銅	CMB	黒心可鍛鋳鉄品	P	薄板
Cu	銅	CMW	白心可鍛鋳鉄品	U	特殊用途
F	鉄	CM	クロムモリブデン鋼	S	一般構造用圧延材
K	ケルメット合金	Cr	クロム鋼	T	管
NBs	ネーパル黄銅	DC	ダイカスト鋳物	U	特殊用途鋼
NS	洋白	F	鍛造品	UH	耐熱鋼
PB	りん青銅	K	工具鋼	UJ	軸受鋼
S	鋼	KH	高速度鋼	UM	快削鋼
W	ホワイトメタル	KS	合金工具鋼	UP	ばね鋼
Zn	亜鉛	KD	ダイス鋼	US	ステンレス鋼
		KT	鍛造型鋼	W	線
		NC	ニッケルクロム鋼		

〔備考〕

〔例〕 **S F 440 A** 炭素鋼鍛鋼品 焼ならし
(引張り強さ 440～540 N/mm²)

材質名称　製品名　材質の種別

〔例〕 **S 20 C**
鋼　炭素の含有量 0.20%

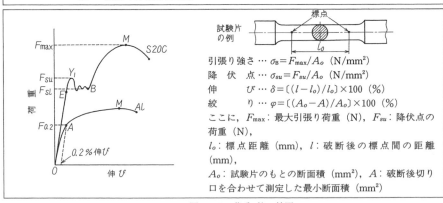

引張り強さ … $\sigma_B = F_{max}/A_o$ (N/mm²)
降伏点 … $\sigma_{su} = F_{su}/A_o$ (N/mm²)
伸び … $\delta = \{(l - l_o)/l_o\} \times 100$ (%)
絞り … $\varphi = \{(A_o - A)/A_o\} \times 100$ (%)

ここに，F_{max}：最大引張り荷重 (N)，F_{su}：降伏点の荷重 (N)，l_o：標点距離 (mm)，l：破断後の標点間の距離 (mm)，A_o：試験片のもとの断面積 (mm²)，A：破断後切り口を合わせて測定した最小断面積 (mm²)

図 1・5　荷重-伸び線図

いて簡単に説明する．

(1) 引張り試験　決められた形状の試験片に標点を打ち，これを材料試験機によって引張り，試験片が破断するまでの荷重を求めると図 1・5 に示す荷重-伸び線図が得られる．

1・4 機械材料

図1・5において E 点の荷重を原断面積で除した応力が弾性限度であり，E 点を越えると荷重を取り去っても伸び量の一部が残り，永久伸びをもち塑性変形する．軟鋼では降伏点が表れるが，他の金属では表れない．例えば Al（アルミニウム）では同図に示すように，なだらかな曲線になるので，0.2% の永久伸びを生ずるときの荷重 A をもとの断面積で割った値を耐力と呼んで，降伏点の代りとしている．

（2）硬さ試験 金属材料の硬さは，他の物体を押し付けたとき，物体の示す抵抗の大きさで表される．この硬さは簡単に測ることができるので材料の強さや耐摩耗性や工具としての性能・能力などの判断ができる．硬さの測定法にはつぎの各種がある．

ブリネル硬さ … 直径 10 mm の鋼球または超硬合金球の圧子を用い，鋼・鋳鉄を測るときは，29420 N（3000 kgf），銅合金・軽合金の場合は 9807 N（1000 kgf）または 4903 N（500 kgf）の荷重をかけ，試験面に球分のくぼみを付けたときの試験荷重（N）をくぼみの表面積（mm^2）で除した値の 0.102 倍をブリネル硬さといい，これを HB と表示する．なお，JIS ではブリネル硬さを標準としている．

ロックウェル硬さ … 先端の丸み 0.2 mm，円すい角 120° のダイヤモンド圧子に，基準荷重 98.07 N（10 kgf）を加え，つぎに試験荷重 1471 N（150 kgf）を加え，再び基準荷重に戻したときの圧子の侵入深さの差を h とすれば，硬さ $HR = 100 - (h/2)$（h の単位は μm．）をロックウェル硬さ C スケールの硬さといい，HRC と表示する．この HRC は焼入れした鋼の硬さの測定によく使われる．なお，焼入れしない鋼の場合は，直径 1.59 mm の

図1・6　硬さ試験機

表1・4　硬さの換算表．

ブリネルくぼみ径 (d) mm	2.4	2.50	2.75	3.00	3.25	3.50	4.00	4.50	5.00
HB（ブリネル硬さ）	(W) 653	(W) 601	495	415	352	302	229	179	143
HRC（ロックウェル硬さ）	60.0	57.3	51.6	44.5	37.9	32.1	20.5	(8) HRB 89.0	HRB 78.7
HS（ショア硬さ）	81	77	68	59	51	45	34	27	22
HV（ビッカース硬さ）	697	640	539	440	372	319	241	188	150
引張り強さ（近似値）MPa	—	—	1855	1660	1180	1005	765	600	490

〔注〕（W）は超硬合金球

鋼球を圧子として，基準荷重 98.07 N (10 kgf)，試験荷重 980.7 N (100 kgf) とした HRB（ロックウェル硬さ B スケール）が使われる．

この他にも硬さにはショア硬さ，ビッカース硬さが使用されるが，その換算は一様ではない．表 1・4 に硬さの換算を示した．

3. 機械材料の選び方

(1) 構造用炭素鋼および合金鋼 構造用炭素鋼のうち，軟鋼と呼ぶ炭素量 0.2% 前後の S 20 C は，材質がやわらかで溶接，鍛造，切削加工がしやすく，板材，型鋼，薄板，管，線材としてのほか，ボルト，ナットなど小物部品に使われる．また半硬鋼，硬鋼の炭素量 0.3〜0.5% の S 30 C から S 50 C はねばさと強さ (540〜790 N/mm²) を要する車軸，歯車，軸，継手などに使われる．この場合，一般には調質という熱処理を施して使用される．S55C は高周波焼入れ用鋼として表面硬さを必要とするとき使用される構造用炭素鋼である（図 1・7 参照）．

つぎに，合金鋼であるが，強さが 880 N/mm² 以上でねばさを必要とするボルト，小物軸，歯車などにはクロムモリブデン鋼（SCM）が使われる．ニッケルクロムモリブデン鋼（SNCM）は高価になるので，Cr-Mo 鋼（SCM）で代用できないか検討する．なお，自動車用の歯車には浸炭用の Cr-Mo 鋼が使用されている（表 1・5 参照）．

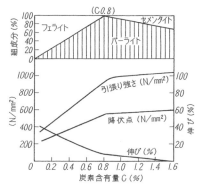

図 1・7 鋼の炭素含有量と機械的性質．

表 1・5 クロムモリブデン鋼(JIS G 4105)・ニッケルクロムモリブデン鋼鋼材(JIS G 4103)(抜粋)の成分．

種類の記号	C	Mn	Ni	Cr	Mo	引張り強さ (N/mm²)	伸び(%)	備考
SCM 415	0.13〜0.18	0.60〜0.85	—	0.90〜1.20	0.15〜0.30	834 以上	16 以上	浸炭用
SCM 432	0.27〜0.37	0.30〜0.60	—	1.00〜1.50	〃	883 以上	〃	
SCM 435	0.33〜0.38	0.60〜0.85	—	0.90〜1.20	〃	932 以上	15 以上	
SCM 440	0.38〜0.43	〃	—	〃	〃	980.7以上	12 以上	
SCM 445	0.43〜0.48	〃	—	〃	〃	1030 以上	〃	
SNCM 220	0.17〜0.23	0.60〜0.90	0.40〜0.70	0.40〜0.65	0.15〜0.30	834 以上	17 以上	浸炭用
SNCM 431	0.27〜0.35	〃	1.60〜2.00	0.60〜1.00	〃	834 以上	20 以上	
SNCM 439	0.36〜0.43	〃	〃	〃	〃	980.9以上	16 以上	
SNCM 447	0.44〜0.50	〃	〃	〃	〃	1030 以上	14 以上	

ステンレス鋼（SUS）のうち，13% の Cr を含む 13 Cr，0.3% C 以上のタイプは刃物として使う．また，17 Cr のステンレス鋼には 0.6〜1.2% C のように高炭素のタイプも

1・4 機械材料

ある.なお,18 Cr-8 Ni のステンレスは高価であるが耐酸性もよいので,建築用,船舶部品,航空機部品,化学工業用に広く使用されている.

(2) 工具鋼 工具鋼には炭素工具鋼 (SK),合金工具鋼 (SKS),高速度鋼 (SKH) などがあるが,説明の重複を避けるために熱処理の項で説明する.

(3) 鋳鉄・鋳鋼 実際に使われている鋳鉄 (FC) は炭素量 2.5～4%,けい素分 1～3% を含有している.ねずみ鋳鉄では FC 200 あたりがよく使用され,FC 250 以上はフレーム,ベッド用であり,鋳造しやすく,激しい衝撃や大きな荷重を受けないところに使用される.

球状黒鉛鋳鉄 (FCD) は引張り強さが 390～690 N/mm^2 あり,遠心鋳造管の原料に使われるほか,弁や鋳物用金型などに使用されている.白銑鋳鉄を長時間加熱し,セメンタイトを黒鉛化したもの,または脱炭したものに,黒心可鍛鋳鉄 (FCMB) と白心可鍛鋳鉄 (FCMW) とがあるが,これらは管の継手,自動車用小部品,スパナ等に使われる.

鋳鋼のうち炭素鋼鋳鋼 (SC) の引張り強さは 360～480 N/mm^2 であるが,低合金鋼鋳鋼としては低マンガン鋼鋳鋼 (SCMn),シリコンマンガン鋼鋳鋼 (SCSiMn) は Mn 1～1.6%,その他 Cr 0.5～1%,Mo 0.2% を入れた SCCrM (クロムモリブデン鋼),SCMnCrM (マンガンクロムモリブデン鋼),SCNCrM (ニッケルクロムモリブデン鋼) などがある.これらは機械部品,車輪,ロール,シリンダ,弁などに使われている.また,高マンガン鋼鋳鋼 (SCMnH) は Mn 13%,炭素 1～1.3% で高耐力高耐摩耗用で粉砕機,鉱山機械に使われる.

(4) 銅合金 銅合金のうち 7-3 黄銅 (Zn 30%) は伸びが最大で,冷間加工が容易であり,複雑な形の加工品に用いられる.また 6-4 黄銅は強力で,市販黄銅板,棒の大部分を占め,熱間加工に適している.Zn 30～40% は黄銅鋳物としても流動性がよい.

機械用青銅は Sn 10% で可鋳性,強度,延性が大で耐摩耗性,耐食性に富むので,弁,軸受,歯車,ポンプ部品などに使われる.軸受用青銅は Zn 1～4%,Sn 13～15% であり,りん P を 0.2～1.5% 加えたりん青銅もばねなどに使われる.

(5) アルミニウム合金 アルミニウム合金のうち,鋳造用アルミ合金としては,Al-Cu 系,Al-Cu-Si 系,Al-Si 系,Y 合金といわれる Al-Cu-Mg-Ni 系,耐食性の Al-Mg 系合金があり,主としてダイカスト用に使われる.用途としては自動車ピストン,シリンダヘッドなどである.

鍛造用としては Al-Mn 系,高力 Al 合金系には Al-Cu 系,ジュラルミンがその代表である Al-Cu-Mg 系,超々ジュラルミンとしては Al-Zn-Mg 系合金である Al-1.2 Cu-8 Zn-1.5 Mg-0.6 Mn-0.25 Cr がある.これらは耐食 Al 合金,高力 Al 合金,耐熱 Al 合金

に分けられる．

（6） プラスチック材料 プラスチックは歯車，電気部品，自動車部品，接着剤などにその使用が増加している．プラスチックは熱可塑性樹脂と熱硬化性樹脂の二つに大別できる．このうち熱可塑性樹脂は，加熱すると溶け，冷却すると硬化する．加工法としては加熱シリンダ内で加熱して溶解した原料を金型中に射出する射出成形法，原料をねじで送り，ねじの先端近くで加熱して連続的に管，棒などを成形する押出し成形法が採用されている．

また，熱硬化性樹脂は硬化すると熱で溶けないので，上下の金型中に粉末原料を入れ，加熱盤で加熱，圧縮して，硬化させて取り出す圧縮成形法や流動性のある樹脂を型に注入する方法，または紙，布などに樹脂を結合剤とする積層法で製造される．なお，熱硬化性樹脂は硬質なので，切削は工具の寿命が短く困難である．

2章 鋳　　　造

　金属を熱して溶かし，型に流し込んで成形することを鋳造という．鋳造では，まず部品とほぼ同じ形の模型を作り，模型を砂の中に埋めて，砂を突き固めてから抜き出すと，模型と同じ形の空洞が砂の中にできる．この型を鋳型という．つぎにこの鋳型に溶かした金属を注入し，冷却凝固してから取り出すと鋳物ができる．

　鋳造法によれば，模型と同じ形の多くの製品ができ，複雑な形状や大きな製品を比較的安価に作ることができる．鋳造で部品を作る手順を図2・1に示した．

　なお，鋳造は他の工作法と違い，鋳型から取り外してみないと，製品の良否がわからない．不良品を出さないためには，模型，鋳型の形式，溶解炉の選択，溶解の配合計算，溶解，注湯の形式等を検討する必要があり，この全部または，造型までのプロセスを鋳造方案という．従来は経験と勘の技能に頼ってきた

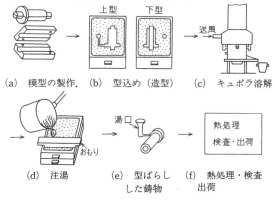

(a) 模型の製作．　(b) 型込め（造型）　(c) キュポラ溶解

(d) 注湯　(e) 型ばらしした鋳物　(f) 熱処理・検査出荷

図 2・1　鋳造のあらまし．

が最近は，学問的な裏付けをもった鋳造技術が普及してきた．

2・1　鋳造のあらまし

1. 模型の種類

　模型は工作図にもとづいて作るが，木材，プラスチック，金属等の材料を用いる．

　（1）模型の材料による分類　模型は材料によってつぎのように分類される．

　（ⅰ）木型　加工しやすく，強くて，狂いの少ない，ひのき，すぎ，ひめこまつ，ほう，くるみなどの木材が使用される．なお，木型は複雑な形もでき，接着が楽で，軽く

て取り扱いやすいうえ,安価にできるのが特色である.

　木型を製作するには,製品の大きさ,個数,木型の保存期間などを考慮して木材を選び,木型の構造を決め,工作図によって現図板に現図を描く.現図というのは実物大の図面であるが,仕上げしろ,鋳物の縮みしろ,削りしろの違いだけでなく,中子,寄せ,リブなど(後述)がある場合は現図と工作図とは形が違ってくる.なお,木型は木工機械で加工し,接合は木ねじ,接着剤,組合わせ法などで行い,仕上げののち,塗装する.

　(ⅱ)　合成樹脂型　これは軽くて取り扱いやすく丈夫で,耐久性,砂離れもよいが,値段が少し高くなる.

　(ⅲ)　金型　これはアルミ合金,銅合金などで作られ,高価にはなるが,耐久力,寸法精度がよく大量生産に適している.特に図2・2に示すような造型機に使用される定盤付きの模型であるマッチプレートのアルミ合金または,銅合金の金型は,石こう型を使ってアルミ合金などの湯を圧力注入して作る.また,シェルモールド法では加熱して使う金型も多く使われている.

図2・2　造型機用マッチプレート

　(ⅳ)　石こう型　これはマッチプレートを作る場合や合成樹脂型を作るためのオス型として使われる.

　(ⅴ)　ポリスチロール模型　これは発ぽう性のポリスチロール材料を用いた模型で,湯口,せき等もいっしょに作り,これを鋳物砂に埋め込み,そのまま型抜きせずに注湯すると,ポリスチロールは溶けて鋳物ができる.プレス工具,ジグの製作など模型を保存しなくてもよい場合に使用する模型であり,フルモールド法という.

(a)　現型

(b)　ひき型

(c)　かき型

(d)　骨組み型

図2・3　模型の種類.

　(2)　型込めの方法による模型の分類　図2・3に示すように,模型は型込めの方法によってつぎのように分類される.

　(ⅰ)　現型　製品とほぼ同じ形をしている模型で,鋳物砂の中に木型を込めて鋳型を

作る形式のもので，単体木型と割り木型とがあり，最も多く使われる．

　（ii）　**ひき型**　断面の形の半分の木型を作り，中心に心金を付けて，1枚の板で回転し，鋳型を作る．造型後の乾燥に時間がかかるが，数の少ない製品に使われる．

　（iii）　**かき型**　製品が細長く，断面が一様な場合に使う．これには製品の長手と直角な断面の形の板を案内板に沿ってすべらせて鋳型を作る．中子型などに使われることが多い．

　（iv）　**骨組み型**　製品が大きく，個数が少ないときは模型の材料を節約するため，現型で作る部分を省略して，骨組みで作る型．

　（v）　**組合わせ型**　現型，ひき型，かき型などを組み合わせた型．

　（vi）　**中子型**　製品で空洞になる部分に入れる中子を作るための型で，中子箱，ひき型，かき型による場合などがある．

2. 模型の製作

　溶けた金属（湯）は凝固すると収縮するから，模型はこの縮みしろだけ大きく作る必要がある．このため模型を製作するときに使う物さしは，縮みしろの割合だけ長く目盛った鋳物尺（伸尺）を用いる．縮みしろの割合は，鋳鉄で $0.8 \sim 1.0\%$，銅合金では $1.2 \sim 1.4\%$，鋳鋼は $1.6 \sim 2.0\%$ であるから鋳物尺も数種類用意する．

　鋳造の後に機械仕上げする部分は，削る分量だけ模型の肉厚を増しておくが，削る厚さを仕上げしろといい，鋳鉄で 3mm，黄銅小物で 1.5mm くらいに仕上げしろを付ける．

　模型には鋳型から抜きやすいように，垂直な面に，外側で $2/100 \sim 3/100$，内側で $3/100 \sim 5/100$ の抜きこう配をつける．また，鋳物のすみやかどが鋭いと鋳型が作りにくいし，鋳物の角の部分は弱くなるから，面取りするか丸みを付ける．なお，鋳物が長い場合や広くて薄い場合，曲がっている場合などのように製品の形によっては冷却凝固のときに反りを生じるから，反りしろの分だけ模型でひずみに対して補正する．

　鋳物の穴など中空の部分には，砂型を別に作って入れるが，これを中子という．鋳造では，この中子を作るための型も作る．図 2・1 に示したように，外型で鋳物を作り，その鋳型に空洞と同じ型の中子をはめ込む．中子を支えるためには外型に突起を付けるが，このとび出た中子を支えるための部分を幅木（はばき）といい，注湯したときに湯の圧力や浮力に十分耐えるように考慮して作る．

　（1）　**寄せ**　これは造り中子とも呼ばれるが，鋳型から模型を抜くための工夫である〔図 2・4(a) 参照〕．また，模型の一部が出っ張っていて，その部分を鋳型の中に残さなければ模型が抜き出せない場合があるが，このような模型を残し型とか置き型という．

　（2）　**捨て桟，消し桟**　肉厚に不同のある部分は，鋳物が収縮にともなって変形した

り，割れたりすることがある．これを防ぐために，模型には桟をつけておく．これには鋳物ができ上がってから切り取る捨て桟と，模

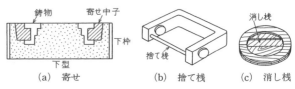

図 2・4 寄せ・捨て桟・消し桟

型の反りを防ぐためにつけた補助の桟を，型込めの際に砂で埋めるようにする消し桟とがある〔図 2・4(b)，(c) 参照〕．

3. 鋳物砂と砂型用材料

(1) 鋳物砂の必要条件 これにはつぎの三つが特に重要である．

耐熱性（けい素分の多いこと．）… 耐熱性がよければ，鋳込みのときに鋳型の表面が軟化したりこわれたり，気化したりせずに，鋳肌が美しいよい鋳物ができる．

成型性（粘結剤による．）… 成型性とは鋳型を作りやすい性質のことであるが，湯の圧力に耐える適度の強さが必要である．これには，砂の粒度と粘結剤の量が影響する．

通気性（粒度）… ここで，通気性とは鋳型内で，溶湯から発生したガス，生型の水蒸気などを外に逃がす性質が十分であることを意味する．これには砂の粒度が関係するが，荒い砂の場合は通気性はよいが，鋳肌が悪くなり，ガスが抜けないと巣や吹かれ（直径 2～3 mm 以上のブローホールが鋳物の表面または内部にできる不良．）の原因になる．

(2) 砂型用の材料 これには鋳物砂のほか粘結剤，添加剤，塗装剤がある．

(i) 鋳物砂 けい砂は粘土分はないが耐熱性がよいので，粘結剤を入れて合成砂を作る．なお，川砂，浜砂のような天然けい砂と，石英などのけい石を砕いた人造けい砂がある．

(ii) 粘結剤 粘結剤には耐火粘土であるがいろめ（蛙目）粘土，きぶし（木節）粘土，切り粘土，ベントナイトなどが使われる．切り粘土は耐火性に劣るが，粘結性が強いので，水に溶かしてはじろとして，またひき型用のまねなどに使われる．ベントナイトは火山灰が風化して粘土のようになったもので，合成砂の粘結剤として使われる．

油類粘結剤としてはアマニ油，灯油，タール油などがあり，主に中子砂に使う粘結剤であり，油を 2～4%，でんぷんなどを 1% くらい入れて水を加えた砂を型込めして，200～300℃ で乾燥させると，通気性のある中子ができる．熱硬化性樹脂（石炭酸レジン）は，けい砂に 3～6% 加えたシェルモールド鋳型用の粘結剤である．その他パルプを作るときの廃液から作ったオージン，炭酸ガス法に使う水ガラス，セメントなどの粘結剤がある．

(iii) 添加剤 木粉はけい砂の熱膨張のためのクッション材として肌砂に入れる．石

炭粉は鋳肌の面でガスフィルムを作るので型の耐火性を増し，鋳肌を美しくするので，肌砂に10%くらい入れる．

（iv）塗装剤　生型の場合は，黒鉛粉末をふりかけ，乾燥型のときは，はじろ（粘土水）などに溶かして塗り，300℃くらいで乾燥させるが，これを黒味という．これと同じく，雲母粉（キラ粉），滑石粉も使用されるが，これを白味という．

4．鋳型の種類と構造

模型を砂に埋め，突き固めて鋳型を作るときは，湯の注ぎ口である湯だまり，湯が通って行く湯口，湯道，型に注ぐ入口のせきなどの形式，枠を使って鋳型を作るか，大きな工作物なら床に直接に鋳型を作るかなどを考える．なお，鋳型を作ることを造型という．

（1）鋳型の種類　鋳型は鋳型の材質，砂の種類，模型の作り方によって，つぎのように分類される．

（i）鋳型の材質による分類　鋳型の材質としては砂型と金型との二つになるが，このうち金型は低温溶解金属の鋳造とかダイカスト鋳型になる．

（ii）砂の種類による分類　これは生型砂，あぶり型砂，乾燥型砂，まね型砂の各種になる．このうち生型が一般的であり，あぶり型は生型の表面だけを乾燥させて強くしたもの，乾燥型は複雑な鋳物，鋼鋳物に用いるほか，中子は大部分は乾燥型である．乾燥型砂は，けい砂にベントナイト4〜7%，木粉5%，鋳鉄用にはコークス粉5〜8%を加える．乾燥には400〜450℃で5時間くらいかかり，多孔性となるので不良品が少ない利点がある．まね型は主にひき型用である．

（iii）模型の作り方による分類　枠込め型は上下または2個以上の型枠を用いて作る鋳型で，最も多く使われておりいちばん確実である〔図2・5(a)参照〕．ひき型は数が少ない円形のものや，中子を作る場合に使われる．かき型は断面形状の木型を用いて作った鋳型である．流し吹き型は図2・5(b)に示すように土間に鋳型を作り，開放したまま湯を流し込む手法で，おもり，鋳物枠などのように，精度を重要視しない鋳物の型に用

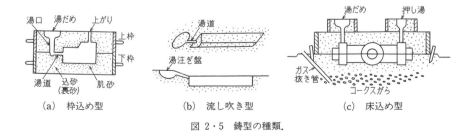

(a) 枠込め型　　(b) 流し吹き型　　(c) 床込め型

図2・5　鋳型の種類．

いる．床込め型は，下型は床に込め，上型は枠込めとして図2・5(c)に示すように造型するもので，大型の鋳物に用いる．下部にガス抜きのためにコークスかすなどを敷き，わら灰，パイプなどでガスを引き出す．

(2) 鋳型の各部の名称 図2・6に鋳型の各部の名称を示した．

湯だまり … これは鋳型に溶湯を注入するとき，ごみ，あか，空気泡を表面に浮き上がらせ，湯を静かに流し込む作用をする．

湯口 … これは上方を少し大きくした円すい形が多い．その他の湯口の例を図2・7に示した．

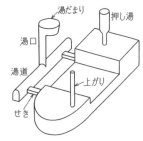

図2・6 鋳型の各部の名称．

(a) 雨ぜき

(b) ばりぜき（ちょんがけ）
引け巣を防ぐ，押し湯の働きをする．

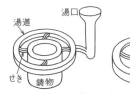
(c) 回しぜき（車ぜき）
（直径の大きい円形のものに適す．）

図2・7 湯口のいろいろ．

湯口底 … これは一般に半球形にして，のろなどを分離して，湯流れをおだやかにする役目をもっている．

湯道 … これは湯口に続く水平になっている部分で，湯を導き，湯の流れを均一にし，湯の中のごみやのろを分離する．

せき（枝湯道） … これは湯が湯道から鋳型に流れ込む場所で，鋳型側を鋳込口ともいう．

上がり … これは湯が鋳型に満ちた目安として，また，空気，ガス，砂粒，酸化物を吐出する役目もする．鋳型の最高部，または湯口の反対側につける穴である．

押し湯 … これは溶湯が鋳込まれてから凝固するとき，鋳物内部に引け巣ができるのを防ぐために，湯の最後にまわると思われる所，肉厚の所など，いちばん遅く固まる部分につける．収縮率の大きい鋳鋼，アルミ合金，ダクタイルでは特に必要である．

5．手込め造型（生型の手込め作業）

(1) 生型砂の準備 肌砂は古砂と新砂に粘結剤を加え，さらに石炭粉末を加えることもある．80～100メッシュの絹ふるいをかけ，水分8%（握りしめて指で押して二つか三つに割れるほど．）にする．

2·1 鋳造のあらまし

床砂（裏砂）は床面に一様に水をまき，水分 8～10% になるようにし，1～2 時間放置して，スコップでよく混ぜ 4 メッシュのふるいにかけ，手で握りしめて砂が手のひらにつかない程度にして，砂山を作る．

(2) 下型の込め方　図 2・8 に示したようにつぎの手順による．

① 定盤の上に木型を置き，下枠の内側にはじろ（粘土水）を塗り，下枠を定盤の上にのせ，肌砂で木型を 2～3cm の厚さに包み，床砂を山盛に入れる．

② 突き棒で枠の内側からうず巻形に砂を突き固める．

③ 砂を足してスタンプで突きならし，定規で余分の砂をかき落としてならす．

④ 下枠をずらすようにして裏返して，へらで上面をならし，別れ砂またはパーチング粉を仕切り面にまく．

(3) 上型の込め方　これはつぎの手順による．

① 上枠の内側にはじろを塗り，下型の上に重ねる．

② 木型の上部をダボを合わせてつけ，湯口棒を立て根元を砂で押える．

③ 木型の表面に 2cm くらいの厚さに肌砂を入れ，指で押えつけて床砂をスコップで盛る．

④ 突き棒で突き固め，砂を足してスタンプで突き固める．

⑤ かき板でならし，湯口棒をゆるめて抜き取り，湯口の穴を指で広げる．

⑥ 枠の合わせ目にはじろを塗り，まねを張り付け，後で枠を重ねるとき見やすいように，へらで合印を切る．

(4) 型上げと鋳型のつく

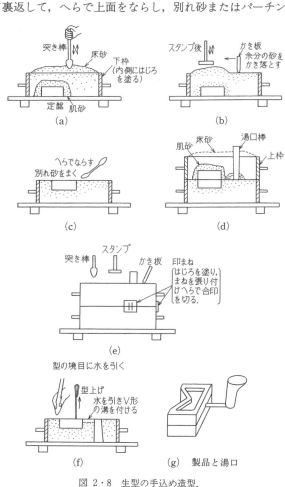

図 2・8　生型の手込め造型．

ろい　これはつぎの手順による．

① 丸筆に水を含ませ，4本の指で絞るように，木型と砂の境目に沿って水を引く．

② 湯道を切るところにも水を引いておく．

③ 木型の重心に，型上げを豆ハンマで打ち込むか，ねじ形の型上げならばねじ込み，型上げの根元をハンマで軽く縦横にたたいて，型をゆるめ，模型を抜き上げる．

④ 型抜きで破損したところは，水筆で水を引いてからへらでつくろう．

（5） 湯道を切り，塗型　湯道を切るところをけがき，小べらでけがき線に沿って切り込み，へらで砂を除きV形または台形の溝をつける．黒鉛またはキラ（雲母粉）を木綿の袋に入れたものを，振って鋳型の上に散布する．

6. 中子の作り方と据え方

これはつぎの手順による．

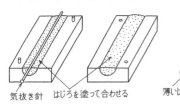

(a)　中子砂を指で詰める．鉄板にならべ乾燥炉へ入れる．
　　乾燥炉から出したら，黒みを塗る．
　　　　　　　　　　　　　　　　　　(b)　中子押え（ケレン）

図 2・9　中子箱による中子作り．

① 川砂，古砂を20メッシュのふるいを通して中子砂を準備し，はじろ（粘土水）で練る．なお，のこくず，コークス粉を入れることもある．

② 図2・9に示すような中子箱によって，中子作りする．

③ 中子の据え方は中子を入れた鋳型では，中子の重さ，湯による中子の浮力のため，浮上がりを幅木や中子の心金を工夫して防ぐ．中子押え（ケレン，型持ち）を使う場合もある．なお，ケレンは鋳物の中に鋳込まれるから，材質は鋳物と同質の金属がよいが，鋳鉄の場合には軟鋼のケレンも使われる（図2・9参照）．

7. 造型機による型込め

造型機はマッチプレートという金属模型を使用し，小形の鋳型を多量に作るときに使われる．図2・12に示すように，砂を盛った下枠をテーブルにのせ，ジョルトペダルを踏むと，テーブルは上下に振動して，砂は慣性によって詰め込まれる．下枠の上に木製定盤をのせ，上下枠ともテーブル前面の丸味を利用

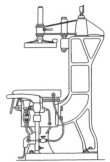

図 2・10　造型機

2·2 鋳鉄の溶解

して反転させ，下枠を下にして，同図 (b) に示すように湯口を立て，上枠に砂を盛り，定盤をのせ，スクイズハンドルを押すと，図 2·12 に示すようにテーブルは上昇して砂を圧縮する．

型抜きは，上定盤，湯口棒を取り，バイブレータコックを押して，マッチプレートを振動させ，上枠を取り，マッチプレートを抜き，枠を抜き，きせ枠をかぶせる．このほかに造型機による型込めとしては鋳物砂を現型に圧縮空気で吹き込んで中子を作る

図 2·11

中子整形機がある．また，大形の型込めをするために，遠心力で砂を投げつけて造型するサンドスリンガなどがある．

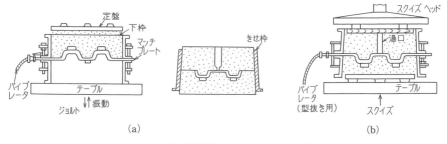

図 2·12 機械造型（ジョルトスクイズ機）

2·2 鋳鉄の溶解

鋳鉄鋳物は鋳物生産の 65% を占めるが，このうち普通鋳鉄はその 80% である．金属を溶かす炉を溶解炉というが，これにはキュポラ，るつぼ炉，電気炉などがあり，ふつう鋳鉄はキュポラによって溶解する．

1. キュポラ

図 2·13 はキュポラの構造を示したものである．同図に示すように，キュポラは厚さ 6～10 mm の軟鋼板の円筒の内壁を耐火れんがで裏張り（ライニング）した立て形炉で，建造費が安く，熱効率がよく，取扱いが簡単であるから，

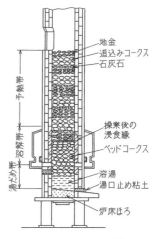

図 2·13 キュポラの構造.

鋳鉄の溶解に広く用いられる．キュポラでは同図からもわかるように，いちばん下にベッドコークスを入れ，赤熱させた上に，地金，石灰石，追込みコークスを順に重ねて入れて溶解するので，赤熱されたコークスの間を溶湯が滴り落ち，湯の炭素分が増し，けい素量，マンガンの量が減少するなど，化学作用を受けやすく，湯の成分の調整が難しい．つぎに，キュポラの主要部について説明しておく．

（1）羽口　これは空気を吹き込む穴で，炉の大きさによって2～8個が，1～2段に明けられている．羽口面の炉の断面積と羽口の総面積との比を羽口比（一般に5～10.）という．

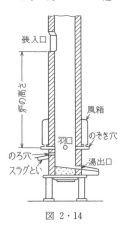

図 2・14

（2）風箱　これは羽口の外部に鉄板製の箱を帯状に巻いた風を送る通路で，風をためて各羽口への風量を一定にする役目をする．羽口の部分を外からのぞけるように，色ガラスをはめたのぞき穴が設けられている．風量はピート管を送風管の中に入れて，風速から風量を算出する．一般に風圧はU字形ガラス管を使った圧力計で水柱の高さで表す．例えば3t炉で$1m^3/s$（水圧0.5m, 4903 Pa），5t炉で$1.7m^3/s$（水圧0.7m, 6865 Pa）くらいである．なお，送風機にはファン形，ターボ形，ルーツ形が用いられている．

（3）キュポラの大きさ　キュポラの大きさは1時間当りの出湯量で表すが，経済的なのは内径（溶解帯の直径）800mmくらいの3t炉がよく，実用炉としては3～5t炉がよい．小さい炉では炉壁の浸食のため，送風関係の調整がしにくい．さて，キュポラの能力であるが，例えば小規模の工場で月産40tfとすれば，歩留り65％とみて，月に60tfの湯を使い，1日平均では日吹きで2tf，週2回吹きで1回8tf程度とすると，キュポラは2t炉を採用すればよいが，注湯時間を短くして就業者の疲労を少なくするようにさらに大きな炉を使う．

（4）こしき　これは図2・15に示すように，学校の実習等のように1tf以下の溶解に使う炉で，キュポラを小型，単純化した炉である．大きさは羽口面の直径で表し，尺八(1.8尺, 54cm)，尺六(1.6尺, 48cm)のように呼ばれ，炉は図のように三つに分けられる．

（5）熱風式水冷キュポラ　これは炉頂ガスなどの熱を利用して，羽口から吹き込む空気をあらかじめ熱

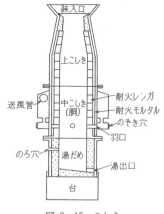

図 2・15　こしき

し 400～500℃にして送り込み，炉壁の浸食を防ぐために水冷式にしたキュポラである．炉内温度が上がり，けい素，マンガンの酸化消耗が少なくなり，高温の湯が得られる．

（6） 塩基性キュポラ　キュポラは裏張りの耐火れんがの性質によって酸性炉，塩基性炉の二つに分けられる．後者は炉材に苦土（MgO），石灰石（CaO）を主材としたマグネシャれんが，クロマグれんがなどを裏張りした塩基性の炉で，冶金の効果があり，いおう分を少なくできるが，けい素，マンガンも取り除く．水冷にして，炉材を節約する．強じん鋳鉄，ダクタイルの溶解などに用いる．

2．二重溶解用電気炉

（1） 低周波誘導炉　これは図 2・16 に示すように炉内の湯中の誘導電流のジュール熱により溶解する炉である．高級鋳鉄用として，キュポラで溶解した湯をこの炉に入れ，精錬するのに使われることが多い．このように他

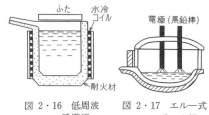

図 2・16　低周波誘導炉　　図 2・17　エルー式アーク炉

の炉を併用して，湯を精錬する溶解を二重溶解（ダブレックス … diplexing）という．

（2） エルー式アーク炉　図 2・17 に示すように黒鉛棒電極から湯にアークを飛ばし，その熱によって溶解する炉で，高級鋳鉄，可鍛鋳鉄の二重溶解法に使用する．その他，鋳鋼，特殊鋳鉄の溶解にも広く使用されている．

3．キュポラによる溶解法

（1） 溶　解　これはつぎの手順による．

① 炉床に松まきを入れ，炭火かガスで点火し，まきが燃えてきたら大塊のベッドコークスを羽口面上に 40～50 cm 程度の高さ（炉の羽口内径の 1.7 倍.）まで入れる．

② 自然通風でコークスを赤熱させた後，数分間送風し，ベッドコークスを補充する．

③ 1掛分（1時間の溶解量の 10 分の 1.）ずつ，地金，石灰石，コークスの順に層状に装入口まで詰める．

④ 30 分間予熱後，送風を開始する．

⑤ コークス粉をはじろで練ったもので，のろ穴をふさぐ．

⑥ 湯出口から湯が滴下するようになったら，栓止め棒の先に粘土を円すい状につけて押し込み，湯出口の栓止めをする．

⑦ 地金が溶け，羽口付近でいっそう加熱されて炉床に溜る．

（2） 出　湯　これはつぎの手順で行う．

① 栓抜き棒を湯出口に下から上向き斜めにハンマで打ち込み，2,3 回前後させて湯を出す．

② 湯をとりべなどに八分目に注ぎ栓止めする．

③ 原料，コークスを補充し，ベッドコークスが下がらないようにする．

④ のろがたまったらのろ穴をあけて取る．

(3) 鋳込み とりべを十分によく焼いてから用い，湯を八分目に注ぐ．鋳込み時間は湯口，湯道の太さ，湯とせきの高さによるが，湯は静かに早く注ぐ．

(4) 後処理 鋳型から鋳物を取り外すことを型ばらし（シェイクアウト）というが，型ばらしする時期は，鋳物の収縮，ひずみ，割れに影響があるので，100kgまでの小物では2〜10時間くらいで行う．型ばらしは鉄棒やニューマチックチゼルで突いたり，クレーンで釣ってハンマでたたいたりするが，振動を与えて型ばらしするシェイクアウトマシン，ノックアウトマシンを用いた方がよい．後処理は小さい鋳張りのはつり，湯口，せきの切断，打折り，中子，心金の除去など手作業が多い．

(5) 張り気の強さ 鋳型に湯を注ぎ入れると，上型を押し上げる力が働く．この力から上型の重さを差し引いた力を張り気の強さという．鋳型の上におもりをのせたり，上下枠をねじ締め，またはクランプ締めして，湯流れのないようにする．図2・18は張り気の強さ F の求め方を示したものである．

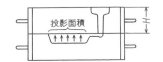

$F = \rho HA/1000 - W'$ 〔kgf〕
〔SI単位系〕
$F = \rho HA/102 - 9.8W'$ 〔N〕
F：張り気の強さ
ρ：溶湯 1cm³ 当りの重量〔g/cm³〕
A：湯の上型への投影面積〔cm²〕
H：湯口の高さ〔cm〕
W'：上型の重量〔kgf〕
おもりの重さ：W〔N〕,〔kgf〕
$W \fallingdotseq 1.5 \sim 2F$

図2・18 張り気の強さ．

4. 鋳鉄の原料の配合

(1) 鋳鉄用の材料 キュポラで鋳鉄を溶解するには，銑鉄，古銑，鋼くず，合金鉄を配合した地金と，燃料としてのキュポラ用コークスのほか溶剤（フラックス）として石灰石を使う．表2・1はこれらの鋳鉄用材料を示したものである．

(2) 溶解による諸成分の変化 キュポラ溶解では，地金の溶損は5〜7%である．鋳鉄の成分元素による影響と各元素の溶解による増減を表2・2に示した．諸成分の変化は，炉の個性，材料，操業の方法によって異なるので，溶解後，成分の増減の実測値を知り，日頃から研究することが必要である．

(3) 配合計算 目標成分の湯を得るためには，鋳物用材料の成分を知って配合計算を行うことは，よい鋳物を作るために重要なことであるが，地金の配合だけでは鋳物の性質は決まらない．キュポラ溶解では，送風量，冷却速度，コークス比が大きく影響する．表2・3は鋳鉄の品種別に目標と配合例などを示したものである．また，表2・4はFC 250を目標として配合計算の例を示したもので，100kgf溶解を条件としている．

2・2 鋳鉄の溶解

表 2・1 鋳鉄用材料

種類		説　明
地金	銑鉄	高炉銑，電気銑などがあり，ナマコ形をして，成分によって種々の種類があり，高級鋳物ほど新銑の量を多くする(25～45%)．
	古銑	湯口，押し湯などの戻りくずと，工作機械などの不要になった鋳物を割ったくず地金があり，成分の不明なものが多く，配合のとき成分が推定しにくい．
	鋼くず	軟鋼材くず，切りくずなどで，鋳物成分の調整用として，高級鋳鉄用主材料として重要である．
	合金鉄	炉の中で失われる成分を補給するもので，フェロシリコン，フェロマンガンなどが使われる．合金鋳鉄の原料としても使われる．
コークス		灰分，いおう，りん，水分の少ない硬くて大きさのそろった大粒で，発熱量の大きいキュポラ用コークスを使う(地金の 10～18%)．
溶　剤 (フラックス)	石灰石	灰分，酸化鉄と化合して流動性のあるのろ(スラグ)を作り，いおう分を除く作用をする．蛍石，ソーダ灰を使う場合もある(コークスの 10～30%)．

表 2・2 鋳鉄の各成分の影響とキュポラ溶解の各元素の増減

成分元素	成分の影響	キュポラ溶解後の成分の変化	備　考
C (炭素)	普通 2.8～3.8% 多いと組織が粗大し，黒鉛の量が多くなり，やわらかくなる．少ないと組織が細かくなるが，白銑化しやすい．	地金 C 含有量　3.8%→3.5% に 　　　　　　　2.6%→3.1～3.3% 　　　　　　　3.3%→3.3% (鋼くず)　　　0.2%→2.8～3.2%	鋼くずを配合することによって，炭素量を下げる．
Si (けい素)	1.2～2.5% 白銑鉄では 0.8% 以下 白銑化を防ぎ，黒鉛の析出を助けやわらかくする．流動性よくなり，収縮は小さくなる．	−(10～25%) 平均 15% 減	フェロシリコンで補う．
Mn (マンガン)	0.5～1% 黒鉛の生成を阻止，組織を緻密にし，硬さを増し，流動性をよくする．	−(15～25%) 平均 20% 減	フェロマンガンで補う．
P (りん)	0.2～0.5% 0.3% までは強さを増し，流動性がよくなるが，それ以上はもろく，割れができやすくなる．	±0	
S (いおう)	0.1% 以下 黒鉛の析出をさまたげ，流動性を悪くし，気孔ができやすく，硬く，もろく，割れができやすい．できるだけ少なくする．	使用コークス(装入コークスの 70%)の 30% が増加={コークス中の S 量×コークス比*×使用コークス実用率(0.7)}×0.3 または，簡単に +(20～40%)：平均 30% 増	(例) 0.6×0.15×0.7 ×0.3=0.019

* コークス比 … 地金重量に対するコークス重量比．

表 2・3 キュポラ溶解での目標成分と配合成分.

品種	目標	配合	キュポラ溶解の諸成分の変化	操業条件 出湯温度, コークス比
FC 200	C % 3.2～3.4 Si % 1.7～2.4 Mn % 0.6～0.7	C % 2.7～3.3 鋼材配合率 15～30 Si % 2.0～2.9 Mn % 0.8～0.9	Si －15～20% Mn －20～25% S ＋0.02～0.03%	1460～1490°C コークス比 11～13
FC 250	C % 3.2～3.3 Si % 1.6～2.2 Mn % 0.7～0.8	C % 2.0～2.7 鋼材配合率 30～50 Si % 1.8～2.5 Mn % 0.8～1.0	Si －10～15% Mn －20～25% S ＋0.03～0.05%	1480～1510°C コークス比 13～15
FC 300	C % 2.9～3.1 Si % 1.4～1.8 Mn % 0.7～0.8	C % 1.4～2.0 鋼材配合率 50～65 Si % 1.7～2.2 Mn % 0.8～1.0	Si －5～10% Mn －20～25% S ＋0.04～0.06%	1510～1540°C 接種 コークス比 15～18

表 2・4 配合計算例

目標成分…C: 3.2%, Si: 1.80%, Mn: 0.60%, P: 0.18% 以下, S: 0.1% 以下　条件…(1)　100 kgf 溶解(1 回当りの装入量)

配合地金		八幡銑	戻りくず	鋼くず	小計	増・減	小計＋増減	目標成分との差	75%フェロシリコン歩留り75%	75%フェロマンガン歩留り70%	総合計
重量 (kgf)		40	30	30	100				1.019	0.238	101.257
C	(%)	3.63	3.00	0.20							
	(kgf)	(0.4×3.63) 1.452	(0.3×3.00) 0.90	(0.3×0.2) 0.06	2.412	(0.3×2.6) 0.78	3.192	－0.008			3.192
Si	(%)	2.05	1.90	0.18		－15					
	(kgf)	(0.4×2.05) 0.820	0.57	0.054	1.444	－0.217	1.227	－0.573	0.573		1.8
Mn	(%)	0.66	0.65	0.45		－20					
	(kgf)	(0.4×0.66) 0.264	0.195	0.135	0.594	－0.119	0.475	－0.125		0.125	0.60
P	(%)	0.30	0.15	0.05		±0					
	(kgf)	0.12	0.045	0.015	0.18	±0					0.18
S	(%)	0.06	0.08	0.04		＋30					
	(kgf)	0.024	0.024	0.012	0.06	0.018	0.078				0.08

〔注〕 Cの増・減　鋼くずの0.2% Cが2.8% Cになるとして　(2.8－0.2)×0.3
　　　フェロシリコン量＝0.573/(0.75×0.75)＝1.0187 kgf
　　　フェロマンガン量＝0.125/(0.75×0.7)＝0.238 kgf

5. 高級鋳鉄と接種

鋳鉄に鋼材を配合すれば，炭素量を下げることができ，鋳物が強くなり，厚肉部でも強さが低下せず，緻密性を増す．引張り強さ $250\,\mathrm{N/mm^2}$ 以上の鋳鉄を高級鋳鉄といい，パーライトと黒鉛を主とするパーライト鋳鉄で，鋳鉄管，工作機械ベッド等に使われ，普通鋳鉄の分野まで用途が広がっている．この高級鋳鉄の溶解では鋼くずを 40〜70% と多く配合している．しかし，炭素量を下げれば白銑化する．黒鉛化促進剤であるフェロシリコン，カルシウムシリコンなどを少量 (0.3〜0.5%)，2〜5 mm の粒でとりべの溶湯に添加する操作を接種というが，低炭素，低けい素の鋳鉄に特に効果的であり，高級鋳鉄の溶解に採用されている．なお，接種を行うと溶湯の温度が下がるから 1500°C 以上で出湯し，接種後 15 分以内に注湯しないと効果がなくなる．

6. 合 金 鋳 鉄

これは引張り強さ 250〜500 N/mm² くらいの鋳鉄で，高級鋳鉄に Ni 3% 以下，Cr 2% 以下などの元素を加えて，耐摩耗，耐熱，耐食性などをよくした鋳鉄である．耐熱鋳物としては Cr 12〜35% の高 Cr 鋳鉄および Ni 3%，Cr 1.5% 以下の低 Ni-Cr 鋳鉄ならびに Ni 20%，Cr 5% を入れた高 Ni-Cr 鋳鉄とがある．

7. 特 殊 鋳 鉄

(1) ミーハナイト鋳鉄　これは高級鋳鉄の一種で，特殊装置をしたキュポラで均一に送風し，鋼くず 50〜70% を使い，1500°C 以上で溶解し，けい化カルシウムで接種して，黒鉛量を調節し，細かく均一に分布させた強じん鋳鉄である．

(2) 球状黒鉛鋳鉄　これは強度およびねばさに富んだ鋳鉄であるため延性鋳鉄ともいう．黒鉛の形をマグネシウムで接種することによって球状化している．機械部品，管，弁，鋳物用金型などに用いられる．溶解炉は塩基性電気炉を使い，C，Si が多く (C 3.2〜3.8%，Si 2〜2.5%)，不純物の少ない銑鉄を溶解し，出湯温度を高くして Mg，Ce またはその合金で，次いでフェロシリコンで接種して鋳造する．

(3) 可鍛鋳鉄　これはマリアブル鋳鉄ともいわれ，普通鋳鉄と鋳鋼の中間の性質をもち，引張り強さ 340〜540 N/mm²，C 量 2.5〜3.0%，Si 0.5〜1.2% の Mn，P，S の少ない白銑を長時間焼きなまし，炭素の形を変えてねばくする．

白心可鍛鋳鉄は白銑とともに酸化剤 (酸化鉄，鉄鉱石) を焼きなまし箱に詰め，950°C くらいで 60〜120 時間保ち，徐冷して鋳鉄中の炭素を酸化脱炭させた鋳鉄で，自動車部品などに用いられる．

黒心可鍛鋳鉄は白銑のセメンタイトを 900〜930°C で 20〜30 時間保ち，徐冷して 700°C で 25〜40 時間保持後徐冷して，銑鉄中の炭素をテンパーカーボンとフェライトの組

織にした鋳鉄で，自動車部品，管継手，送電線部品などに用いられる．

（4）チル鋳鉄 これは高炭素，低けい素の鋳鉄を金型に鋳込んで，金型に接した面をチル（白銑化）した鋳鉄で，外皮はセメンタイトで硬く，白色で，内部は軟らかいねずみ鋳鉄である．圧延用チルドローラ，車輪，粉砕機などに使われる．

2・3 鋳鋼の溶解

鋳鋼は全鋳物の生産量の12%を占めるが，強くて鍛造では作りにくい複雑な形状の製品の大量生産に向いており，産業機械，鉄道部品に使われている．鋳鋼は溶解，鋳込み温度が1540～1600℃と高く，偏析も多く，収縮は鋳鉄の約2倍であり，湯の流動性も悪いので，引けが大きく，押し湯，上がりなどを大きくする必要があり，製品の歩留りも悪くなり，ガスの発生も多く巣ができやすい．なお，鋳鋼はエルー式電気炉，空気製鋼法などで溶解される．

鋳鋼のうち炭素鋼鋳鋼は最も多く使われるが，その成分はC 0.1～0.6%, Si 0.2～0.4%, Mn 0.4～0.6%, P, Sは0.06%以下である．このうちSi, Mnは鋳造性をよくし，P, Sは少ないほどよい．

合金鋼鋳鋼としてはニッケル鋳鋼Ni 1～3.5%, クロム鋳鋼Cr 1%, 高クロム鋳鋼Cr 15%, マンガン鋳鋼Mn 12%がある．

2・4 非鉄金属の溶解

1. 銅合金の溶解

溶解にはるつぼ炉，低周波電気炉，反射炉が使われるが，溶けた金属は温度を上げるほどガスを吸いやすい．したがって，溶解に際しては，配合原料を予熱しておき，初めに溶解点の高いものを入れ，木炭粉で湯の表面をおおって，水素，水蒸気の混入を防いでいる．亜鉛，鉛，すずなどは炉に静かに入れ，黒鉛棒でかき混ぜる．溶解したらかす取りをして，脱酸剤として塩化亜鉛，塩化Mgなどを入れる．なお，溶解温度は1250～1300℃，鋳込み温度1150～1180℃くらいにする．

青銅はCuとSnの合金であるが，Snが多くなると硬くなるのでSnは8%程度がよい．耐圧性，耐摩耗，耐食性がよく，建築金具，弁類，歯車などに用いられる．鉛（Pb）を2～16%入れた青銅は，Pbを増すに従って強さが劣るが，被削性と鋳造性がよくなるので，軸受・機械部品の鋳造に適する．

2. 軽合金の溶解

軽合金鋳物とは比重4以下で，アルミ合金，マグネ鋳物がこれに該当する．溶解点が

低く,軽く強いので,航空機,車両,船,機械部品として広く使用される.溶解にはるつぼ炉,電気炉を用い,鋳型には金型も使用される.軽合金鋳物はダイカストで多量生産することが多い.アルミ合金の湯は水素を吸収しやすいので,水分を徹底的に避ける必要がある.加熱しすぎないようにし,配合原料は500℃くらいに予熱しておく.湯の表面の酸化膜はガスの吸収を防ぐので,湯をかき回さないようにする.鋳込み前に,塩化亜鉛,塩化アルミまたは水素ガスで水素ガスを脱出させる.なお,アルミニウム合金鋳物は熱処理によって機械的性質が変化するので,熱処理の選択が必要である.

2・5 精密鋳造法

1. ダイカスト鋳造

これは金型(ダイス)に主に軽合金の溶湯または半溶融状態の合金をプランジャで圧入して鋳物を作る方法であるが,寸法精度が高く,鋳肌がきれいで,多量生産に適している.用途は自動車部品が最も多く,Al系の60%,Zn系の40%がダイカストによって鋳造される.その1サイクルは,型締め,溶湯圧入,凝固(チルピリオッド),型開き,製品取出し(押出しピンによる.),型清掃,離型剤塗布,鋳込み金具装入となる.ダイカスト鋳造法は以下に説明するように冷加圧室式と熱加圧室式の2種に大別できる.

(1) 冷加圧室式(コールドチャンバ式) これは半溶融状態の合金を高い圧力(200~2200 kg/cm², 20~220 MPa)で金型に圧入する方法である.Al合金,Mg合金,Cu合金など高温溶融合金に使用される.1回ごとに合金保温炉(溶解炉)からひしゃくで湯をくんで,プランジャのスリーブへ注入し,足踏みペダルを踏み,プランジャで圧入する.なお,大きさはダイの締付け力で表し,射出力はダイ締付け力の約10%である(図2・19参照).

(2) 熱加圧室式(ホットチャンバ式) これは図2・20に示す

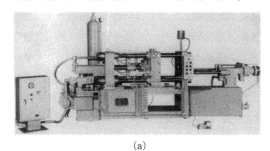

(a)

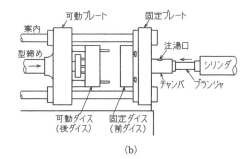

(b)

図2・19 冷加圧室式ダイカスト鋳造

ように射出部品が保温炉のなかに組み込まれている鋳造機で，運転サイクルによって自動的に射出される．加圧室が溶湯中に浸されているので Al 合金とは反応するので，亜鉛合金，すず合金のような低融合金用である．湯の加圧圧力は $50〜200\,kg/cm^2$（$5〜20\,MPa$）であるから，コールドチャンバ式に比べて低い（図 2・20 参照）．

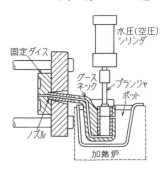

図 2・20 熱加圧室式ダイカスト鋳造

（3） **ダイス**（金型） ダイカストの良否，鋳造の歩留り，製造原価などを左右するのは，ダイス設計による．ダイスはダイスを開いたときに，可動ダイスに製品が抱かれて出てくるように設計するが，縮み率は Al 合金で 0.5〜0.7%，Zn 合金で 0.3〜0.5% であり，ダイスおよび製品は最小 $0.5R$，一般に $1R$ の面取りをし，また分割面は平面とは限らない．また，分割面，製品の固定ダイス側，可動ダイス側を決定し，湯口，可動中子，湯だまり，空気抜き，押出しピン，ばり取り，仕上げしろなどを考えて設計される（図 2・21 参照）．なお，ダイス材料としては SKD 6，SKD 61，SCM 440 などを使う．

2．低圧鋳造法

これは密閉した容器内の湯面に低圧ガス（空圧）を加え，湯の中に入った管（ストークス）を鋳型につなぎ，湯を管の中に通して鋳型内へ押し上げて鋳造する方法で，湯は鋳型の下部から鋳込まれるから，原則として湯口部以外，押し湯，せきなど付ける必要がない（図 2・22 参照）．

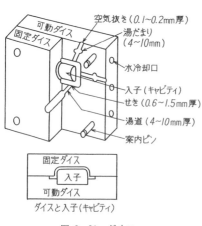

図 2・21 ダイス

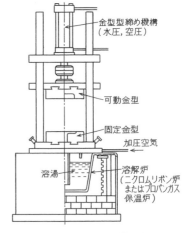

図 2・22 低圧鋳造機

3. シェルモールド鋳造法

これは第二次大戦中ドイツのヨハネスクローニィング（Johannes Croning）によって発明され，工業的に急速な発展を遂げた鋳造法である．純度の高いけい砂に石炭酸レジン（熱硬化性合成樹脂）を粘結剤として 3～6％ 加え，この熱硬化反応で砂の粒子を強く結合し，丈夫で軽く，取扱いの容易なシェル（殻）を作り，これを組み合わせて注湯する方法である．

シェルモールド鋳造の手順はつぎの通りである．

① 金型模型を 250℃ くらいに熱し，これに離型剤を塗り，ダンプボックスの中のコーテッドサンドを型の上にのせると，金型の熱によってレジンが縮合軟化し，金型に近い部分の鋳砂がある厚さに付着する．

② 5～20秒後に残りのコーテッドサンドを除き，400℃ くらいで再び 90秒 くらい加熱すると，熱硬化反応で砂の粒子を強く結合してシェルができる．

③ 硬化の終ったシェル鋳型は，金型にセットされているノックアウトピンで押し上げられて離型する（図 2・23 参照）．

④ 一組のシェル鋳型をボスによって正確に組み合わせて，押えピンか接着剤で固着する（図 2・24 参照）．

⑤ シェル鋳型が破損しないように鋳型枠に入れ，すきまに荒いけい砂などを詰める．

⑥ 注湯すると湯の熱によってレジンが燃焼し，型離れがきわめてよく，鋳型の取除きが容易である．

⑦ 中子には，加熱された中子用金型にシェル砂を圧縮空気で吹き込み，硬化しないシェル砂を吸引して排出し，再度加熱することによって中子が作られる．

図 2・25 にシェルモールド法による鋳造品の例を示したが，鋳肌が美しく，精度も高

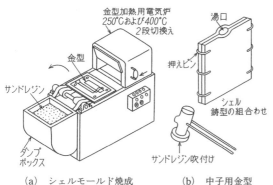

(a) シェルモールド焼成　　　(b) 中子用金型

図 2・23 シェルモールド

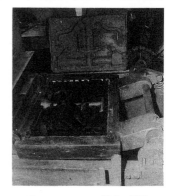

図 2・24 シェル鋳型と離型

く，歩留りも良好で，均質な製品の多量生産が可能であるから機械化による合理化および生産性の向上に適している．なお，ダクタイル鋳鉄と組み合わせて，エンジンブロックなどの薄肉化に成功し，自動車部品の量産に使われている．

4. インベスメント鋳造法

これは模型をろうで作り，これを耐火

図 2・25 シェルモールド法による製品例．

物で包み，硬化させ加熱してろうを溶かして流し出して空洞を作り，この鋳型を焼成して，湯を鋳込む鋳造法である．ろう模型は，鋼，銅合金，低融合金，石こうなどで作った型に，ろうを圧入することによって作るが，湯口，せきなどもろうで作る．ろう模型に付ける耐火物をインベスメントというが，これは160〜200メッシュの細粒のけい砂に石こう，エチルシリケートなどの固定剤を混ぜて練った泥状のものであり，この中にろう模型をひたし，砂粒子を振りかけ，これを数回繰り返し，5〜20時間おくと衣が固まり，熱して脱ろうし，1000℃くらいで硬化焼成し，砂の上に置き，注湯する．精度がきわめてよいので，タービン羽根，インペラ，事務機械，小部品などの鋳造に使われる（図2・26参照）．

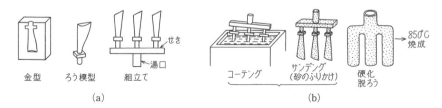

図 2・26 インベスメント鋳造法

5. 遠心鋳造法

これは高速に回転する鋳型に湯を注入して，その遠心力で円筒形の鋳物を鋳造する方法で，鋳型の回転軸は水平，垂直，傾斜したものがある．直径400mmくらいまでは水冷金型，一般にはレジンサンドを薄く焼き付けた金型を用いて，鋳鉄管が製造される．図2・27にその例を示す．金型は内面に耐熱性の離型剤を塗布し，とりべに向かって高速回転して近づき，とりべから湯が流れ込むと金型は後退し始め，後

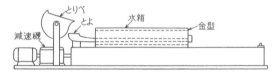

図 2・27 金型遠心鋳造法

退し切ったところで，そのまま高速回転し続け，湯が冷却して固まると回転が止まる．再び金型を前進させ，鋳鉄管を抜き取り，できた管は焼きなまし炉へ運ぶ．

なお，遠心鋳造では遠心力〔$(W/g)\times(v^2/r)$〕が重力の40～130倍になる回転数が必要であり，この比を重力係数という

$$G=(2\pi^2DN^2)/(60^2g)=DN^2/178700$$

ここに，D：鋳造する管の直径（cm），　N：回転数（rpm），G：重力係数（平均60前後で，内径15cmの小管では110をとる．），g：重力の加速度（980cm/s^2）

2・6　その他の鋳造法

1. 炭酸ガス法

これは水ガラス（けい酸ソーダ $Na_2SiO_3+H_2O$）をけい砂に4～6%混ぜ，型込めを行い，表面から炭酸ガスを2～4気圧で数十秒送って硬化させる方法である．硬化時間が短く，鋳物砂の結合力が大きいが，崩壊性が悪く，砂の再生が困難であるので，ピッチ粉1%，木粉0.1%，コークス粉などを混ぜる．

2. Nプロセス（発熱自硬性鋳型）

これはけい砂にNフラーというフェロシリコン粉末を1.5～2.5%入れて混合した後，Nセット（水ガラス）4～7%を加えて混合して，すぐに造型すると，発熱反応を起こして硬化する．この方法は日立製作所の特許であるが，高価である．

3. 流動自硬性鋳型

これは鋳型材料に水ガラス，ダイカルシウムシリケートを用い，これに界面活性剤を加えて枠に注ぎ込みやすいように砂粒子間の粘結剤に流動性を与えた鋳型である．約40分くらいで型上げし，24時間が過ぎてから注湯する．なお，セメントに界面活性剤を加える方法もある．

4. ショープロセス

これは英国で約30年ほど前に発明された鋳造方法で，ショースラリという鋳型材を使い，型枠に流し込むと固まってゴム状になり，型抜きのとき抜きこう配をつける必要はなく精密な鋳型になる．鋳型は加熱して焼結し，焼型状にして鋳込む．美術品，プレス型，ゴム製品用金型を作るのに用いる．

5. 油砂型（Dプロセス）

これは外型にDプロセスオイルという専用の油を使い，金型に吹き込んで，加熱乾燥させて固化させ，精密な鋳型を作る方法であり，型の崩壊性がよい．

2章 練 習 問 題

問題 1. つぎの用語を簡単に説明せよ．

中子，幅木，押し湯，上がり，接種，球状黒鉛鋳鉄，可鍛鋳鉄，シェルモールド法，ロストワックス法．

問題 2. 高級鋳鉄とは何か，また原料配合に鋼くずを多量に入れる理由をのべよ．

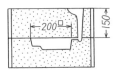

図 2・28 問題 3 の図．

問題 3. 図 2・28 に示した 200 mm 角の鋳鉄部品を作る場合，上型にいくらのおもりをのせればよいか，上型の重量 8 kgf とし，溶湯 1 cm³ 当りの重量 7.2 g/cm³ とする．おもりは張り気の強さの 1.5 倍とする． (517.7 N, 52.8 kgf)

3章 溶接と溶断

3・1 金属の溶接

　金属を接合する場合，それが同一の金属であれば，原子と原子との間をできるだけ近づければ，原理的には接合が可能である．しかし，この場合，接合面における酸化膜などはなんらかの手段で破壊する必要がある．火薬を使う爆圧溶接などは圧力によって接合する例であるが，金属をより簡単な方法で接合するには，接合面を溶融して，両金属原子間の親和力（ぬれ）によって接合する．なお，異種の金属を接合する場合は，両金属原子間の親和力によって溶接性が異なる．

　接合部を加熱し，半溶融状態で圧力を加えるか，つち打ちで接合する方法を**圧接**といい，溶融して接合する方法を**融接**というが，**溶接**はこの両方を総称したものである．これに対して接合部の中間に，他の金属層を作って接合する方法を**ろう付け**という．溶接法の分類を表3・1に示す．

表 3・1　溶接法の分類．

融接法	アーク溶接 … 金属アーク溶接，炭素アーク溶接，原子水素アーク溶接，不活性ガスアーク溶接，炭酸ガスアーク溶接
	テルミット溶接
	ガス溶接 … 酸素アセチレン溶接，空気アセチレン溶接，プロパンまたは水素などと酸素による溶接
圧接法	鍛接
	電気抵抗溶接 … スポット溶接，シーム溶接，バット溶接，フラッシュバット溶接
ろう付け法	硬ろう付け
	はんだ付け

3・2 ガス溶接

　ガス溶接は比較的熱の調整が自由なため，薄板，非鉄金属などの溶接に用いられる．ガス溶接は酸素とアセチレン・水素・プロパンなどの燃焼性ガスとの混合ガスの炎で金

属を溶融し，母材とほとんど同質の溶接材を溶かし込んで接合する方法であるが，一般には高温が得られる酸素アセチレン炎を溶接に利用することが多い．

ガス溶接法は設備が簡単で，高温の炎が得られ，炎の調整も容易であるうえ，板にひずみを生じることが少なく，溶接部が美しく，薄板の溶接に適するなどの特色がある．

1. ガス溶接用機器

これには，図3・1に示すように酸素ボンベ，アセチレンボンベ，酸素調整器，アセチレン調整器，酸素ホース（黒または青色．），アセチレンホース（赤色），吹管，火口，その他酸素ボンベ弁，アセチレンボンベの弁開閉用のボックススパナ，溶接用眼鏡，手袋などの用具が用いられる．

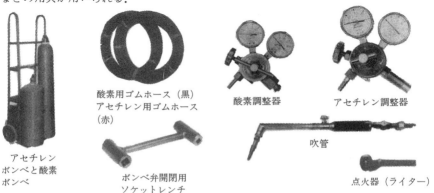

図3・1 ガス溶接用機器

（1） アセチレンおよびボンベ カーバイト（CaC_2）に水を加えるとアセチレン（C_2H_2）が発生する．

$$CaC_2 + 2H_2O = Ca(OH)_2 + C_2H_2$$

アセチレンは空気中で点火すると多くのすすをあげて燃焼するが図3・2に示すようなアセチレン火口を用いて燃焼させれば，光輝のある炎で燃える．

$$2C_2H_2 + 5O_2 = 4CO_2 + 2H_2O \quad （アセチレン燈）$$

しかし，アセチレンに酸素を混ぜて点火すれば爆発するが，吹管を用いて，酸素とともに燃焼させるときは3000℃の高温度の炎を生ずる．

以前はカーバイトに水を加えるアセチレン発生器を用いて溶接用のアセチレンを得ていたが，現在では，純度のよいアセチレンをアセトンに溶解してボンベに詰めたものが，溶解アセチレンとして市販されており，これを調整器で減圧して使用している．

図3・2 アセチレン燈

（2） 酸素ボンベ 溶接に用いる酸素は 14.7 MPa（150 kgf/cm^2）に圧縮した酸素ボンベを使用する．なお，ボンベ中の酸素は溶接する板厚に応じて酸素調整器で減圧する．

（3） 吹　管 図3・3に示すように，吹管にはA形（ドイツ式）とB形（フランス式）とがあるが，いずれもアセチレン，酸素の調整弁を備えている．なお，火口は溶接板厚に応じて選ぶ．火口は明るい方に穴を向けて透かしてみると，ガスの流出口のふさがりを点検できる．吹管には火口をしっかりと締め付けることや逆火を防止するなどの取扱い上の注意が大切である．

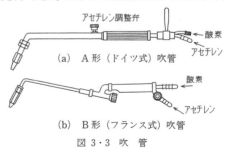

図3・3　吹　管

（4） 酸素-アセチレン炎 吹管から出る炎はアセチレン過剰炎（炭化炎），標準炎（中性炎），酸素過剰炎（酸化炎）に分けられる．吹管の酸素の弁を閉めておき，吹管のアセチレンコックだけを開いて点火すると，アセチレン炎となり，黄赤色の炎を長く出し，すすが多く出て燃える．酸素の弁を徐々に開けて，酸素を入れると炎は緑色を帯び，アセチレン過剰炎になる．

アセチレン過剰炎には吹管の先端に小さい白色錐と，外炎との間に白色の輝いたアセチレンフェザーという部分があり，この長さはアセチレン量によって変わる．これはアセチレンが不完全燃焼してできた炭素が白色に熱せられているもので，脱酸作用があるので，アルミ合金，ステンレスなどの溶接に用いる．酸素を増すと，アセチレンフェザーは消え，白色炎と外炎だけの赤青色の標準炎となる．

標準炎の温度を図3・4に示したが，一般的には標準炎で溶接を行う．さらに酸素を増すと，白色錐の尖った炎になり，紫色の酸素過剰炎になるが，これは黄銅，洋銀を溶接する場合のほかには使わない．

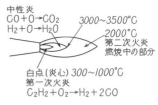

図3・4　標準炎の温度．

（5） ガス溶接棒 1mm厚以下の薄板のガス溶接では，縁を板厚の2分の1だけ折り曲げ，縁を合わせるだけで溶接棒は用いずに溶接する．なお，溶接棒は母材の縁を切ってともがねを用いることもあるが，市販の溶接棒を用いることもある．また，軟鋼用ガス溶接棒はJIS Z 3201において7種類が規定されており，その寸法は，径1～6mm，長さ1mである．

(6) 溶　剤　溶接部の酸化物を除去するなど，金属によっては溶接に際して溶剤を必要とする．表3・2に各種金属のガス溶接と溶剤を示した．

表 3・2　各種金属のガス溶接と溶剤．

材　質	溶接棒	溶　剤	白点と母材の距離	溶接法	溶接後の処理
鋳　鉄	Si 3.5〜5% Mnの少ないねずみ鋳鉄，ともがね．	炭酸ソーダと重曹 5：5 と 10〜15% ほう砂（ほう酸）	5〜15mm	溶接棒は焼いて溶剤をつけ，両へりを同時に溶かし，流し込む．予熱 700〜750℃	徐冷
しんちゅう（黄　銅）	しんちゅうにすず 0.5〜0.8%，Mn 0.6% 加えたもの．	ほう酸，ほう砂，ふっ化カリ，食塩の混合水にといて溶接棒と溶接部に塗る．	4〜6mm	溶池の沸とうを防ぐ．亜鉛が気化するので衛生上注意．	高温でつち打ち 500〜600℃ 焼なまし
青　銅	地金に適応したもの．	同　上	4〜6mm	予熱，割れに注意．	徐冷
ニッケル	母材と同等	特殊溶剤	—	3mm以上開先をとる．	
アルミニウムジュラルミン系合金	同種の板金かともがね	塩化リチウム　15% 塩化カリ　　　45% 塩化ナトリウム 30% ふっ化カリ　　 7% 酸性硫酸ソーダ 3%	—	5mm以上開先をとる．鋳造用軽合金は予熱 450℃．	残滓を湯水で洗い，Alは焼なまし
硬ろう付け	しんちゅうろう 銀ろう	ほう砂	—	接合幅は板厚の3倍．ろう付け部をみがく．吹管は軟鋼の1/2くらい．	やすり仕上げ

2.　ガス溶接の準備

図 3・5 は，酸素ボンベ，アセチレンボンベに調整器を取り付ける方法を示した．

（1）ガス調整器，ホースの取付け　酸素ボンベの場合は弁をハンドルで少し開き，ガスを吹かせてほこりを吹き飛ばしてから調整器のねじをゆるめ，弁を閉じた状態でボンベに取り付ける．つぎに酸素ホース（黒または青）を取り付け，ホースの中のほこりを吹き飛ばす．アセチレンボンベにも同様の手順で調整器，ホース（赤）を取り付ける．

（2）吹　管　溶接する板厚に応じて火口を選ぶ．火口の穴をすかして，ふさがっていないかを点検後，吹管にしっかり取り付ける．つぎに吹管のガスコックを閉じておき，まず，酸素ホースを取り付ける．さらに酸素ボンベの開閉弁にボックススパナを差し込んで弁を開けると，高圧計が酸素ボンベの圧力（例えば 120）を示す．調整ハンドルを時

3・2 ガ ス 溶 接

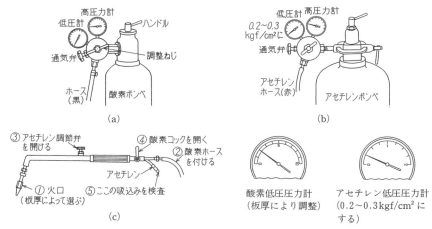

図 3・5 ガス溶接の準備.

計方向に回して低圧計の針を板厚に応じた目盛に合わせる．以上の準備が終ったら吹管ガスコックをあけ，アセチレンホースの取付け口に唇を近づけるか，薄紙を近づけて酸素がアセチレンを吸引するか否かを検査し，その吸込みが悪ければ，火口を掃除する．つぎにアセチレンホースを吹管に取り付け，アセチレン調整器の通気弁をあけると，高圧計がボンベの圧力を示す．この場合，調整ハンドルを時計方向に回し，吹管のコックを開いたとき，指針が $0.2\,\mathrm{kgf/cm^2}$ ($20\,\mathrm{kPa}$) を示すように調整する（コックを締めれば指針が上がる．）．つぎに 5～6 秒間吹管コックを開き，導管内の混合ガスを排出し，吹管コックを閉じる．さらに吹管アセチレン弁を全開にして，吹管コックを 70～80°倒して点火する．標準炎を得るには吹管コックをさらに倒して炎を調節する．なお，この場合調整ハンドルでアセチレンの流出量を加減しないで，吹管のアセチレン調整弁で加減するのが一般的であるが，ここでは初心者が安全に取り扱うために，調整をアセチレンの流量調節ハンドルで行った．このような操作を行って酸素によってアセチレンが引き出されているように調整する（図 3・5，図 3・6 参照）．

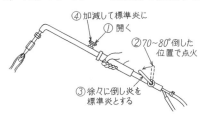

図 3・6 吹管の調整法.

3. ガス溶接の実例

図 3・7 に薄板のガス溶接の作業例を示した．手順を以下に列記する．

① 水平に薄板をおき，相互のすきまを 1mm とする．

② 中心より振り分けて対称に間隔 40～60mm に，中くぼみに長さ 2～3mm で仮付

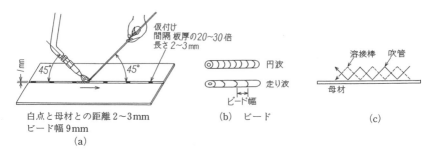

図 3・7 薄板のガス溶接.

けする．この場合，吹管はほぼ直角にする．

③ ハンマでひずみを取る．

④ ビード幅 9 mm くらいの走り波とし，糊着接合にならないように両縁を等しく完全に底部に穴があく程度に溶かす．

⑤ 炎は標準炎で，母材と白点との距離は 2～3 mm，板が溶けて溶池ができたら溶接棒を溶池面の先端に溶かすようにする．

3・3 ガス切断

1. ガス切断法

赤熱した鉄や鋼は，酸素に接すると酸化作用を起こし，鋼中の鉄が燃焼し，多量の熱を発生し母材が溶融する．これは次式によって示される．

$$3\,Fe + 2\,O_2 = Fe_3O_4$$

ガス切断はこの現象を利用して，鋼材の一部をガス炎で予熱し，発火温度までに加熱し，その部分に切断酸素の気流を噴出させ，鉄を燃焼させて溶融金属を酸素で吹き飛ばして切断する方法である．予熱炎には酸素とアセチレンまたは LP ガスが用いられる．

2. ガス切断の要領

図 3・8 にガス切断機を示したが，その作業要領はつぎの通りである．

① 酸素調整器の目盛を切断板厚によって選ぶ．なお，アセチレン調整器の目盛は $0.3\,kgf/cm^2$ ($29\,kPa$) くらいにする．

② 火口をきめて取り付け，点火の後に標準炎にする．

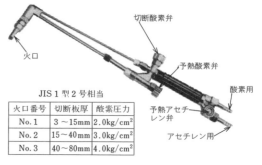

JIS 1 型 2 号相当

火口番号	切断板厚	酸素圧力
No. 1	3～15 mm	$2.0\,kg/cm^2$
No. 2	15～40 mm	$3.0\,kg/cm^2$
No. 3	40～80 mm	$4.0\,kg/cm^2$

図 3・8 ガス切断機

③ トーチと材料との距離を白点から 1.5 mm くらいに保ち，予熱した後，母材の端から酸素を吹き付け，徐々に切断トーチを移動するが，この場合，切断速度に注意する．

3. 自動ガス切断機による切断

図 3・9(a) に自動ガス切断機の一例を示した．これはガイドレール上を定速で走る台車に，切断トーチを取り付けたもので，トーチと材料との距離が一定に保たれ，定速で移動するのでなめらかな切断面が得られ，鋼板の切断には能率がよい．切断板厚に応じて切断トーチの速度を調整することが重要で，鋼の場合の一例を示せば板厚 10 mm のとき 300 mm/min，板厚 20 mm のとき 200 mm/min，板厚 30 mm のとき 150 mm/min くらいである．なお，図 3・9(b) に円弧切断ガイドローラを示したが，このほかにも金型倣いによる型切断を可能にした機種，パイプ切断用などのガイドもある．

(a) 自動ガス切断機

(b) 円弧切断ガイドローラ

図 3・9 ガス切断機

3・4 アーク溶接

アーク溶接は大電流を使ってアークを飛ばし，これによって金属を溶融して接合する方法である．この場合，溶着金属へ酸素や窒素が侵入すると健全な溶接部が得られないので，溶融金属を不活性ガスで覆うか，有機質または無機質をアークで分解したガスまたはスラグで覆う必要がある．一般には，被覆溶接棒が使われ，母材との間にアークを発生させると図 3・10 に示すようにアークの熱によって母材と溶接棒の一端が溶融し，蒸気および溶滴となってアークの中を通って溶融池に移行する．いっぽう，溶接棒の被覆剤はアークで分解するが，これによって生じたガスはアークと溶融金属を包み，空気による酸化，窒化などの害を防ぐとともにスラグを作り，溶融金属を覆い，溶着金属の成分，流動性と冷却速度などを調節し，優れた溶接部を作る．

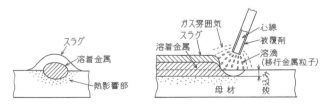

図 3・10 アーク溶接

1. 被覆アーク溶接棒の種類

溶接棒は心線と被覆剤でその良否がきまる．心線はP, Sなどの有害成分は，できるだけ少量にして，溶接部の機械的な性質が悪くなるのを防ぐ．軟鋼用の溶接棒としては低炭素鋼が用いられるほか低合金鋼も一部には使われる．被覆剤はイルミナイト（TiO_2＋FeO）を主要原料とするイルミナイト系がその6割をしめているが，これは最も多く使われる万能棒である．表3・3に被覆剤による溶接棒の分類を示した．

表3・3 被覆アーク溶接棒の種類．

被覆剤の系統		特徴
ガスシールド形	高セルローズ系	アメリカ系で，日本ではあまり使わない．スラグがなく，作業性よい．被覆がうすい．
スラグシールド形	イルミナイト系	日本で多く使われる万能棒．作業性，機械的性質ともによい．
	高酸化鉄系	機械的性質がよい．重要機械用．下向き専用．
ガス・スラグ併用形	高酸化チタン系	溶込みが少なく，薄板に適す．作業性はよいが，溶着金属の性質はあまりよくない．
	低水素系	割れを発生しやすいものに適す．作業性はよくない．蛍石を主原料とする．機械的性質はよい．
	ライムチタニヤ系	蛍石の低水素性の機械的性質のよさと，酸化チタンの作業性のよさを合わせもつ．
鉄粉入り溶接棒	鉄粉系	作業性，高能率をねらってチタン系，低水素系，酸化鉄系に鉄粉を入れたもの．多いものは60%入れるが，高鉄粉〜系と呼ばれる．

〔注〕被覆剤はアーク安定剤，ガス発生剤，脱酸剤，合金剤，造滓剤，固着剤で構成される．分類は被覆剤の主要原料の名称をとるが，低水素系は主要原料名蛍石をとらずに呼んでいる．

2. アーク溶接機

アーク溶接機には交流アーク溶接機と直流アーク溶接機とがある．交流アーク溶接機は構造が簡単なので多く使われている（図3・11参照）．直流アーク溶接機はアークが安定しており，発熱量も多く，溶込みが極性によって異なる（溶接棒を ⊖，母材を ⊕ に接続する場合を正極性といい，その反対に接続する方法を逆極性と呼んでいる．）．

直流アーク流は4000〜5000℃の熱を発生するが，その熱量の60〜70%は正極側に，40〜30%は負極側に発生するため図3・12に示すように

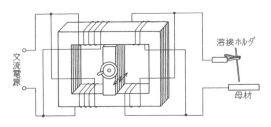

図3・11 交流アーク溶接機の変圧器．

3・4 アーク溶接

正極性の方が溶込みが深い．したがって，自動，半自動溶接では直流溶接機が使われる．

交流アーク溶接機の変圧器は，可動鉄心形であるから，鉄心の一部が切れてお

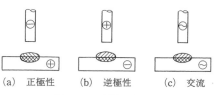

図 3・12 極性と溶込み．

り，このすきまのために，アークの長さが変わっても電流はわずかしか変わらず，また二次側が短絡しても過大電流が流れない（これを垂下特性という．）．直流溶接機には直流発電機を電源（25～40V，400～750A くらいのものが多い．）とするほか，セレン，シリコンなどで交流電源を整流する整流器形もある．また，アークの安定，薄板用として高周波発生装置をもった高周波アーク形，短絡とアークを自動的に繰り返すようにした短絡アーク形などがある．

3. アーク溶接作業

アーク溶接に当たっては図 3・13 に示すような機器を準備する．溶接機の電源，アース線，ホルダ線を点検の後，同図に示すように，アースグリップを溶接台に取り付けておく．

（1） ビードをそろえる練習　図 3・14 に示すように，径 9mm，長さ 200mm くらいの軟鋼丸棒 2 本を用意し，まずストレートビードの練習をつぎの手順で行う．

① 表 3・4 によって溶接電流を 100A にする．

図 3・13 アーク溶接作業

② ホルダに溶接棒を直角にはさむ．溶接棒は（D 4301 相当）3.2 mm 径とする．

③ 図 3・13 に示すような姿勢をとる．この場合上半身はやや前かがみでよい．なお，ホルダは軽く握る．

④ 点弧は溶接棒の先端で鋼板を軽く打つか，マッチをするように先端をこすって通電し，母材と棒の先との間隔を 2〜3 mm に保ってアークを発生させる．

⑤ 電流を加減して，直進つまりストレートビードで溶接してみる．

⑥ 溶接が終ったらスラグをピーキングハンマでたたいてからワイヤブラシで除き，ビードのそろい，アンダカットやオーバラップ，ブローホールがないことを確認する．

図 3・14 ビードをそろえる練習．

（2） 溶接部の名称と欠陥　図 3・15(a) に溶接部の名称を示した．同図 (b) は溶接部の欠陥を示したものである．溶接部の欠陥にはつぎの各種がある．

アンダカット … ビードと母材との境目にできた細い溝で，電流が過大，運棒が不適当，溶接棒が不適当などの原因によって生じる．

クレータ … ビードの終端にできるくぼみである．クレータは溶接部の割れや腐食を生じる

表 3・4　溶接棒および溶接電流．

母材の厚さ (mm)	溶接棒径 (mm)	溶接電流 (A)
2 以下	1.5〜2.0	20〜50
2	2.0〜2.5	40〜90
3	2.5〜3.2	80〜120
4	3.0〜4.0	80〜130
5〜6	4.0	120〜180
7〜10	4.0〜5.0	120〜230
11 以上	5.0〜6.0	150〜300

原因になるので，ビードの終りのアークの切り方に注意して，クレータを埋めておく．

スパッタ … 溶滴が溶池以外に飛んで母材に点状に溶着したもの．

オーバラップ … 溶接金属が母材および溶着金属に溶け合わないで母材や溶着金属の面に重なる欠陥である．オーバラップは溶接速度が遅すぎたり，溶接電流の弱過ぎ，ア

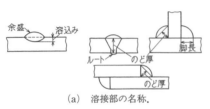

(a) 溶接部の名称．

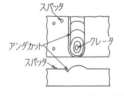

(b) 溶接部の欠陥．

図 3・15 溶接部の名称と欠陥．

ークの長すぎなどがその発生原因である．

（3）中板下向き溶接作業 図3・16に示すように，板厚9mm，130mm角の軟鋼板2枚を用意する．溶接部には開先を取っておき，逆ひずみを約3°とるように両端面を仮付け後，溶接板の上に10mmくらい浮かしておく〔同図（a）〕．以下同図（b）〜（d）に示す順に多層溶接を行う．なお，同図（e）のように材料試験片を取り，万能材料試験機で引張りと曲げ試験を行うと溶接の欠陥の試験を行うことができる．

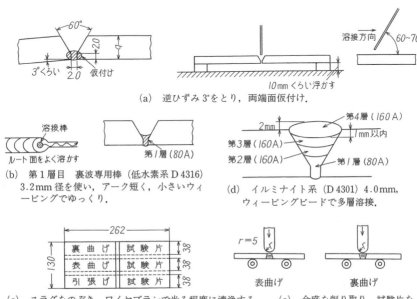

図3・16 中板の下向き溶接．

4． 自動アーク溶接

これは線状の溶接棒をワイヤ送給装置で溶接トーチ先端に自動送りする溶接法である．このワイヤ送給装置のついた溶接トーチを手で持って溶接する場合を半自動という（図3・17参照）．また，溶接トーチおよび制御箱などを走行台車にのせ，定速で走らせながら溶接を行う形式を自動溶接という．

自動アーク溶接は手溶接に比べて溶接速度を上げるため大電流を用い，一般にビード幅は電圧，溶込みは電流，溶接速度はワイヤ送給速度による．外気のしゃへい（遮蔽）方法によって，スラグシールドとガスシールドとに分けられるが，スラグシールドの代表が潜弧溶接であり，ガスシールドではイナートガス（不活性ガス）アーク溶接，経費

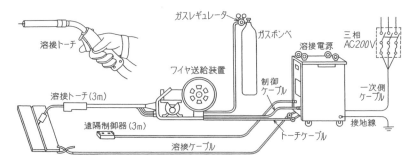

図 3・17　半自動不活性ガスアーク溶接機.

を少なくするための炭酸ガスアーク溶接法がある．

（1）潜弧溶接機(サブマージドアーク溶接機，ユニオンメルト)　図 3・18 に示すようにメルトホッパに入っている粒状フラックス(茶色のガラスを砕いたようなもの．)は，チューブを通り，ワイヤのチップの直前に流し落とされ，一定の高さに積み上げられてアークの部分を完全に覆いかくす．いっぽう溶接電流はアーク電圧が一定に保たれるように，ワイヤ送り速度を自動制御している．溶接速度は手溶接の数倍で行い，溶込みが深く，開先が小さくてすむうえ，溶接材料も少量でよい．高張力鋼，耐熱鋼，ステンレス鋼などの溶接にも適用される．

（2）不活性ガスアーク溶接　これは高温では金属と反応しない不活性ガス（イナートガス）であるアルゴンやヘリウムの雰囲気の中で行うアーク溶接である．図 3・19 は自動ワイヤ送り装置によって供給されるワイヤと母材との間でアークを飛ばし，不活性ガスの中で溶接を行うタイプである．これは MIG（金属電極不活性ガス）溶接機と呼ばれている．図 3・20 はタングステン電極と母材との間にアークを飛ばし母材を溶かし，溶接ワイヤを送り込むようにした TIG（タングステン電極不活性ガス）アーク溶接で，3mm 以下の溶接に

図 3・18　サブマージドアーク溶接装置．

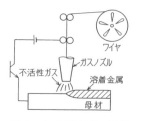

図 3・19　MIG 溶接の原理．

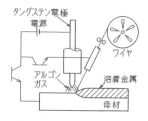

図 3・20　TIG 溶接の原理．

3・5 電気抵抗溶接

適している．最近は溶接用ロボットの普及にともない，半自動の溶接機が多用されている．

（3） 炭酸ガスアーク溶接機 これはアルゴンやヘリウムよりも安価な炭酸ガスを用いる溶接機である．アーク溶接温度を上げるため，酸素を20～25％混入するが，溶湯の酸化を防ぐため，ワイヤにMn,Siを多く入れている．なお，炭酸ガスアーク溶接ではスパッタを少なくする工夫が必要である．

（4） プラズマアーク溶接，切断装置 アークでガスを高温に加熱し，ガス原子を原子核と電子に遊離させると正負のイオン状態のプラズマになる．タングステン電極と母材間のアークをアルゴンガス流で絞るとプラズマアークが得られる．このアークは細い円柱状で安定しているので精密溶接ができる．

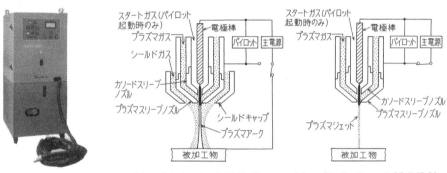

図3・21 プラズマ溶接・切断装置

(a) プラズマアーク（移行式） (b) プラズマジェット（非移行式）

図3・22 プラズマアークとプラズマジェットの原理．

プラズマジェットは電極とノズルとの間に発生させたアークプラズマをノズルから噴出させ，非金属の切断や溶接を行う．プラズマによれば2～8万℃の高温が得られる．図3・21にプラズマ溶接・切断の装置を示した．また，図3・22はその原理を示したものである．金属の切断にプラズマアークを用いるとガス切断の倍の速度が得られ，費用も半分ですむといわれるが，切断条件がやや困難である．

3・5 電気抵抗溶接

金属に電流を流すと電気抵抗が発生する．この電気抵抗の発熱によって接合部を加熱し，融点または半溶融状態にして圧力を加えて接合する溶接法を電気抵抗溶接という．この場合，発熱量 Q はジュール熱によるもので次式によって与えられる．

$$Q = 0.24RI^2 = 0.24EI \quad \text{(cal/s)}$$

ここに，R：電気抵抗（Ω），I：溶接電流（A），E：溶接電圧（V）

接合部に低電圧,大電流を通すと接触抵抗によって発熱する.金属は温度が上がると電気抵抗が増すので,接合部は局部的にしだいに高温になり,半溶融状態まで加熱されるのでこれに,圧力を加えると接合することができる.金属の電気抵抗は小さいので,大電流 (3~100 kA) を必要とするが,電圧は低い (1~10 V).電気抵抗溶接は溶接部の温度を低くできるので熱影響部が少なく,母材の変形,残留応力が少ない.なお,電気抵抗溶接には重ね抵抗溶接,突合わせ抵抗溶接がある.

1. 重ね抵抗溶接

(1) 点溶接(スポット溶接) これは重ねた金属板の間に水冷にした銅製電極をはさんで,足踏みまたは空気圧によって加圧してから通電して溶接する方法で 6 mm 以下の薄板に向いている.重ね抵抗溶接では,接合部に生ずる溶融凝固した金属部分をナゲットという(図 3・23 参照).ナゲット径は板厚 (mm) を t とすれば鋼の場合は $d=2t+2.5$ (mm) くらいが JIS A 級,B 級に相当し,強さを要する溶接部に用いられる〔図 3・24(a) 参照〕.

(2) プロジェクション溶接 これは溶接する金属板にあらかじめ,点または線の突起を作っておき,平らな電極で通電溶接する方法である〔図 3・24(b) 参照〕.

(3) シーム溶接 これは径 100~300 mm,厚さ 10~20 mm の一対のローラ形の電極で金属板をはさんで加圧し,電極を回転させ,溶接電流を断続させて,溶接を連続的に行う方法であり耐気密性を必要とする溶接に適している〔図 3・24(c) 参照〕.

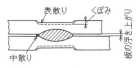

図 3・23 スポット溶接のナゲット.

2. 突合わせ抵抗溶接

(1) アプセット溶接 これは溶接する母材を突き合わせてから通電・加熱し,さらに加圧して圧着させる溶接法であるが,溶接部にふくらみを生ずる.帯鋸盤の鋸歯の接着や,工具,棒,管などの圧着に用いられる溶

(a) スポット溶接機

(b) プロジェクション溶接機

(c) シーム溶接機

図 3・24 重ね抵抗溶接

接法である．

（2） フラッシュ溶接　母材を軽く接触させて大電流を通すと，接触面にアークと短絡とが交互に発生し局部的に白熱し，火花となる．フラッシュ溶接はこれを繰り返して，母材が溶融状態になったときに圧接する方法である．酸化物などがフラッシュによって飛散するので，溶接部の性質がよく，能率もよいので，軸，レール，薄肉管の溶接に使用される．

3・6　その他の溶接法

1.　エレクトロスラグ溶接法

1951年にソ連で開発された溶接法である．これは，スラグ中の抵抗発熱を利用し，20〜60mmの厚板を立向き1層の溶接で完了できる．図3・25にその原理図を示した．この溶接法は，溶接能率はよいが，設備費が高いうえ，溶着金属のねばさが圧延材より低いので，焼きならしが必要であるなどの欠点がある．

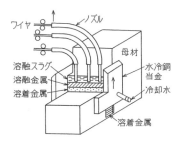

図3・25　エレクトロスラグ溶接

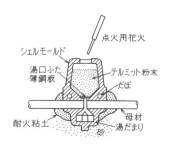

図3・26　テルミット溶接鋳型の例．

2.　テルミット溶接法

酸化鉄の薄片状の粉末とAlの粉を3：1に配合したものに点火すると，発熱反応を起こし還元された鉄とアルミナに変わる．

テルミット溶接はこの反応（テルミット反応）を利用した溶接法である．

$$3 Fe_3O_4 + 8 Al = 9 Fe + 4 Al_2O_3 + 702500 cal$$

大きな歯車の折損部の修理，建築用異形棒鋼の接合などに用いられるテルミット溶接では接合部分は鋳型に入れ，反応が終ると鉄とアルミナに分離し，鉄は軟鋼板を溶かして，湯口から流れ込み接合される（図3・26参照）．

3.　超音波圧接

これは超音波（1kHz〜100kHz）の振動エネルギーを図3・27(a)に示す原理によって用い，母材を加圧して，金属を再結晶温度まで加熱したとき金属間に生じる拡散現象に

よって圧接する方法である．AlとCuの接合等異材の接合に有効で，溶剤は不要である．
超音波圧接によれば 15.5 kHz，4 kW で Al 2 mm，銅 1 mm までの溶接ができる．

4. 電子ビーム溶接

高真空中（10^{-4} mmHg）で 50～150 kV の高電圧で電子ビームを加速させ，これを電磁
レンズコイルで集束さ
せ，工作物に焦点を結ぶ
と，運動エネルギーの一
部は熱に変わり，大部分
の金属酸化物は分解，融
解する．この溶接法は偏
向コイルによって熱点の
位置の制御が簡単である
うえ，大気の汚染がきわ
めて少ない．なお，幅の
狭い深いビードを得るこ

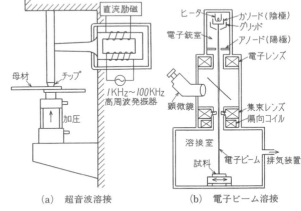

図 3・27 超音波溶接と電子ビーム溶接の原理．

とができるので，全金属，セラミックス，異種金属の溶接に適している〔図 3・27(b) 参
照〕．

5. レーザ溶接

レーザは電磁波の誘導放射による発光増幅現象であり，従来からルビーレーザまたは
ガスレーザが加工用として使われているが，最近は YAG（ヤグ，イットリウム・アルミ
ニウム・ガーネット $Y_3Al_5O_{12}$ … ざくろ石形結晶構造を持つ．）ロッドを使った YAG
レーザ装置が注目されてきた．YAG レーザの波長は 1.06 μm で，CO_2 の 10.6 μm に比
べ，金属に対する反射率が低く，特に鉄系金属に対しては吸収性が優れ，小さなスポッ
ト径で集光できる．このためビード幅の狭い溶接ができ，セラミックス基板のスクライ

図 3・28 YAG レーザ溶接装置

図 3・29 超精密 YAG レーザ
加工装置（NC 制御）

ビング,鉄鋼の切断,溶接に使用されている.図3・28にYAGレーザ溶接装置を示したが,発振器本体は径80mm,長さ580mm程度で,切断幅0.3mm以下である.図3・29はこれをNC制御にして超精密にした加工装置である.

3章 練習問題

問題1. 直流アーク溶接の正極性と逆極性の加工の特徴についてのべよ.
問題2. ロボットを用いる溶接に適した溶接の種類と条件について考察せよ.
問題3. 溶接構造の利点と欠点についてのべよ.

4章 塑性加工

　固体にある程度以上の力を加えて変形させた場合，その力を取り除いても，もとの形には戻らない．固体のこのような性質を塑性といい，塑性を利用した加工を塑性加工と呼ぶ．鍛造，ロール圧延，引抜き，押出し，板金プレス加工などのような塑性加工は従来から圧延鋼材，型鋼，鋼棒などの原材料や各種鍛造品，板金加工に使われてきたが，現在では押出し，転造などの塑性加工も製品の需要にともない発達している．例えば図4・1に示した玉軸受用リングの加工では，切削加工よりも塑性加工で押出し，打抜きの工程をとった方が，加工時間が短縮されるので多量生産では安価な製品を得ることができる．

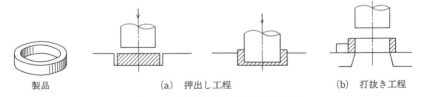

図 4・1　玉軸受用リングの塑性加工例．

4・1　塑性加工の原理

1.　塑性と弾性

　金属に力を徐々に加えて変形させる場合，一般に力がある値以下のときには，力を取り除けばもとの形に戻る．これを弾性変形というが，加える力がある値を越えると永久ひずみ（塑性ひずみ）を生じるようになり，これを降伏という．なお，塑性変形がある程度大きくなると材料は破壊する．

　図4・2(a)に示すように断面積 A_0(mm²)，長さ l_0(mm) の材料を荷重 P(N) の力で引張ったとき，同図 (b) に示す

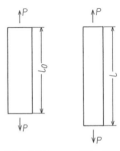

図 4・2　材料の変形．

4・1 塑性加工の原理

ように長さが l (mm), 断面積が A (mm^2) のようになり, $l-l_0=dl$ とすれば次式が与えられる.

公称応力　　　$\sigma_o=P/A_o$　　　(N/mm^2)　　　　　　　　　(4・1)

公称ひずみ　　$\varepsilon_o=(l-l_o)/l_o=dl/l_o$　　　　　　　　　　　(4・2)

材料力学ではこれを応力とひずみとして説明しているが, 材料力学は弾性の範囲を取り扱う弾性力学であるため, 塑性のように大きなひずみは取り扱わない. そこで, 塑性加工では応力は真応力, ひずみは対数ひずみを用いる.

真応力　　　　$\sigma=P/A$　　　(N/mm^2)　　　　　　　　　　(4・3)

対数ひずみ　　$\varepsilon=\ln(l/l_o)$　　　　　　　　　　　　　　　　(4・4)

体積一定の条件 $A_o l_o = Al$ から

$$A=A_o(l_o/l)=A_o\{l_o/(l_o+dl)\}=A_o\{1/(1+\varepsilon_o)\}$$

(4・3) 式は

$$\sigma=P/A=\sigma_o(1+\varepsilon_o)$$

また, 真応力と対数ひずみは, 次式によって与えられる.

$$\varepsilon=\ln(l/l_o)=\ln\{(l_o+dl)/l_o\}=\ln(1+\varepsilon_o)$$

$$\sigma=\sigma_o(1+\varepsilon_o) \quad\quad\quad\quad (4・5)$$

$$\varepsilon=\ln(1+\varepsilon_o)$$

なお, (4・4) 式は伸びに対するひずみ増分を $d\varepsilon=dl/l$ として, 全ひずみを $\varepsilon=\int_{l_o}^{l} d\varepsilon = \int_{l_o}^{l} dl/l = \ln\{l\}_{l_o}^{l} = \ln l - \ln l_o = \ln(l/l_o)$ から求めた.

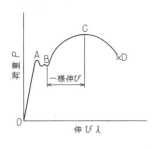

(a) 荷重-伸び線図

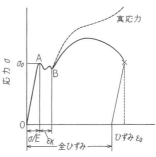

(b) 応力-ひずみ線図 (公称)

図 4・3　荷重-伸び線図と応力-ひずみ線図.

図 4・3(a) に軟鋼の荷重-伸び線図を示した. 同図において A は降伏点の荷重, C は最大引張り荷重で P_{max}, C の値を原断面積で割ったものが, 引張り強さである. 図 4・3(b) は (4・5) 式から真応力を計算した応力-ひずみ線図 (点線で示している.) である.

図 4・4(a) は板材の引張り試験片〔板厚 3 mm, 幅 32×長さ 240 の SPC (磨き) 板

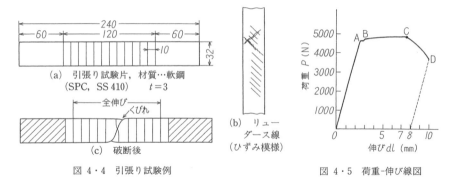

図4・4 引張り試験例   図4・5 荷重-伸び線図

である．この試験片の表を 10 mm 間隔にけがき，裏は研磨紙で鏡面に磨いておいてから，材料試験機で引張ると降伏点で荷重の針が止まり，降伏点が求められるが，磨いた面にはひずみ模様が現われる．同図 (b) は最大荷重を示す前に取り外した試験片である．試験片に現われたひずみ模様はその部分の降伏を意味するが，表面の条痕として認められるだけで，試験片の内部の変化ではない．しかし，しだいにひずみ模様が各所に現われ，そのすべりの集まりとして塑性変形が起こり，やがて全面に広がる．さらに結晶のすべりとともに，結晶内にひずみが起こり，加工硬化し，くびれ現象を起こし，同図 (c) に示すように引張り力の軸方向とほぼ 45° をなして破断する．図4・5 は図4・4 に示した試験片の荷重-伸び線図を示したものである．

例題 4・1 図 4・5 に示した線図によって荷重と伸びを求め，公称応力，公称ひずみ，真の応力，対数ひずみを求め，応力-ひずみ線図を描け．

〔解〕 下表に算出結果と応力-ひずみ線図を示す．なお，磨き材は引抜き加工が施されているため，加工硬化しているので降伏点は明確ではない．

	P (N)	dl (mm)	公称 σ_0 (N/mm²)	公称 ε_0	真 σ (N/mm²)	真 ε
0	0	0	0	0	0	0
1	37200	2	387.5	0.02	395.3	0.020
2	47000	3	489.6	0.03	504.3	0.029
3	47500	4	494.8	0.04	514.6	0.039
4	47700	5	496.9	0.05	521.7	0.049
5	47800	6	497.9	0.06	527.8	0.058
6	47900	7	499.0	0.07	533.9	0.068
7	47900	7.5	499.0	0.075	536.4	0.072

$\begin{cases} \sigma = \sigma_o (1+\varepsilon_o) \\ \varepsilon = \ln(1+\varepsilon_o) \end{cases}$ $A_o = 96 \text{ mm}^2$ $l_o = 100 \text{ mm}$

2. 加工硬化と変形抵抗

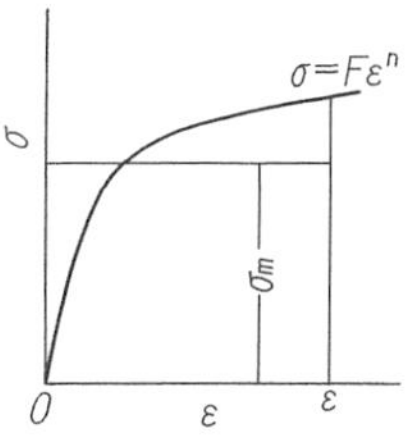

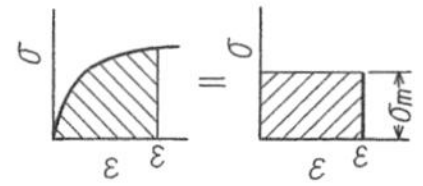

図4・3(b)に示したように一般に普通の軟鋼ではA点は降伏点でB点は降伏の終りを示す．この弾性域での値は，Eを縦弾性係数とすると同図において $\sigma/E=0.001$，$\varepsilon k=20\times\sigma/E$ 程度であり，塑性変形量に比べて非常に小さいので，塑性域での応力計算の場合，これら弾性値を無視して，応力-ひずみ曲線を $\sigma=F\varepsilon^n$ と近似して，図4・6に示すようにする．なお，降伏点が認めにくい金属では降伏点のかわりに 0.2% の永久ひずみを生ずる応力を耐力として降伏点とみなして取り扱う．

応力-ひずみ曲線　　$\sigma=F\varepsilon^n$　　(4・6)

図4・6 平均変形抵抗

ここに，σ：真の応力 (N/mm²)，F：塑性係数 (N/mm²)，ε：対数ひずみ，n：加工硬化指数

例題4・2 例題4・1の〔解〕の応力-ひずみ線図から応力-ひずみ曲線 $\sigma=F\varepsilon^n$ の値を求めよ．

〔解〕　例題4・1の〔解〕の表より　$536.4=F0.072^n$，$504.3=F0.029^n$
　　　　$1.0637=2.483^n$

$n=\log 1.0637/\log 2.483=0.068$，　$F\cdot 0.072^{0.068}=536.4$，　$F=641.5$

金属は構成している原子が，規則正しく配列しているので結晶組織をもつが，金属を加工すると，加工量に従って金属を構成する原子の配列の乱れが増大する．工業材料は，表面には細かいクラックや傷があって，局部的な応力集中を起こしているし，内部には不純物の混入や，塑性加工による原子配列の乱れ（転位）などの欠陥がある．このように，金属の原子配列を人為的に乱して転位を増すと，これら欠陥相互の干渉によって変形が抑制されて変形抵抗（降伏強さ）を増す．つまり，塑性変形を受けると，伸びの増加にともない転位密度が増大し，変形抵抗を増し加工硬化する性質をもっている．

図4・7に示すようにO→A→Bと加工率を上げると，材料はO, A, Bに示すように，しだいに偏平な結晶粒となり，繊維化して硬化する．さらに引き続き加工率を上げるとついには破断する．一般に塑性加工では，B点の加工率程度で中止し，それ以上加工したいときは，所定の温度で焼きなましを行い，再結晶させて元のOの結晶粒に戻してから，再び加工する．再結晶の始まる温度を再結晶温度といい，加工度の高いものは，新結晶の核

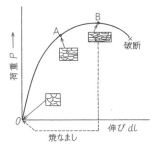

図4・7 加工硬化と焼なまし．

ができやすく，再結晶は低い温度で行われる．

図 4·6 に示した単純引張り曲線 $\sigma=F\varepsilon^n$ のとき，ε までの応力の平均を，平均変形抵抗 σ_m として取り扱う．また，加工硬化係数 $n=0$ の場合は $\sigma_m=F$ となり，加工硬化しない材料としてこれを剛塑性体という．

$\sigma=F\varepsilon^n$ の場合に

平均変形抵抗　$\sigma_m=F\varepsilon^n/(1+n)$　(N/mm²)

(4·7)

図 4·8(a) は加工硬化係数 n の値による σ-ε 曲線の変化を示したものである．また，同図 (b) は弾性完全塑性体というが，同図 (c) に示す軟鋼の場合の σ-ε 曲線と比較すると明らかであるが，これを弾性完全塑性体として取り扱う場合もある．

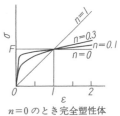

$n=0$ のとき完全塑性体

(a) $\sigma=F\sigma^n$ の場合．

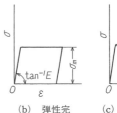

(b) 弾性完全塑性体　(c) 軟鋼の場合．

図 4·8　σ-ε 曲線

3. 塑性加工における応力

図 4·9(a) に示すように直方体を工具で圧縮する場合，内部の微小立方体には σ_1, σ_2, σ_3 の三方の応力がかかる．この σ_1, σ_2, σ_3 と単純引張りから求めた平均変形抵抗 σ_m との関係を仮定する場合は，つぎの条件が使用される．

① トレスカの条件　$\sigma_1 \geq \sigma_2 \geq \sigma_3$ として　$\sigma_m = \sigma_1 - \sigma_3$
② ミーゼスの条件　$\bar{\sigma}=\sqrt{1/2\{(\sigma_2-\sigma_3)^2+(\sigma_3-\sigma_1)^2+(\sigma_1-\sigma_2)^2\}}=\sigma_m$

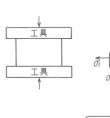 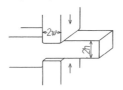

$\sigma_x - \sigma_y = Y$
Y：平均変形抵抗 $=\sigma_m$

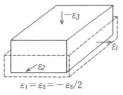 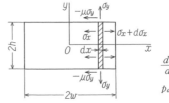

$\dfrac{d\sigma_x}{dx}=-\dfrac{\mu}{h}\sigma_y$

$p_{av}=Y\left(1+\dfrac{\mu w}{2h}\right)$

(a) 直方体の圧縮．　　　(b) 幅が一定な圧延．

図 4·9　塑性加工の応力と解析例．

また，同図 (b) に示すように幅が一定な圧延について仮定すると σ_x, σ_y の二つの応力となるので，$\sigma_x - \sigma_y = Y$ となり，解析しやすくなる．幅を1，厚さ dx，高さ $2h$ とした微少部分の力の平衡から，平衡方程式 $d\sigma_x/dx = -\mu\sigma_y/h$ を解いて，平均鍛造圧力 $p_{av} = \sigma_m$ $[1+\mu w/(2h)]$ を導くが，変数分離形の微分方程式を初期条件を考えて解くことになる．この場合，工具との摩擦係数 μ は解析に重要な要素となる．また，エネルギー法といって，外力仕事と，内部ひずみ仕事を等しいとして解く方法もあるが，いずれも本書の範囲を越えるので，計算に必要な一般的な式を各項にあげておくことにする．

平均工具面圧 p_{av} は (4・7) 式から求めた平均変形抵抗 σ_m として

$$p_{av} = K\sigma_m \qquad (4\cdot 8)$$

K を増倍係数として，加工条件によって，σ_m を補正していると考えると単純化できる．

4・2 鍛 造

鍛造とは，材料を加熱して成形する作業で，材料は鍛流線 (flow line) と呼ばれる繊維状組織を形成して強じんな組織になる．再結晶温度以上で熱間加工するが，作業中に再結晶温度以下に下がると，内部ひずみは除かれないから，冷却を見込んで鍛造温度を決める．なお，常温で行う冷間据込みや押出しは冷間鍛造とも呼ばれるがここでは熱間鍛造に限定して説明する．

1. 鍛造温度

鋼の鍛造温度は 1200～800℃ くらいで，再結晶温度は 600℃ くらいであるから，200℃ くらいの余裕を見込んでいる．鋼は 650℃ くらいで暗赤色になるから，その火色が赤いうちに鍛造する．温度を上げ過ぎると，結晶粒が粗大化し，これを微細化するのは困難であるから注意する．

材料の加熱は内部まで均一に同じ温度になるように注意する．小物の加熱には図 4・10 に示すようなほどを用いる．ほどへの着火は火をつけた木炭か，木片に点火し，送風して羽口にかけたコークスを燃やす．材料は火の中央に入れコークスをかけ，材料を動かして均一に加熱する．なお，大物の加熱には重油炉，ガス炉が用いられる．

2. 自由鍛造

自由鍛造には図 4・11 に示すように切取り，伸ばし，据込み，せぎり，押抜き，広げ，ねじり，鍛接などがあ

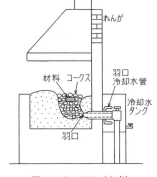

図 4・10 ほど（火床）

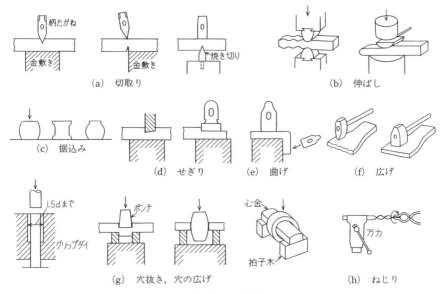

図 4・11 自由鍛造

る．ここでは据込み，せぎり，鍛接の三つについて簡単に説明しておく．

据込み … 長さを圧縮して断面を大きくする加工で，長さが直径の3倍までは1回に据え込める．

せぎり … ある線を境として工作物に段を付けて一方を細くする加工をいう．

鍛接（わかしづけ）… 鋼などは 1300～1400℃（白く火花が出て材料が汗をかくほど．）くらいに熱してから，鍛接剤を付けてつち打ちして接合する方法で，溶接できない場合に用いる．鍛接剤は鍛接部の酸化を防ぎ，酸化物の流動を容易にするために用いる．これにはほう砂を単独に使うこともあるが，工具鋼の鍛接には，ほう砂，食塩，軟鋼の粉などを混ぜたものを用いる．

3．型 鍛 造

寸法精度を重要視する鍛造品の場合には，型を鍛造機械に取り付け，加熱した材料を下型の上におき，上型を落下させるか，圧し着けて，材料を成形する．型鍛造には，落としハンマ型鍛造，据込み型鍛造，プレス型鍛造がある．このうちプレス型鍛造は，振動が少ないため，型ずれ，型割れが少なく，寸法精度もよいうえ，使用型材が少なくてすみ，型の寿命が長いなどの特長がある．図 4・12 に鍛造型の例を示した．鍛造型は材料が型を充したした後，その余分がフラッシュを経て，張り溝（ガッタ）に流れ出るように設計されるほか，抜きこう配も付けられる．なお，鍛造後はばりをプレスで切り取り，

焼きなましをする．型の材料としては熱間加工用の合金工具鋼（SKD）などが使われる．

4．鍛造する力

鍛造するときの力を $P(\mathrm{N})$，鍛造品の断面積 $A(\mathrm{mm}^2)$ とすると平均鍛造圧力 $p_{av}(\mathrm{N/mm}^2)$ は次式によって与えられる．

$$p_{av} = K \cdot \sigma_m \qquad (4 \cdot 8)$$

ここに，σ_m：平均変形抵抗（N/mm²），K：増倍係数

（1） 1方向にだけ伸ばす場合の増倍係数〔図4・13(a)参照〕

$$K = 1 + \mu w / (2h) \qquad (4 \cdot 9)$$

ここに，w：工具幅，高さ：h_o が h になる，h_o/h：圧下比（据込み比），$w_o h_o / wh = A_o / A$ を鍛錬比という，μ：工具と材料の摩擦係数

（2） 据込み鍛造の場合の増倍係数〔図4・13(b)参照〕

$$K = 1 + \mu d / (3h) \qquad (4 \cdot 10)$$

ここに，μ：摩擦係数，d：据込み後の直径（mm），h：据込み後の高さ（mm）

なお，グリップダイによるヘッドの据込み鍛造の K 値は図4・13(c)に示すようになる．

5．鍛造用機械

（1） 自由鍛造用機械 自由鍛造用機械のうち，ばねハ

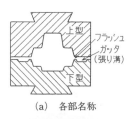

(a) 各部名称

(b) 実例

図4・12 鍛造型の例．

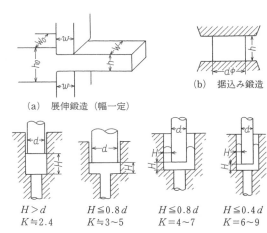

(a) 展伸鍛造（幅一定）

(b) 据込み鍛造

| $H>d$ | $H \leqq 0.8d$ | $H \leqq 0.8d$ | $H \leqq 0.4d$ |
| $K \fallingdotseq 2.4$ | $K \fallingdotseq 3\sim5$ | $K=4\sim7$ | $K=6\sim9$ |

(c) グリップダイによる据込み鍛造．

図4・13 鍛造の力．

ンマは偏心板と板ばねでハンマを上下させて打撃する機構で，小物の鍛造に適している．エアハンマは空気圧によってラムを上下させる機構で，打撃力を加減でき，その能力は 0.1～2 tf（1～20 kN）くらいである．蒸気ハンマになると 0.2～5 tf（2～50 kN）くらいの大きさの機種もある．

（2） 型鍛造用機械 型鍛造用機械のうち，板ドロップハンマはモータで駆動される

 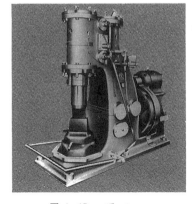 

図 4・14 ばねハンマ　　図 4・15 エアハンマ　　図 4・16 ドロップハンマ

2個の摩擦ロールで板をはさんでハンマを引き上げた後にローラを開いて落下させる機構である．その能力は 0.4～2 tf (4～20 kN) くらいでありハンマの落下高さは 1.2～1.5 m である．エアドロップハンマは圧縮空気を利用したハンマで，その能力は 0.5～15 tf (5～150 kN)，ストロークは 1～1.4 m くらいである．なお，水圧プレスは大物の鍛造に用いられるが，その能力は 200～3000 tf (20～300 MN) のものが使われている．

例題 4・3　直径 50 mm，高さ 100 mm の丸鋼を 30% だけ据込み鍛造するときの，型にかかる平均の鍛造圧力 p_{av} と鍛造力 P を求めよ．なお，棒の圧縮応力-ひずみ曲線は $\sigma_c = F\varepsilon_c^n$ で表され，$F = 340 \text{ N/mm}^2$，$n = 0.2$，工具と工作物の摩擦係数を 0.3 とする．

〔解〕　公称ひずみ　$\varepsilon_o = (100 - h)/100 = 0.3$，$h = 70 \text{ (mm)}$

対数ひずみ　$\varepsilon_c = \ln(70/100) = -0.357$

平均変形抵抗　$\sigma_m = F\varepsilon^n/(1+n) = 340 \times 0.357^{0.2}/(1+0.2) = 230.6$　(N/mm^2)

鍛造後の直径　$(\pi/4)d^2 \times 70 = (\pi/4) \times 50^2 \times 100$，

$$d = \sqrt{50^2 \times 100/70} = 59.76 \text{ (mm)}$$

増倍係数　$K = 1 + \mu d/(3h) = 1 + 0.3 \times 59.8/(3 \times 70) = 1.085$

(答)　$p_{av} = 1.085 \times 230.6 = 250.2$　(N/mm^2)

$P = (\pi/4) \cdot d^2 \cdot p_{av} = (\pi/4) \cdot 59.8^2 \times 250.2 = 702716 \fallingdotseq 702700$　(N)

$= 703$　(kN) 〔71.7 tf〕

4・3　圧延加工および転造

1.　圧延加工

これはロールを使って材料を延ばしたり，成形する加工法で，製鋼所において分塊圧

4・3 圧延加工および転造

延に使用されている．熱間圧延は鋳造組織を破壊し，均質にできるので型鋼，鋼板の製造に使われている．冷間圧延による加工は板材が主であるが，途中で焼きなましを入れる場合もあり，表面が美しく，薄板などは強さを与えることになる．管の圧延には圧延せん孔法で穴をあけ，プラグミルで肉厚を薄く圧延し，リーラで均一の厚さにされ，定型機（サイザ）で所要の寸法にされる．図4・17に継目なし鋼管の製造法を示した．

さて，ロール圧延では材料とロールとの摩擦力によって，材料がロール間にかみ込まれることが必要で，ロールの直径が影響する．また，圧延による板材の幅広がりはないとして圧延力を計算する．図4・18(b)において厚さ h_1 のときの板材速度を v_1，圧延後に厚さが h_2 になったとき

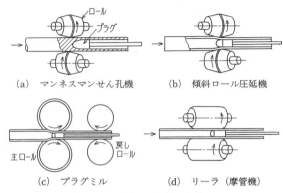

図4・17 継目なし鋼管の製造工程．

の速度を v_2 とすれば $v_1h_1=v_2h_2$，$h_1>h_2$ から $v_2>v_1$ で圧延の途中でロールの表面速度 v に等しいときがあり，この点ではすべりがないと考えられ，これを中立点という．

（1）かみ込み条件 図4・18(a)において α を接触角，圧力 p の水平分力 $p\sin\alpha$ が摩擦力の水平分力 $\mu p\cos\alpha$ より小さければ，板材はかみ込まれる．したがって，かみ込み条件として $\mu p\cos\alpha \geq p\sin\alpha$

$$\mu \geq \tan\alpha \quad (4\cdot11)$$
$$f \geq \alpha \quad (4\cdot12)$$

ここに，f：摩擦角：$\mu=\tan f$，μ：摩擦係数，α：板材とロールとの接触角

摩擦係数の μ の値は，冷間圧延で鋼の場合は 0.07〜0.1，アルミでは 0.1 くらいである．また，熱間圧延で鋼の場合は 0.1〜0.3，アルミでは 0.7 くらいである．

図4・18(b)において $\tan\alpha=l/[R-1/2(h_1-h_2)]\fallingdotseq l/R$

l は接触弧の投影長さで

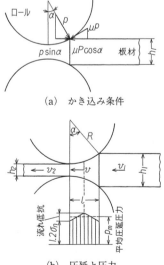

図4・18 ロール圧延

$$l = \sqrt{R^2 - \{R - 1/2(h_1 - h_2)\}^2} \fallingdotseq \sqrt{R(h_1 - h_2)}$$
$\tan \alpha \fallingdotseq \sqrt{(h_1 - h_2)/R}$ となる.
$$\mu \geq \sqrt{(h_1 - h_2)/R} \tag{4・13}$$

（２）圧延力 これは次式によって与えられる．

圧延率(圧下率) $q = (h_1 - h_2)/h_1 \times 100\%$ (4・14)

接触弧の投影長さ $l \fallingdotseq \sqrt{R(h_1 - h_2)}$ (4・15)

全圧延力 $P = p_m \cdot l \cdot b$ (4・16)

ここに，p_m：平均圧延圧力（単純引張りの平均変形抵抗 σ_m より大きい値をとる．），b：板幅

(4・13) 式より $R \geq (h_1 - h_2)/\mu^2$,

(4・15) 式，(4・16) 式から $P = p_m \cdot \{R(h_1 - h_2)\}^{1/2} \cdot b$

かみ込み条件から，最小のロール直径が決まれば，ロール径は小さい方が全圧力は小さくできる．しかし，径が小さいとロールがたわむので，ささえロール（バックアップロール）をつける．

2. 転造加工

焼入れ硬化したダイスを円筒形の素材に押し付けながら転がし，素材を成形する加工を転造加工という．ここではねじの転造と歯車の転造について説明しておく．

（１）ねじ転造 これは２個のロールダイスを同方向に同一速度で回転させ，油圧により素材に押し付けて転造する最も普及した加工法で，ねじ有効径に等しい素材を使用する．

図 4・19 はロールダイス 2 個のねじ転造盤を示したものであるが平形ダイスを用いる場合もある．図 4・20 は丸棒から球を転造する例であるが，このほかにも，ころを始め，自転車用ハブ類のような円筒断面をもった製品にも転造法が使われ，これを成形転造と呼んでいる．

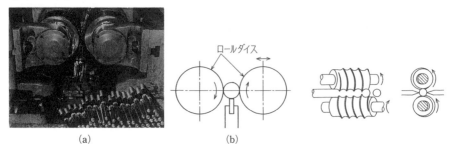

図 4・19 ねじ転造盤   図 4・20 球の転造.

（2） 歯車転造 モジュールが0.5くらいの歯車ならば転造ダイスは1個のタイプを使用する．なお，モジュールが2.5以下の歯車は冷間で転造するが，モジュールが3以上の歯車は熱間転造する．素材は高周波で加熱し，ダイス軸，素材の取付け軸は割出し装置によってすべりを取り除く，荒加工用と仕上げ加工との2回に分けて加工することなどがその要点である．

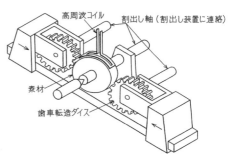

図 4・21 歯車転造

例題 4・4 厚さ4mmの鋼板を厚さ2mmにロール圧延する．摩擦係数を0.15としてロールの径を求めよ．また，平均圧延圧力 $p_m = 780 (\text{N/mm}^2)$ として，全圧延力を求めよ．なお，幅は500mmとする．

〔解〕 (4・13) 式より $\mu \geq \sqrt{(h_1 - h_2)/R}$, $0.15 \geq \sqrt{(4-2)/R}$

$0.15^2 \geq \dfrac{2}{R}$, $R \geq \dfrac{2}{0.15^2}$ $R \geq 89$ 直径 $= 2 \times 89 = 178 \fallingdotseq 180$ (mm)

$l = \sqrt{R(h_1 - h_2)} = \sqrt{90(4-2)} = 13.4$

$P = 780 \times 13.4 \times 500 = 5226000$ (N)

(答) 180 (mm), $P \fallingdotseq 5.23$ (MN) 〔533tf〕

4・4 押出し，引抜き

1. 押出し

図4・22(a)に示すように，金属の素材（ビレット）を容器（コンテナ）に入れ，一方からラムをプレスで押し，ダイから押し出して金属を成形する方法を，前方押出し（直接押出し）加工法という．また，同図(b)に示すように加圧する方向と同じ方向に材料が押し出される加工を後方押出しという．後方押出

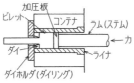 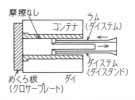

(a) 前方押出し（直接押出し）　　(b) 後方押出し（間接押出し）

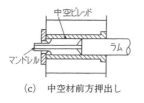 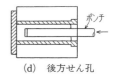

(c) 中空材前方押出し　　(d) 後方せん孔

図 4・22 押出し方式

し（間接押出し）ではラムの先にダイをつけたダイステムを圧入するのでコンテナとビレットとの間に摩擦がないので押し出しにくい材料に使われる．これに反して，前方押出しではこのコンテナとビレットの摩擦力が押出し圧力の 40～50% になる．

長いビレットを使用する場合は，熱間加工が適し，ビレット，コンテナ，ダイともに加熱しておく．普通は無潤滑で押し出すが，アルミニウム，銅などでは潤滑剤として黒鉛，滑石，鉛白，グリスなどを使う場合がある．特に鋼，ステンレスの押出しには，潤滑剤としてガラスを使い，1200℃ くらいに加熱したビレットを覆い，潤滑と断熱に利用するユージンセジュルネ法が 1942 年に U. Sejournet によって発明された．

なお，冷間押出しは小物部品の加工に適用されることが多いが，チューブ，貨幣，メダル，乾電池電極，薬きょうなどの量産に適し，鉱油，ワックス，鉛白を潤滑剤として用いる．

（1）押出し圧力 ここでは押出し圧力について考えてみよう．ビレット断面積(A_1)当りの平均押出し圧力の最大値は

$$p_{av}=K\sigma_m\ln(A_1/A_2) \qquad (4\cdot 17)$$

ここに，A_1：ビレット断面積 (mm²)，A_2：製品断面積 (mm²)，K：押出し変形の増倍係数 2～4，σ_m：平均変形抵抗 (N/mm²)

（2）アルミニウム合金の押出し サッシ材の押出しに用いる汎用機としては直接押出し機が使われ，通常 400～500℃ という熱間で行われる．直接押出し機は 1 工程で優れた寸法精度が得られることに特徴がある．コンテナは丸型が一般的で 6～13 インチ（152～330 mm）の内径で，400℃ に加熱される．

図 4・23 はダイアセンブリで所定の形状を持ったダイと，これを補強するバックダイ，ボルスタ，ダミーボルスタがダイスライドのダイスタックに納められている状態，また，図 4・24 は押出し設備を示したものである．ビレット直径はコンテナ径より 6 mm くらい小さく，長さ 400～600 mm であり，低周波誘導のヒータで数分で約 500℃ に加熱されて押し出される．押出し後端では圧力上昇で押出しが困難になるし，材料が少なくなって出方が不安定になり，また，

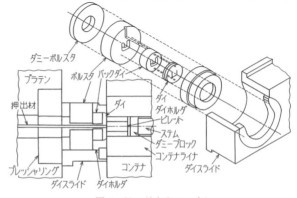

図 4・23 ダイアセンブリ

4・4 押し出し，引き抜き

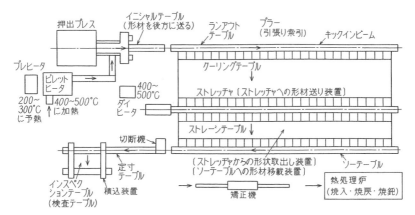

図 4・24 押出し設備

後端の部分にはビレットの表皮の不純物が集まっているので，初めから押残し（ディスカード）を見込んでおく．押残しの量は 20～25 mm またはビレット長さの 7～10% をとる．押残しを DL(mm) として，直径 D_o(mm)，長さ L_o(mm) のビレットを押出し比 ER で押し出したときの押出し長さ L を求めてみる．コンテナを D_1(mm) とすれば，

アプセット比　　$UR =$ ビレット断面積／コンテナ断面積 $= (D_o/D_1)^2$

押出し比　　　　$ER =$ コンテナ断面積／ダイス断面積 $= A_o/A_2$

使用ビレットの長さ　L_o，有効ビレット長さ $L_1 = L_o \cdot UR$，

押出し長さ　　$L = (L_1 - DL) \cdot ER$

A_2 のダイス断面積は多孔ダイスでは 1 孔の断面積（単断面積）に孔数を積算する．図 4・25 に中空材押出し用ダイスの例を示したが，このダイスの設計と加工が押出し加工のポイントをしめる．

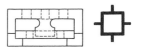

図 4・25 中空材押出し用ダイス例

例題 4・5　断面積 19710 mm² のコンテナで，ダイス断面積 200 mm² の製品を押し出したい．ビレットの直径を 152 mm としたときの，アップセット比と押出し比，および押出し長さ 40 m としたときのビレット長さを求めよ．なお，ディスカードは $DL = 20$ mm とする．つぎに押出し力を算出せよ．この場合，圧縮平均変形抵抗は 145 N/mm²，$K = 2$ とする．

〔解〕　$UR = \dfrac{\pi}{4} \times 152^2 / 19710 = 0.9206$，　　押出し比 $= ER = 19710/200 = 98.55$

$L = (L_o \times UR - DL) \times ER$ から　$40000 = (L_o \times 0.92 - 20) \times 98.55$

$0.92 L_o = 405.9 + 20$　　$L_o = 463$ (mm)

$A_1 = \pi \times 152^2/4 = 18146 \ (\text{mm}^2)$,

$p_{av} = 2 \times 145 \times \ln(18146/200) = 1307.3 (\text{N/mm}^2)$

押出し力　$P = p_{av} \cdot A_1 = 1307.3 \times 18146 = 23722266 (\text{N})$

$P = 23.7 (\text{MN}) \ (2421 \text{ tf})$

2. 引抜き

図4・26(a) に示すように，ダイスの穴に棒材などを入れ，引張りながら引き抜くとダイス穴と同じ断面の形状に成形することができる．これを引抜きという．同図(c)は管の引抜きを示したものである．ダイスの形状には穴ダイスとローラダイスとがある．穴ダイスではアプローチ部(絞り部)は直線のものと円弧になったものとがある．ダイスの材質は超硬合金，高速度鋼などの工具鋼が使われる．5mm径以下の材料に引き抜く場合を線引きと呼ぶが，0.5mm以下の線の引抜きにはダイヤモンドダイスを使うこと

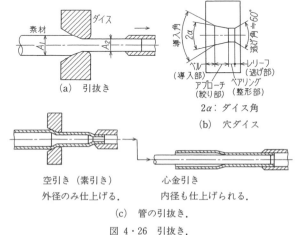

図4・26 引抜き．

もある．引抜き力と反対方向に多少の力で引張る形式を逆張力引抜きというが，これはダイスに作用する圧力を小さくしてダイスの寿命を増す．

鋼を引き抜く場合は素材を，希塩酸に浸して表面の黒皮を取り除いてから，石灰水に入れ中和させておく．なお，素材の先端はダイスに入るよう細く加工しておく．

(1) 鋼の引抜き材　鋼の引抜き材(SPC材)は俗に磨き材の名称で呼ばれているが，外面が美しく，寸法が正確(−0.05mm以内)で，切削加工を省略できるので，原材料としての需要が増えている．

(2) 引抜き力　ここでは，"外力仕事は内部ひずみ仕事に等しい"とするエネルギー法で求めてみる．図4・27において，$A_1 l_1 = A_2 l_2$，外力仕事はP_1を引抜き力として，$P_1 \cdot l_2$，内部ひずみ仕事は平均変形抵抗をσ_mとすれば，力は$\sigma_m \cdot A_2 (\text{N})$，ひずみは$\ln(A_1/A_2)$であるから，変位は$l_2 \cdot \ln(A_1/A_2)$となり，仕事は力と変位の積であるから，$A_2 l_2 \sigma_m \ln(A_1/A_2)$

$P_1 l_2 = A_2 l_2 \sigma_m \ln(A_1/A_2)$　より　$P_1 = A_2 \sigma_m \ln(A_1/A_2)$，ダイス面圧力を$q$とし，ダイ

4・5 プレス加工

ス面の摩擦を無視すれば同図に示すように
$P_1 = (A_1 - A_2) \cdot q \sin \alpha$ から

$$q = P_1/(A_1 - A_2) \sin \alpha \qquad (4 \cdot 18)$$

いっぽう,摩擦力 μq を考慮すると同図から摩擦力を考えた引抜き力を P_f とすると, $P_f = q(\sin \alpha + \mu \cos \alpha)(A_1 - A_2)$ となり上式の q を代入すると, $P_f = P_1(\sin \alpha + \mu \cos \alpha)/\sin \alpha = P_1(1 + \mu \cot \alpha)$

$P_1 = A_2 \sigma_m \ln(A_1/A_2)$ を入れて

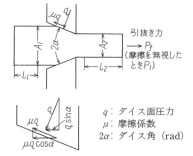

図 4・27 引抜き力

$$P_f = A_2 \sigma_m (1 + \mu \cot \alpha) \ln(A_1/A_2) \qquad (4 \cdot 19)$$

$\ln(A_1/A_2)$ は均一な変形について,$\mu \cot \alpha$ は摩擦成分であるが,Siebel は 1947 年に,これに非有効なせん断に必要な付加的な力を入れて引抜き力 P を (4・20) 式に示す実用式として提案した.

$$P = [(1 + \mu/\alpha) \ln(A_1/A_2) + 2/3 \cdot \alpha] A_2 \sigma_m \qquad (4 \cdot 20)$$

なお,ダイス角 2α は rad で計算する.

(4・20) 式から P を最小にする α を求めると ($\frac{\partial P}{\partial \alpha} = 0$ として)

$$\alpha = \sqrt{1.5 \mu \ln(A_1/A_2)} \quad (\text{rad}) \qquad (4 \cdot 21)$$

となり,最適ダイス角が求められる.

例題 4・6 直径 25 mm の軟鋼丸棒を引き抜いて直径 21 mm に加工したい.ダイスの最適ダイス角を求めよ.また,引張り応力-ひずみ曲線 $\sigma = 390 \varepsilon_c^{0.25}$ として引抜き力を (4・20) 式より求めよ.ただし $\mu = 0.05$ とする.

〔解〕 $\ln(25^2/21^2) = 0.35$, $\alpha = \sqrt{1.5 \times 0.05 \times 0.35} = 0.162 \,(\text{rad})$

ダイス角 $2\alpha = 0.162 \times 2 = 0.324 \,(\text{rad})\,〔18.6°〕$

$\sigma_m = F \varepsilon_c^n/(n+1) = 390 \times 0.35^{0.25}/1.25 = 240.0 \,(\text{N/mm}^2)$

$P = [(1 + (0.05/0.162)) \times 0.35 + 2/3 \times 0.162] \cdot 21^2 \times (\pi/4) \times 240$

$\quad = 47052 \,(\text{N})$

$P \fallingdotseq 47.05 \,(\text{kN}),\,〔4800 \,\text{kgf}〕$

4・5 プレス加工

金属板の打抜き,曲げ,絞りなどの加工には型を必要とするが,これを行う機械をプレスといい,プレス機を用いる作業をプレス作業という.プレス加工は,せん断加工,

曲げ加工, 絞り加工の三つに分類される.

1. せん断加工

せん断加工にはプレス機械による打抜きとせん断機械によるせん断とがある. 打抜き型は図4・28に示すように, 型はポンチとダイとからなり, ポンチはポンチホルダに組み付けられ, ポンチホルダのシャンクはプレス機械のラムの穴に差し込み, セットボルトで止める. ダイはダイホルダに取り付け, 同図 (a) に示すようにボルトでボルスタに固定する.

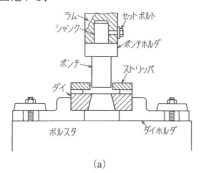

図4・28 打抜き型

（1） クリアランス 図4・29(a) に示すように, せん断加工ではポンチが下がり, 材料に食い込むと材料の表面が圧延される繊維組織の切断が始まり, さらにポンチが下りてくるとポンチの角とダイの角から割れが入って, 上の割れと下の割れが出合ってせん断される. これがせん断の過程

図4・29 せん断の過程.

であるが, ポンチとダイとの間には適当なすきまを与える. この片側のすきまをクリアランスという. 図4・30 (a) に示すように, クリアランスが大きすぎれば, 上の割れと下の割れとが出合わないで, せん断面の幅が狭く, 切り口の角度が斜めになり, かえり,

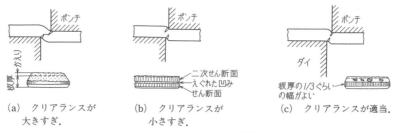

図4・30 クリアランスの適否.

4・5 プレス加工

だれが大きくなる．逆に同図 (b) のようにクリアランスが小さすぎても割れが出合わず，抜かれるほうの板に割れが入り込み，せん断面が2筋になり，二次せん断が行われ，中央がえぐれてくぼみ，せん断力が大きくなる．

せん断面は光っている部分で，これが板厚の3分の1くらいの幅で一様なときが，クリアランスが適切なときである．打ち抜いた素材を製品とする打抜き型ではダイスを製品寸法にし，ポンチはクリアランス C だけ片側で小さくする．円であれば直径より $2C$ だけ小さくなる．逆に，穴あけした物が製品のときは，製品の穴寸法にポンチを合わせる．図 4・31 にクリアランスのとり方を示した．なお，クリアランスは鋼で板厚の 10% くらい，非鉄で 5% くらいである．

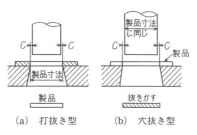

図 4・31 クリアランスのとり方．

C：常用クリアランス

材料	クリアランス
軟 鋼	8%t
硬 鋼	10%t
ステンレス	9%t
黄 鋼	6%t
Al	5%t

(2) せん断力 打抜き力は次式によって与えられる．

$$P = lt\tau_s \quad (\text{N}) \qquad (4\cdot 22)$$

ここに，l：打抜き輪郭の長さ (mm)，t：板厚 (mm)，τ_s：せん断抵抗 (N/mm²) …（表 4・1 参照）．

打抜き力は，シャー角をつけると 20〜30% 少なくてすむが，シャー角 α をつけたときの打抜き力は

$$P = 0.5 t^2 \tau_s \cot \alpha \qquad (4\cdot 23)$$

となる（図 4・32 参照）．

表 4・1 せん断抵抗（τ_s）

材料	せん断抵抗 (N/mm²)	
	軟質	硬質
鋼板 0.2% C	310	390
〃 0.4% C	440	550
〃 0.6% C	550	710
〃 1.0% C	780	1030
けい素鋼板	530	550
ステンレス鋼板	510	550
アルミニウム板	70〜90	130〜157
ジュラルミン板	220	370
銅板	175〜215	245〜290
黄銅板	215〜300	340〜440
洋銀板	275〜355	440〜450

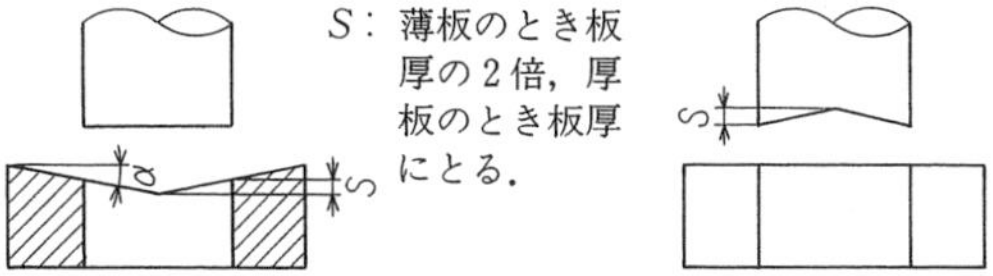

S：薄板のとき板厚の2倍，厚板のとき板厚にとる．

(a) 外形抜き型　　(b) 穴抜き型

図 4・32 シャー角のとり方．

(3) ダイスの厚さの求め方 ダイスの厚さ h は次式によって与えられる．

$$h = 0.467 k \sqrt[3]{P} \quad (\text{mm}) \qquad (4\cdot 24)$$

ここに，P：打抜き力 (N)，k：打抜き輪郭の長さ (mm) によって変わる係数（表

表 4・2 補正係数 k

l (mm)	k
51 以下	1
51～75	1.12
76～151	1.25
152～304	1.37
305 以上	1.50

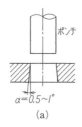
(a)

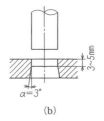
(b)

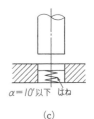
(c)

図 4・33 ダイの逃げ角.

4・2 参照), $h<7.6\,\mathrm{mm}$ の場合でも h は $7.6\,\mathrm{mm}$ に切り上げる. ダイス面の広さが $3226\,\mathrm{mm}^2$ 以上のときは $h\geqq10.2\,\mathrm{mm}$ とする (F. Strasser の経験式.).

なお, 図 4・33 にダイの逃げ角を示した.

(4) 打抜きの桟幅, 送り桟 帯板から図 4・34 に示すような打抜きを行うと, 隣接して打ち抜いた間の残りの幅である送り桟 A と, 材料の端面の残り幅の縁桟 B とがくずとして残る. 桟幅 A, B は少ない方がいいが, 少なすぎると製品にだれが多く, ポンチが側圧でダイをかじる原因となるので, 一般には板厚の 1～1.5 倍であるが, 薄板の場合でも 1mm 以上にとる. なお, 送り装置を用いれば桟幅を小さくできる.

板取りは, 模型によって配列を決め, 歩留りをよくする. ただし, 曲げ加工する場合には, 曲げ線を板材の圧延方向と直角 (または, 直角から 45°まで.) にする.

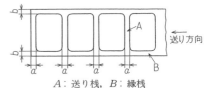

A: 送り桟, B: 縁桟

図 4・34 材料取り

(5) 抜き型の取付け 抜き型の取付けは, つぎの手順で進める.

① ポンチをラムに固定し, ダイをベッドの上に紙を 1 枚はさんでおく.

② ポンチを下ろし, ポンチをダイの中に入れて, ポンチとダイの心合わせをする.

③ ダイを軽く締めて止め, 紙を抜いてみて, せん断切口から心の片寄りを直し, 十分に均等に締めて固定する.

④ ストロークの調整は, ポンチがダイに入って抜落としのとき板厚の 1.5 倍, 押出しのときは板厚程度入るように, ポンチ最高点の位置はストリッパ面より, 少なくとも 5mm 以上にする.

⑤ 動力で 5～6 回動かし, 2～3 枚抜いた後, ねじを締め直す.

(6) ダイセットと抜き型の例 プレス機械ではラムの上下運動は 0.05mm 以上の狂いがあるから, 図 4・35 のダイセットを用いる. 図 4・36(a) は送り抜き型と呼ばれる

4・5 プレス加工

連続的な加工を行う型である．また，同図(b)は外形抜きと穴抜きとを同時に行う総抜き型である．

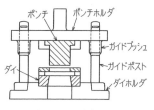

図4・35 ダイセット

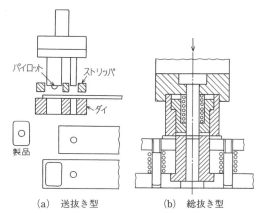

(a) 送抜き型　　(b) 総抜き型

図4・36 送抜き型と総抜き型．

例題4・7 板厚1.2mmの黄銅板から図4・37に示すような製品を打ち抜きたい．ポンチの寸法，打抜き力，ダイスの厚さを計算せよ．ただし，$\tau_s = 290\,\text{N/mm}^2$とする．

〔解〕 クリアランスは黄銅で$C = 6\%t$
$= 0.06 \times 1.2 = 0.072 ≒ 0.07$ (mm)

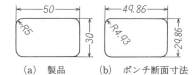

(a) 製品　　(b) ポンチ断面寸法

図4・37 例題4・7の図．

ダイスの寸法 … 図4・37(a)，ポンチの寸法は同図(b)のようになる．

せん断長さ … $l = (40+20) \times 2 + \pi \times 2 \times 5 = 151.4\,(\text{mm})$，表4・2より$k = 1.25$

打抜き力 … $P = lt\tau_s = 151.4 \times 1.2 \times 290 = 52687\,(\text{N})$，$P = 52.7\,(\text{kN})$，〔5376 kgf〕

ダイスの厚さ … $h = 0.467 k \sqrt[3]{P} = 0.467 \times 1.25 \times \sqrt[3]{52687} = 21.9 ≒ 22$ (mm)

2．曲げ加工

板材を曲げる方法には，図4・38に示すように折りたたみ曲げ，突曲げ，送曲げなどがある．

(a) 折りたたみ曲げ万能折曲機，端折機

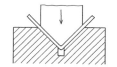
(b) 突曲げプレスによる曲げ．

(c) 送曲げ3本ロール，成形ロール

図4・38 曲げ加工

(1) 曲げによるひずみと変形 図4・39に示すように，板厚tの板を中立軸の曲率半径R_1で曲げたとき，中立軸からyのところのひずみは$\varepsilon = y/R_1$になり，外側では，$\varepsilon = \lambda_2 t/R_1 = \lambda_2 t/(R+\lambda_1 t) = \lambda_2/\{(R/t)+\lambda_1\}$となる．

一般に，曲げの外側には引張り，内側に圧縮応力を受けるが，上式の R/t の値が小さくなれば，ひずみも大きくなり，外側で割れができやすくなる．また，板厚もひずみによって減少するので，中立軸の長さも変化する．

割れができる曲げの加工限界のひずみの限界値を ε_r とすれば，最小曲げ半径 $R_{\min}$ を求めると，

$$R_{\min} = [(\lambda_2/\varepsilon_r) - \lambda_1]t \tag{4・25}$$

限界値のひずみ ε_r は引張り試験の伸びから目安とはなるが，曲げ試験で決めるべきである．一応，断面減少率 q から求めて，$\varepsilon_r = q/(1-q)$ に近似しているとして，$R_{\min} = [(\lambda_2/q) - \lambda_2 - \lambda_1]t$ となり

$\lambda_1 = \lambda_2 = 0.5$ とすると $R_{\min} = [1/(2q) - 1]t$ $\tag{4・26}$

（２） 最小曲げ半径の値と割れの防止 材料に割れをつくらないで曲げ得る最小の曲げ半径は，加工材料の種類，曲げ方法によって異なる．つまり伸びの大きい材料ほど最小曲げ半径は小さく，圧延方向と直角に曲げた方が割れができにくい．図4・39に最小曲げ半径を示した．2方向以上に折り曲げるときは，それぞれの折曲げ線が圧延方向に45°の方向に近づくようにする．なお，かえりのあるほうを外側にすると割れができやすいので，内側にして曲げるか，かえりを取り去ってから曲げ加工する．また，折曲げが直角に2方向ある場合は，すみの切欠きからの割れの発生を防ぐため，すみ部に穴をあける（図4・40参照）．

$d \geqq \sqrt{2} \times R$

ただし，d：穴の直径，R：曲げ半径

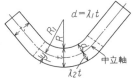

R_1：中立軸の曲率半径
R：内半径
$t' = (\lambda_1 + \lambda_2)t$

材質	最小曲げ半径
軟 鋼	1～1.5 t
硬 鋼	3.0 t
銅	1～2 t
アルミニウム	0.5 t
Al 合 金（軟～硬）	1～3 t

図4・39 曲げによる変形と最小曲げ半径．

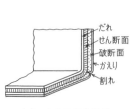

(a) かえりのあるほうを内側にする．

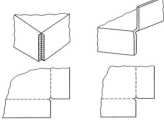

(b) 割れ止め穴

割れ止め穴の径．

板厚 (mm)	穴径 (mm)
0.3～0.6	2.0
0.7～1.6	3.0
1.7～2.5	4.0

図4・40 割れの防止．

4・5 プレス加工

（3） 曲げ部分のブランクの長さ 曲げ加工のときには R/t によって図 4・41 に示す d の値が圧縮され，長さが伸びる．R が $5t$ 以上ならば曲げないときと同じで $d=0.5t$ である．

$$\text{ブランクの長さ} \quad B = M + N + (R+d)\pi\theta/180$$
$$= M + N + 1.57(R+d)\theta/90 \qquad (4\cdot27)$$

曲げると図 4・41 に示すように反りができ，$l > 8 \sim 10t$ で，$h = (0.001 \sim 0.005)l$ となる．

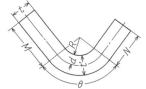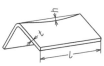

R/t	d の値
0.5 以内	$0.25 \sim 0.3t$
0.5～1.5	$0.33t$
1.5～5.0	$0.4t$
5.0 以上	$0.5t$

図 4・41 ブランクの長さ，そり．

（4） はね返り（スプリングバック） 曲げられた製品の曲げ半径，角度は型より大きくなるが，これをはね返りという．図 4・42 にはね返りの防止法を示した．

(a) 接触面積を少なくして圧力を集中させる．　(b) ダイよりポンチ角度を小さくする．　(c) ポンチ側面にこう配をつける．　(d) ポンチ底面を逃がす．　(e) 底面を凸形にする．

図 4・42 はね返りの防止法．

（5） 曲げ力 図 4・43 は V 形曲げと U 形曲げの曲げ力を示したものである．

V 形曲げ力
$$P = C \times 2bt^2\sigma_B/(3L) \quad (\text{N}) \qquad (4\cdot28)$$

ここに，C：補正係数 1～2，b：板幅(mm)，t：板厚(mm)，σ_B：板の引張り強さ(N/mm²)，L：ダイス肩間隔 (mm)

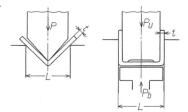

P_b：パット圧（底押し力）

図 4・43 曲げ力

U 形曲げ力　ポンチ力　$P_U = (2/3) \cdot bt\sigma_B(1 + t/L) \quad (\text{N}) \qquad (4\cdot29)$

底押し力　$P_b = (2/3) \cdot bt^2\sigma_B/L \quad (\text{N}) \qquad (4\cdot30)$

（6） V 形曲げ型と U 形曲げ型の寸法 図 4・44 に V 形曲げのダイス溝幅と，ポンチ先端の R，および U 曲げのダイの R を示した．また，図 4・45 は U 形曲げ型とその製品例を示したものである．

 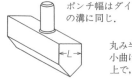

(a)　　　　　　　　　　　　　(b)　　　　　　　　　(c) U 形曲げ

L：ダイスの溝幅＝$8t$
（標準）$6\sim 12\,t$ にする．

丸み半径，最小曲げ半径以上で，$1.25\,t$．

$R \fallingdotseq t$

図 4・44　V 形曲げのダイス肩幅とポンチの R，U 形曲げの R．

(a)　1 工程　　　　　　　　(b)　2 工程

図 4・45　U 形曲げ型

例題 4・8　厚さ 5mm，幅 30mm の軟鋼板を図 4・46 に示すように，U 形曲げしたい．

(1)　ブランクの長さを求めよ．ただし $d=0.33$ とする．
(2)　材料の断面減少率を 30% としたとき，$R=5$(mm) で割れが入らないか検討せよ．

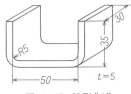

図 4・46　U 形曲げ

(3)　曲げに要する力を求めよ．ただし引張り強さ 390 N/mm² とする．

〔解〕　(1)　$B=25\times 2+40+(5+0.33\times 5)\times \pi = 110.89 = 110.9$ (mm)

(2)　(4・26) 式より $R_{\min}=\{1/(2q)-1\}t=\{1/(2\times 0.3)-1\}\times 5=3.33$ (mm)
　　　最小曲げ半径は 3.4mm，　$R=5$mm で割れは入らない．

(3)　$L=60$mm，　ポンチ力　$P_U=(2/3)\cdot bt\sigma_B(1+t/L)=(2/3)\cdot 30\cdot 5\cdot 390(1+5/60)$
　　　　　　　　　　　$=42240$ (N) 〔4308kgf〕

　　　底押し力　$P_b=(2/3)\cdot bt^2\sigma_B/L=2\cdot 30\cdot 5^2\cdot 390/(3\times 60)=3250$ (N) 〔331kgf〕

3.　絞り加工

一定の形状に切断された板金（ブランク）を底のある容器に押し出す加工を絞り加工

4・5 プレス加工

という．図 4・47 は円筒絞りの例であるが，ダイスの上に絞ろうとする円板ブランクをおき，垂直にポンチを押し込むと，ブランクはダイス穴の側面に沿って絞り込まれて円筒の形になる．このときブランクの外周はダイス穴の中心に向かって小さくなり，外周

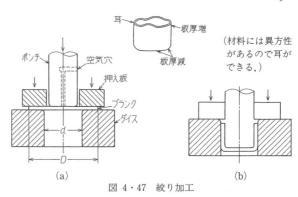

図 4・47 絞り加工

は円周方向に均等な圧縮を受けて，しわが発生しやすくなるので薄い材料を深く絞るときは，押え板（ブランクホルダ）が必要になる．

絞り変形が進行しているフランジ部に生ずる応力は，半径方向の引張り応力と円周方向の圧縮応力である．絞り変形によって板厚にもひずみが生じるが，一般に，フランジ部で板厚が増加する．それは外縁部で最大になり，30～40% にも達することがある．板厚はカップ底部の隅角部において減少が大きく，ふつう，この部分から破断する．

（1）絞り率と限界絞り率 絞り加工の限界はブランクの直径 D と製品の外径（ダイスの径）d との比によって表される．D/d を絞り比といい，d/D を絞り率という．絞り率の値がある限度をこすと破断する．この割れないで絞れる範囲の限界を限界絞り率と

表 4・3 限界絞り率

材 質	限界絞り率	
	第1絞り	再絞り
深絞り鋼	0.50～0.60	0.75～0.80
ステンレス	0.58～0.65	0.88
銅	0.55～0.60	0.85
黄銅	0.50～0.55	0.75～0.80
亜鉛	0.65～0.70	0.85～0.90
アルミニウム	0.53～0.60	0.80

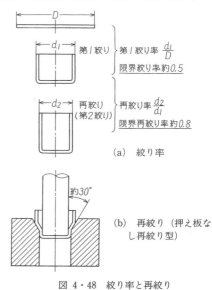

図 4・48 絞り率と再絞り

いいその値を表 4・3 に示した．同表にも示すように 1 行程での限界絞り率は約 0.5 であり，ブランク直径の半分の外径までが製品の限界である．図 4・48 に示すように再絞り加工を行うと再絞り率は 0.8 になるので，2～3 回再絞りを行ったら，焼きなまし

を施して加工硬化を除いてから再絞りする.

（2） ダイスの R，ポンチの R，クリアランスの値 C の決め方　ダイスの R を r_d，ポンチの R を r_p，クリアランスを C とした場合，これらの値は図 4・49 に示すように決める.

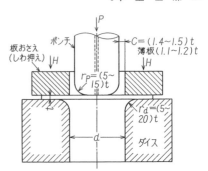

図 4・49　ダイスの R，ポンチの R，クリアランス C の決め方.

（3） ブランクの直径の計算　円筒絞りのとき製品の直径を d，高さを h とし，ブランクの直径を D，図 4・50(a) に示すように底に丸みがないものとすればブランクの直径は次式によって与えられる.

$\pi D^2/4 = \pi d^2/4 + \pi dh$ となり，　$D^2 = d^2 + 4dh$ から

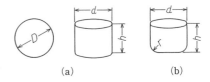

図 4・50　ブランクの直径.

ブランクの直径　$D = \sqrt{d^2 + 4dh}$ 　　　　　　　　　　　　　　　　　　　　　　(4・31)

また，同図 (b) に示すように底面の丸み半径を r とすればブランクの直径は次式によって与えられる.

ブランクの直径　$D_r = \sqrt{d^2 + 4dh - 1.72 dr}$ 　　　　　　　　　　　　　　　(4・32)

（4） 絞り力としわ押え力の計算　これらは次式によって与えられる.

絞り力　$P = C \cdot \pi dt\sigma$　(N)　　　　　(4・33)

C：絞り率に関係する係数（表 4・4 参照）

d：製品の直径 (mm)，　t：板厚 (mm)，　σ：引張り強さ (N/mm²)

しわ押え力　$H = (0.2 \sim 0.3) P$　(N)

表 4・4　C の値.

絞り率	C	
0.8	0.4	絞り率 = d/D
0.7	0.6	D：ブランク径
0.6	0.85	d：製品の外径
0.55	1.0	

なお，P を小さくするため，摩擦面はなめらかに仕上げ，潤滑剤をダイス面としわ押え面に与える．また，$t > 0.05D$ のときはしわ押えは必要ない．

（5） 各種絞り型　図 4・51〜図 4・56 に各種の絞り型を示した．

（6） へら絞り　へら絞りは図 4・57 に示すように，平板や多少成形した薄板品を旋盤に絞り型とともに取り付け，回転させてへらまたはローラで板を型面に押し付けながら成形する方法である．製品は回転体に限られ，材料は軟質でないと加工できない．純アルミニウム板などは加工しやすく，個数の少ないときの加工に適している．

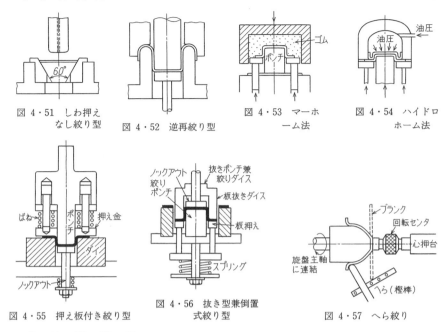

図4・51 しわ押え なし絞り型
図4・52 逆再絞り型
図4・53 マーホーム法
図4・54 ハイドロホーム法
図4・55 押え板付き絞り型
図4・56 抜き型兼倒置式絞り型
図4・57 へら絞り

4章 練 習 問 題

問題1. 直径80mm,高さ100mmの丸棒を高さ70mmに据込み鍛造する.棒材の圧縮応力ひずみ曲線は $\sigma_c = 300\varepsilon_c^{0.25}$ とし,摩擦係数 $\mu=0.3$ とする.

(1) 平均変形抵抗 σ_m を求めよ.　　(2) 型にかかる平均の鍛造圧力 p_{av} を求めよ.
(3) 鍛造に要する力を求めよ.

問題2. 厚さ6mmの鋼板をロールで3mmに圧延する場合のかみ込まれるロール径を算出せよ.なお摩擦係数は0.1とする.

問題3. 板厚1.2mmのりん青銅薄板から40mmの丸形製品を打ち抜きたい.ただし,せん断抵抗 $490\,\mathrm{N/mm^2}$,クリアランス $C=7\%t$ とするときつぎを求めよ.

(1) ダイスの穴の径,(2) ポンチの径,(3) 打抜き力,(4) ダイスの板厚

問題4. ビレットの直径200mmの材料を押出し加工で,軸対称の断面積 $2000\,\mathrm{mm^2}$ の製品にする.平均変形抵抗 $145\,\mathrm{N/mm^2}$ とする.

(1) 断面減少率 $R=\ln(A_1/A_2)$ を求めよ. A_1:ビレットの断面積, A_2:製品の断面積

(2) 軸対称押出しの場合　平均圧力 $p_{av}=\{0.8+1.5\ln(A_1/A_2)\}\cdot\sigma_m$ になる.平均圧力を求めよ.

5章 熱 処 理

　熱処理とは，鉄鋼その他の金属に所要の性質および状態を付与するために行う加熱および冷却の操作をいう．このため，熱処理を行えば同じ材料でも加熱温度や冷却速度などの相違によって，機械的性質等の異なった材料を得ることができる．焼入れ，焼戻し，焼なましなどはいずれも熱処理法の一つである．

　このほかにも，鋼の炭素含有量を操作する浸炭，鋼の表面の窒素含有量を操作して表面を硬化するための窒化，鋳鉄の枯らし，鋳鋼のひずみ取り，アルミニウム合金の時効なども熱処理の一つである．

　このような熱処理を必要とする主な機械材料には，構造用炭素鋼，構造用合金鋼，炭素工具鋼，合金工具鋼，高速度工具鋼，ステンレス鋼などがある．

5・1　炭素鋼組織と状態図

　鋼とは鉄と炭素を基礎とした合金をいうが，一般には炭素を 0.02% くらいから 1.7% 含有する場合をいう．鋼の熱処理を理解するためには，鉄-炭素系合金としての鋼の組織，変態の知識が必要となる．

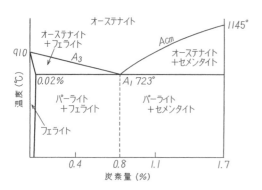

A_3 … 炭素量が増すと変態点は降下し，0.8%C では 723°C になり，A_1 変態点と一致する．
A_{cm} … 炭素量が 0.8% から 2.06% までの炭素鋼にみられ，γ鉄からセメンタイトを析出する．
　　　炭素量が増すほど高い温度で起こる．
A_1 … 純鉄にはこの変態はない．炭素量には無関係に一定で 723°C で起こる．

図 5・1　炭素鋼の状態図．

5・1 炭素鋼組織と状態図

いろいろな成分割合の合金が，すべての温度においてどのような状態であるかを示した図，すなわち成分濃度と温度を変数として合金の状態を表した図を**平衡状態図**または単に**状態図**という．状態図は，図5・1に示すように，縦軸に温度を，また横軸に合金の成分割合をとったグラフである．

そこで，炭素鋼の組織を図5・1に示した炭素鋼の状態図によって説明する．

溶融している金属を冷却すると，凝固して固体金属となる．このように，液体から固体へとその状態が変化する

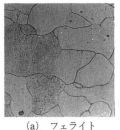
(a) フェライト

(b) 0.4％C

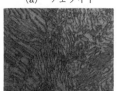
(c) パーライト

(d) 網状セメンタイト

図5・2

現象を**変態**という．ところが，金属または合金の場合は，凝固したのちも，固体のままでその内部状態に変化を起こし性質が変わる場合がある．この固体内部での状態変化は目には見えないが，やはり変態と呼んでいる．この変態の起こる温度を**変態点**という．

さて，図5・1においてオーステナイトは炭素を固溶した鉄（他の元素も固溶している．）である．もし，これを金属顕微鏡で見たとしても，完全に炭素が溶け込んでいる状態であるため結晶粒界以外は見えない．同図において0.8％Cのオーステナイトを900°Cから徐冷すると，723°Cでフェライト（地鉄）とセメンタイト（Fe_3C）が層状に交互に存在する組織（パーライト）ができる．常温まで冷却した試験片を金属顕微鏡でながめると，同図に示すように全部黒く見えるか，波状に黒く見える．これを1000倍くらいに拡大して見ると波のようにFe_3Cが黒く見える鉄と炭素の共析組織であるところから本多光太郎博士は"波来土"と当て字をしている．なお，45°の方向から光を当てると，あたかも真珠をまいたように見えるのでこれをパーライトと名づけたともいわれている．共析成分が0.8％Cの鋼を共析鋼というがその組織はパーライトである．

0.4％Cの鋼を徐冷した顕微鏡組織は，パーライトが黒く，フェライト（地鉄）が白く見える結晶が約半々の組織で，0.8％Cより炭素が少ないので，亜共析鋼と呼ばれる．またこれとは逆に1.1％Cの顕微鏡組織は過共析鋼で黒いパーライト地の粒界に白く細く網目状にセメンタイト（Fe_3C）が見える（図5・2参照）．

以上は900°Cから徐冷した組織であるが，急冷すると内部での変態が遅れて，除冷の

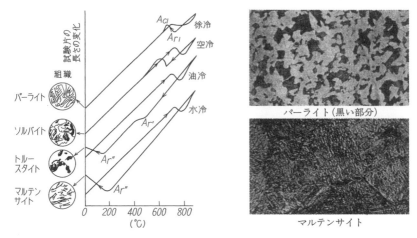

図 5・3 共析炭素鋼の冷却速度による膨張曲線と組織の変化.

場合より低い温度で変態が起こる.例えば図5・3に示すように0.8%Cの共析鋼を900°Cから空冷すると723°CのA₁変態が遅れ,600°C近くなり,パーライト組織にならず,炭化物が粒状に析出成長したフェライトとセメンタイトの混合組織であるソルバイト組織になる.油中で冷却した場合は,500°C付近で変態しはじめ,200°C近くで変態し微細なフェライトとセメンタイトの混合組織のトルースタイトになり,竹の節のようなセメンタイトが現われる.

さらに,冷却を早くするため水冷すると,200°C近くで変態を起こし,マルテンサイト組織という針状組織が得られる.これはオーステナイト状態から急冷のため,セメンタイトができる時間がなく,無理に変態するため,ひずみを生じ,硬い組織にかわる.焼入れというのはこのような急冷操作である.なお,冷却途中でマルテンサイトに変わりはじめる温度を M_s 点,マルテンサイト変態の終る温度を M_f 点と呼ぶ.また,マルテンサイト変態が終らずに,多少残ったオーステナイトを残留オーステナイトという.

マルテンサイトになると,体積が膨張するので,表面が冷却後,その内側が遅れてマルテンサイト変態を起こすと,焼割れができる.また,残留オーステナイトも室温で,マルテンサイトに変化し,寸法,形状に狂いが生じてくるので,0°C以下(-80°C)に冷却して変態を進行させるが,この処理をサブゼロ処理という.

5・2 焼なまし,焼ならし,焼入れ,焼戻し

1. 焼なまし

焼なましは常温加工をしやすくする目的で行う熱処理であるが,残留応力を除き,結

晶粒を細かくするため、鋼を 800〜850℃ くらいに加熱保持した後, 25 mm 角当り加熱時間 30 分, 焼なまし温度で 15 分保持し, 冷却は 600℃ まで炉中冷却する. なお, 残留応力を除き, 再結晶させるには, 鋼加工品では 600〜670℃, 鋳鉄では 500℃ 前後, 黄銅加工品では 180〜200℃ に加熱する.

2. 焼ならし

これは鋼を 850〜900℃ の高い温度に均一に加熱し, 空気中で冷却する操作で, 組織を細かく均一にし, 残留応力を除く. 保持時間は 25 mm 角で 1 時間である.

3. 焼 入 れ

これはオーステナイト化温度から急冷して硬化させる操作または, 急速に冷却する操作である. 炭素鋼では 800〜850℃ くらいに加熱し, 厚さ 1 mm につき 1 分の割合で炉中に保持し, その後, 水または油で急冷する操作で硬さを増す. 焼きが入るということをマルテンサイト 50% 以上の組織であるとすれば, その硬さは HRC 48 以上である.

4. 焼 戻 し

焼入れしたままの鋼はもろく欠けやすいから, ねばさを増すため, または安定な組織にするため, 焼入れ温度より低い温度に加熱し, 保持してから冷却する. このような操作を焼戻しという. 工具鋼では 200℃ 以下, ねばさを目的とする構造用鋼では 600℃ くらいで行う. 焼入れ後, 比較的高い温度(およそ 400℃ 以上でふつう 600℃.)で焼戻しする処理を調質というが, 鋼はトルースタイトまたはソルバイト組織になる.

5・3 鋼の等温変態曲線と等温変態処理

鋼をオーステナイトから冷却すると冷却速度によって組織が変わるが, A_{r1} 変態点以下のある温度まで急冷して, その温度に保持すると変態が進行する. これを等温変態という. 図 5・4 は縦軸に温度, 横軸に時間(対数目盛)をとって等温変態の様子を図示したものであるが, これを等温変態曲線または IT 曲線, TTT 曲線あるいは S 曲線という. 同図において, 左側の曲線は変態の開始線, 右側の曲線は終了線で, 曲線の左側の凸部を鼻と呼ぶ.

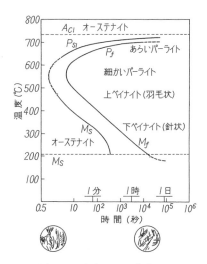

図 5・4 炭素鋼の IT 曲線の例.

この鼻より上はパーライト組織であり，下はベイナイト組織になる．ベイナイトとはオーステナイトを冷却するとき，等温変態によってできる組織であるが，パーライト生成温度 (P_s) と，マルテンサイト生成温度 (M_s点) との中間の温度範囲で生じる．P_s温度近くで生成したベイナイトは羽毛状，M_s点温度近くで生成したベイナイトは針状を示すことが多く，前者を上部ベイナイト，後者を下部ベイナイトという．なお，ベイナイトはソルバイトより粘りも強い．

1. パテンチング

これは中炭素鋼または高炭素鋼のピアノ線を製造する場合，引抜き加工を容易にするため，図5・5に示すようにオーステナイト化し，A_{r1}点以下の適当な温度 (500℃) に保持した溶融鉛または溶融塩浴中に急冷したのち，常温まで空冷する操作である．

2. オーステンパ

これは鉄鋼に強さと粘さを与え，またひずみの発生および焼割れを防ぐための処理である．焼入れ温度まで加熱し，変態しないようにして，そのまま P_s点温度以下で M_s点温度以上の適当な温度範囲 (300〜400℃) に保持した冷却剤中に急冷し，その温度で変態を完了させ，室温まで適当に冷却する操作である (図5・5参照)．

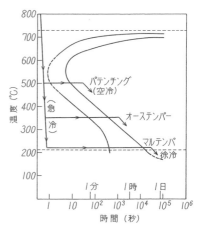

図5・5 等温変態処理

3. マルテンパ

これは鉄鋼の焼入れによるひずみの発生と焼割れを防ぎ，しかも適当な焼入れ組織を得るための処理である．M_s温度の上部かやや高い温度に保持した冷却剤中に焼入れして，各部が一様にその温度になるまで保持したのち徐冷する操作で，マルクエンチともいう (図5・5参照)．

5・4 加熱炉の種類と加熱時間

1. 加熱炉

熱処理用炉としては，電気炉，重油炉，ガス炉などが用いられる．加熱炉に要求される条件は温度の調節がよくでき，酸化を防ぎ，材料の加熱が均一で，経済的で維持費がかからないことである．このうち，工作物に直接炎があたらない炉には，電気炉，高周波炉，マッフル炉，塩浴炉がある．電気炉のうち，炭化けい素発熱体電気炉は熱電対式

高温計と自動温度調整器，電磁スイッチの組合わせによって，±5°くらい，またそれ以下の調整ができるので取扱いやすいという長所もあるが，電気を多量に使うという短所もある．焼戻し炉としては，抵抗線式電気炉または，熱風式の炉も使われる．図5・6は加熱炉の例を示したものである．また，図5・7は塩浴炉（ソルトバス）を示したものである．

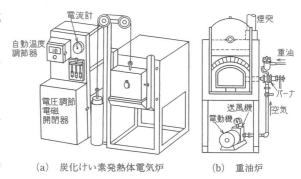

(a) 炭化けい素発熱体電気炉　　(b) 重油炉

図 5・6　加熱炉

2. 加熱温度と保持時間

（1） 温度測定　図5・8に示すように，2種の金属の両端を接続して，二つの接点に温度差を与えると熱起電力を生じる．

起電力はある温度範囲では温度差に比例している．この性質を使った温度計が熱電対高温計である．熱電対に用いられる2種の金属には，アルメル-クロメル，白金-白金ロジュームなどがある．アルメル-クロメルは熱起電力は大きいが，1200℃までしか測れ

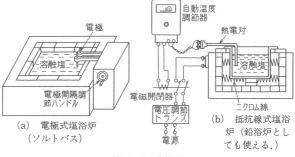

(a) 電極式塩浴炉（ソルトバス）　　(b) 抵抗線式塩浴炉（鉛浴炉としても使える．）

図 5・7　塩浴炉

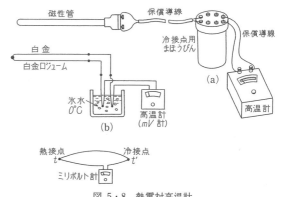

図 5・8　熱電対高温計

ない．白金-白金ロジュームは1500℃まで測れるが，起電力が小さいので，精密な電圧計を必要とするため高価になる．なお，高速度鋼の焼入れ温度は1300℃前後の高温になるので，高温の塩浴炉の場合には比色高温計も使われる．

（2） 加熱温度　炭素鋼の焼入れの場合は，A_3，A_{c1}変態点よりも50℃ぐらいに炉の

温度を上げておいてから，炉中に工作物を入れる．熱処理作業に当たっては火色によって，およその温度を知っておくと便利である．表5・1に火色と焼戻し色を示した．焼戻し色はやすりなどで一部の酸化物を取り除いて光らせておくと判別しやす

表5・1 火色と焼戻し色．

火　　色	温度 (℃)	焼戻し色	温度 (℃)
赤くなり始め	625	うす黄色	220
暗　紅　色	700	黄　　色	235
薄桜実紅色	800	紫　褐　色	265
桜　実　紅　色	900	濃　紫　色	285
鮮　実　紅　色	1000	暗　青　色	295
だ い だ い 色	1200	青　　色	310
黄　白　色	1300	ねずみ色	325
白　　　色	1400		

い．なお，合金鋼の熱処理温度および操作は材料規格表で調べる必要がある．

（3） 加熱時間 材料を炉に入れると，炉の温度が下がるので，材料の温度が上がるまでには時間がかかる．したがってこれに要する時間と保持時間とを加えたものが加熱時間になる．炭素鋼では厚さ1mmにつき1分増，炭素工具鋼，合金鋼では熱伝導率が悪くなるので加熱時間を5割増にする．なお，600℃くらいの焼戻し温度では3割増，塩浴炉での加熱時間は1mmにつき30秒の増でよい．

（4） 冷却媒 これは空気，油，軟水，塩水などが用いられるが，水は40℃以下，油は60℃以下に保つ．なお，そのほかにも，冷却媒として塩浴，鉛浴が用いられる．

5・5 鋼種別熱処理の要領

1．構造用炭素鋼の熱処理

炭素量0.1～0.55%の鋼種のうち，C=0.25%までの鋼種は熱処理をしないで，小物部品用として使用される．図5・9にこの鋼種の炭素量別の引張り強さとシャルピー衝撃値を示した．同図に示す数値は下限値を示したものである．なお，S30Cつまり炭素量0.3%以上の鋼種は以下の要領で，調質して使用するのが原則である．

① 切削加工性をよくするには，750～880℃の上下に加熱冷却を反覆し，球状化焼なましをするとよい．

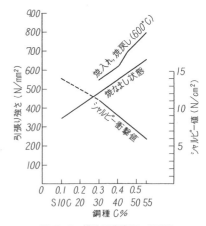

図5・9 構造用炭素鋼の引張り強さとシャルピー値．

② 炭素量が0.45%をこえると角の部分などに割れが入るので，水中で完冷せずに，肉厚3mmにつき1秒間水冷し引き上げる（これを時間焼入れという．）．

③ 水焼入れでは，水中に工作物を入れたら品物を十分にかき回す．とくに，穴の内面などは焼きが入れにくいので，冷却方法（噴流など．）を考える（図5・10参照）．

④ 炭素鋼の焼入れ深さは，表面からせいぜい2〜3mmであり，焼狂いが大きい．

⑤ 焼戻しは550〜650℃より空冷（調質）する．

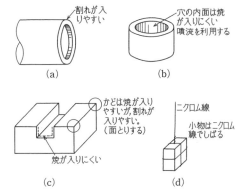

図 5・10 熱処理の冷却の方法．

2. 構造用合金鋼の熱処理

炭素量0.3%以下の低合金高張力鋼は，熱処理を行わないことが多い．Crなどの合金元素を加えると，焼入れ深さを増し，油冷でも焼入れ性がよくなる．このように2種以上の合金元素を加えると焼入れ性は相乗的によくなる．構造用合金鋼の代表的な鋼種はクロムモリブデン鋼（Cr約1%，Mo約0.25%）およびこれにNiを0.5〜3%加えたニッケルクロムモリブデン鋼である．表5・2にその熱処理を示した．なお以下にその要領

表 5・2 クロムモリブデン鋼(SCM)，ニッケルクロムモリブデン鋼(SNC)の熱処理 (JIS G 4103)，(JIS G 4105)．

種類の記号	成分平均 (%)				熱処理		引張り強さ (N/mm²)
	C	Ni	Cr	Mo	焼入れ	焼戻し	
SCM 415	0.15		1.1	0.2	肌焼き(浸炭)後	150〜200 空冷	834 以上
SCM 420	0.20		〃	〃	1次 850〜900 油冷 2次 800〜850 〃 または 925 保持後 850〜900 油冷		932 以上
SCM 432	0.30		1.3	0.2	830〜880 油冷	530〜630 急冷	883 以上
SCM 435	0.35		1.1	0.2			932 以上
SCM 440	0.40		〃	〃			980.7以上
SCM 445	0.45		〃	〃			1030 以上
SNCM 220	0.20	0.6	0.6	0.2	肌焼き(浸炭)後	150〜200 空冷	834 以上
SNCM 415	0.15	1.8	0.6	0.2	1次 850〜900 油冷 2次 800〜850 油冷 2次 780〜830 油冷	〃	883 以上
SNCM 431	0.31	1.8	0.8	0.2	820〜870 油冷	570〜670 急冷	834 以上
SNCM 439	0.39	〃	〃	〃		580〜680 急冷	980.7以上
SNCM 447	0.47	〃	〃	〃		〃	1030 以上

を列記する．

① 焼入れ性がよいためには鋼種の選定が大切であり，完全なマルテンサイトに焼入れするように，加熱温度，加熱時間に気をつけ，油温は60℃以下にして焼入れする．

② 焼戻しは均一なソルバイトになるように焼戻し温度から水冷しないと焼戻しもろさを生じることもある．

3. 炭素工具鋼の熱処理

JISでは炭素工具鋼を炭素量1.5～0.6％（SK1～SK7）に分けている．炭素工具鋼は水焼入れでないと焼きが入らず，焼入れ深さは3mm以下であり，焼狂いもしやすい．工具としては，遅い切削速度でないと焼きが戻るので使用できない．しかし内部がねばいので刻印やプレス型などに使われる．なお，それほどの硬さを必要としないときは，油焼入れをすることもある．熱処理操作に当たっての注意事項を以下に列記する．

① 焼入れ前に690～750℃くらいの加熱冷却を繰り返し，セメンタイトの球状化を必ず行う．

② 水焼入れの際は，肉厚3mmにつき1秒くらい水に浸してから引き上げて空冷する時間焼入れにする．なお水に入れたら工作物で水をかき回し，あわが小さくなったら

表 5・3 合金工具鋼の成分(抜粋)（JIS G 4404）．

	鋼 種	主 要 成 分 平 均 (%)							用 途 例
		C	Mn	Ni	Cr	Mo	W	V	
切削工具用	SKS 11	1.25	0.5 以下	—	0.35	—	3.5	0.2	バイト，引抜きダイス
	SKS 2	1.05	0.8 以下	—	0.8	—	1.3	—	抜き型，タップ
	SKS 51	0.8	0.5 以下	1.6	0.4	—	—	—	丸のこ
	SKS 7	1.15	〃	—	0.4	—	2.3	—	ハクソー
耐衝撃用	SKS 4	0.5	0.5 以下	—	0.8	—	0.8	—	たがね，ポンチ
	SKS 41	0.4	〃	—	—	—	3.0	—	
	SKS 43	1.05	0.3 以下	—	—	—	—	0.2	さく岩機用ピストン
冷間金型用	SKS 3	0.95	1.0	—	0.8	—	0.8	—	ゲージ，シャー刃，プレス型
	SKS 93	1.05	1.0	—	0.4	—	—	—	〃
	SKD 1	2.0	0.6 以下	—	14.0	—	—	—	線引きダイス，プレス型
	SKD 11	1.5	0.6 以下	—	12.0	1.0	—	0.4	ゲージ，ねじ転造ダイス，プレス型
	SKD 12	1.0	0.8	—	15.0	1.0	—	0.4	〃
熱間金型用	SKD 4	0.3	0.6 以下	—	2.5	—	5.5	0.4	プレス型，ダイカスト
	SKD 5	0.3	〃	—	〃	—	9.5	〃	型，押出しダイス
	SKD 6	0.4	0.5 以下	〃	5.0	1.3	—	0.4	
	SKD 62	0.4	〃	—	5.0	1.3	1.3	0.4	プレス型，押出しダイス
	SKD 8	0.4	0.6 以下	(Co) 4.2	4.3	0.4	4.7	2.0	プレス型，ダイカスト型
鍛造型用	SKT 3	0.55	0.8	0.4	1.1	0.4	—	(0.2)	鍛造型，プレス型
	SKT 4	0.55	0.8	1.6	0.9	0.4	—	(0.2)	押出し工具

③ 硬化深さが浅く，焼きが戻りやすい．焼戻しは 150～200℃ から空冷する．なお 200～300℃ にすると，青熱もろさがでるので注意する．

4. 合金工具鋼の熱処理

表5・3 に合金工具鋼の主要成分とその用途を示した．主要成分のうち，Cr は焼入れ性をよくする．W を加えた鋼種では W が炭化物を作り，耐摩耗性，焼戻し硬さを増すが，焼入れ性は下がる．また，高 Cr 系のダイス用鋼は空冷で焼きが入る．表 5・4 にその熱処理温度を示した．熱処理に当たってはつぎの点に注意する．

① 焼入れ前にはセメンタイトの球状化が望ましい．

② 焼なましはなかなかむずかしいが，過熱，脱炭，酸化に留意し，鋳鉄くずの間に入れるなど，直接外気に触れないように工夫する．切削加工したときは焼きなまして割れを防ぐ．

③ 熱処理温度は鋼種によって異なるので注意する．なお，加熱時間は肉厚 1mm につき 1.5 分とし，過熱させないようにする．

表 5・4 合金工具鋼の熱処理温度（JIS G 4404）．

	鋼 種	熱 処 理 温 度 (℃)		
		焼なまし	焼入れ	焼戻し
切削工具用	SKS 11	780～850 徐冷	760～810 水冷	150～200 空冷
	SKS 2	750～800 徐冷	830～880 油冷	〃
	SKS 51	〃	800～850 油冷	400～450 空冷
	SKS 7	〃	830～880 油冷	150～200 空冷
耐衝撃用	SKS 4	740～780 徐冷	780～820 水冷	150～200 空冷
	SKS 41	760～820 徐冷	850～900 油冷	〃
	SKS 43	750～800 徐冷	770～820 水冷	〃
冷間金型用	SKS 3	750～800 徐冷	800～850 油冷	150～200 空冷
	SKS 93	750～780 徐冷	790～850 油冷	〃
	SKD 1	830～880 徐冷	930～980 油冷	〃
	SKD 11	〃	1000～1050 空冷	(150～250 空冷 / 500～530 〃)
	SKD 12	〃	930～980 空冷	150～200 空冷
熱間金型用	SKD 4	800～850 徐冷	1050～1100 空冷	600～650 空冷
	SKD 5	〃	〃	〃
	SKD 6	820～870 徐冷	1000～1050 空冷	550～650 空冷
	SKD 62	〃	〃	〃
	SKD 8	〃	1070～1170 油冷	600～700 空冷
	SKT 3	760～810 徐冷	820～880 油冷	—
	SKT 4	740～800 徐冷	〃	—

表 5・5 高速度工具鋼の成分と熱処理（JIS G 4403）（抜粋）．

種類の記号	化学成分平均 (%)						焼なまし温度 (°C)	熱処理 (°C)	
	C	Cr	Mo	W	V	Co		焼入れ(油冷)	焼戻し(空冷)
SKH 2	0.8	4		18	1	—	820～880 徐冷	1260～1290	550～580
SKH 3	0.8	4		18	1	5	840～900 徐冷	1280～1300	〃
SKH 4	0.8	4		18	1	10	850～910 徐冷	〃	〃
SKH 10	1.5	4		13	5	4.5	820～900 徐冷	1210～1250	〃
SKH 51	0.85	4	5	6.2	1.8	—	800～880 徐冷	1200～1240	540～570
SKH 56	0.9	4	5	6.2	1.8	8	〃	〃	540～580
SKH 57	1.2	4	3.5	10	3.4	10	〃	1210～1250	550～580

5. 高速度工具鋼の熱処理

表5・5に高速度鋼の種別・成分・熱処理を示した．フライス，歯切り用ホブにはSKH2種，SKH3種，SKH51種などを用いる．またドリルにはSKH51種（以前はSKH2種），のこ刃の場合もこの程度である．旋盤の付け刃バイト用，中ぐり用にはSKH4種などが使用されている．高速度鋼は高温硬さでは超硬合金に及ばず，切削速度も鋼を削るとき 25 m/min であるから，超硬合金の 100～120 m/min の切削速度より遅い．

1900年代には高速度と思われたSKHも1927年に超硬合金が出現して以来，現在では主役の座を明け渡すことになった．しかし，現在でも工具の3～4割はSKHが使用されているのは，ねばさの点で超硬合金よりも優れ，衝撃に強く，するどい刃先が得られ，再研削が簡単であり，価格が超硬合金よりは安価である等の理由による．1900年に出現した高速度鋼は W 18%，Cr 4%，V 1% の 18-4-1 形のSKH2種であったが，1910年ごろ，これにCoを入れた，SKH3種（Co 5%），SKH4種（Co 10, 15%）が難削材用や重切削用として現われた．第二次大戦時には米国において W を 1/2～1/3 に節約して，その半分の6%をMoに置き換えた，Mo高速度鋼が現われた．その代表がSKH51種であり，ドリル，フライスの工具材料として普及している．SKH51はSKH2種よりも焼入れ温度を約50°下げた1200°Cで焼入れできる．高速度鋼の熱処理に当たっては以下に留意する．

① **火造り** 400°Cまで徐々に加熱し，1000～1200°Cまで急速加熱する．950°C以下の火造りは細かい割れが入るので避ける．火造り後はわら灰か石灰中で特に徐冷する．火造り温度はSKH1～3種，SKH51種では1100～950°C，SKH4種では1200～1000°Cである．

② **焼なまし** 火造りの後に焼なましをする．この場合加熱は徐々に800～900°Cにし

5・5 鋼種別熱処理の要領

て，酸化防止を考え，管などに鋳鉄くずとともに封入する．25mm口で30～60分おき，650℃まで3～5時間炉冷するが，600℃以下は空冷でよい．

③ **焼入れ** 850～900℃に予熱したのち，焼入れ温度（鋼種によって1200～1350℃.）に急速加熱する．表面が焼入れ温度になったら2～3分で油中冷却する．高速度鋼はWが多量に入っているため，高温でないと固溶しない．特にCoが入るとなおさらで，溶けるちょっと手前で表面に汗をかくまで高温（1350℃）にするので，長い時間おかないで，俗にいう焼き金にしてしまわないよう注意する．付け刃をする場合にはシャンクは0.6％Cくらいの炭素鋼を使い，SKH4種のチップの間にフェロマンガン，フェロシリコン，高速度鋼の粉を混ぜた専用の鉄ろう（ツーエス末などの市販品がある．）を0.5～1mmの厚さにはさみ，不安定ならニクロム線でしばっておく．焼入れ温度になったら，取り出して，チップの表面を細い鋼棒などで軽く押して，余分のろうを流し出し，油中冷却する．

④ **焼戻し** 550℃くらいに加熱し，保持時間は小物で20分，大物50～70分とする．空冷で焼き戻すが，これを2～3回繰り返すとなおよい（焼戻ししないと硬さが上がらない．）．SKH3種，SKH4種では焼入れ直後はHRCで57～58で，焼戻し後にはHRC64以上になる（2次硬化）．

6. ステンレス鋼の熱処理

SUS13％CrのCが0.3％のステンレス鋼はマルテンサイト系で刃物として用いられる．この場合焼入れ温度は920～980℃油冷．焼戻し温度600～750℃急冷とする．さらに

表5・6 ステンレス鋼の熱処理例 (JIS G 4303)．

種類	種類の記号	成分平均(%) C	Ni	Cr	Mo	熱処理(℃) 焼入れ	焼戻し	引張り強さ (N/mm²)	伸び (%)
マルテンサイト系	SUS 416	0.15以下		13		950～1000 油冷	700～750 急冷	540以上	17以上
	SUS 420 J1	0.2		13		920～980 油冷	600～750 急冷	640以上	20以上
	SUS 420 F	0.33		13		〃	〃	740以上	8以上
	SUS 440 A	0.68		17		1010～1070 油冷	100～180 空冷	—	—
	SUS 440 C	1.1		17		〃	〃	—	—
フェライト系	SUS 430	0.12以下		17		焼なまし 780～850 空冷または徐冷		450以上	22以上
	SUS 434	〃		17	1.0	〃		〃	〃
オーステナイト系	SUS 301	0.15以下	7	17		固溶化 1010～1150 急冷		520以上	40以上
	SUS 302	〃	9	18		〃		〃	〃
	SUS 304	0.08以下	9.3	19		〃		〃	〃
	SUS 305	0.12以下	11.8	18		〃		480以上	〃
	SUS 310 S	0.08以下	20.5	25		固溶化 1030～1180 急冷		520以上	〃

高炭素 0.6〜1.2% にすると, 耐食性が悪くなるので Cr を 17% に増し, 焼入れ温度は 1010〜1070℃, 焼戻し温度を 100〜180℃ 空冷として工具としての硬さ HRC 54〜58 以上をねらう.

17 Cr-0.1 C 以下のフェライト系のステンレス鋼は Cr% が高いから熱処理によって材質は変わらない. 焼なましは 800℃ くらいで空冷する.

18 Cr-8 Ni のステンレスはオーステナイト系で, Ni が入り耐酸性がよくなる. 加工すると一部マルテンサイトに変わると, 炭化物が粒界に析出して, 粒間腐食を起こして, 時間割れの原因となる. 溶接の場合も炭化物の析出が起こる. このため, 1010〜1150℃ で急冷する固溶化熱処理を行う必要がある (表 5・6 参照).

5・6 その他の熱処理

1. 鋳鋼の熱処理

鋳鋼品は焼ならし, 焼なましによって組織を改善して, 残留応力を除いておくようにする. これには 550〜650℃ に加熱徐冷する. A_3 点以上 50〜100℃ に加熱し, 炉中で冷却する. 一般には焼入れ, 焼戻しは行わないが, 炭素鋼に準じて行うこともある.

2. 鋳鉄の熱処理

鋳造して 3 か月くらいは内部ひずみのために, 変形や狂いが多く出て以降 1 年くらいの間は狂いが出る. 鋳物は 1 年間くらい放置しておくと, ひずみが自然に取れる. これを枯らし (Seasoning) というが, 人工的に枯らすには, 500〜550℃ で 3〜6 時間焼きなました後, 200℃ まで炉中冷却すればよい. なお, 小物は 25 mm 厚につき 1 時間くらい加熱保持でよい. また, 切削加工のため, 鋳肌を軟化したいときは, 750〜800℃ で数時間加熱後徐冷すればよい.

3. アルミニウム合金の時効

Al-Cu 系合金は焼入れと時効によって強さが増す. 例えば, 5% Cu の Al-Cu 合金を 550℃ から急冷すると, 過飽和に Cu を固溶した状態となり, Cu の原子が結晶面に出て, 結晶格子のゆがみと金属間化合物の $CuAl_2$ が析出し, 硬さを増すが, 室温に保ってもかたさを増す. これを時効という. Al-Mg-Si 系も, 高力アルミニウム合金である Al-Cu-Mg 系, Al-Zn-Mg 等いずれも時効硬化をもつ.

5・7 鋼の浸炭と窒化法

1. 浸炭法

低炭素鋼を木炭で包んで 900〜950℃ に加熱すると, 炭素が鋼に少しずつ浸入していく

$$\text{Fe} + 2\text{CO} \rightleftharpoons \text{Fe}_3\text{C} + \text{CO}_2, \quad \text{CO}_2 + \text{C} \longrightarrow 2\text{CO}$$

オーステナイトは炭素を固溶して，内部に拡散する．

(1) **固体浸炭法** これには木炭（堅炭）粉（70〜60%）を促進剤として炭酸バリウム 20〜30%，炭酸ナトリウム 10% 以下を加えた浸炭剤を用意し，つぎの操作を行う．

① 炭素量の少ない鋼を切削加工したものに，浸炭しない部分は粘土 3，水ガラス 1 を塗るか，銅めっきする．

② 厚さ 5〜8mm の軟鋼板で作った箱に浸炭剤を入れ，工作物を 20mm 以上の厚さでおおい包んで入れ，粘土でふたを目張りする．

③ 穴をあけて 10mm くらいの低炭素の棒を差し込んで，浸炭の深さの目安にする．

④ 850〜950°C の炉中に入れ，5〜6 時間浸炭させる（浸炭深さ 1〜2mm）．

⑤ 穴に差し込んだ浸炭試験棒を水冷して折り，浸炭深さをみて，容器のまま炉外に出して徐冷する．

(2) **ガス浸炭法** 浸炭にはメタンガスなどの炭化水素系のガスを用いる．

$$\text{Fe} + \text{CH}_4 \longrightarrow \text{Fe}_3\text{C} + 2\text{H}_2$$

実際には，搬送ガスに CH_4 を少量混ぜて送り，浸炭ガスで満たした炉中で加熱する．なお，ガス浸炭法は連続的運転に適し，自動車用歯車の Cr-Mo 鋼の浸炭等に使われる．

(3) **浸炭後の熱処理** 850〜900°C より油冷で 1 次焼入れを行う．これは浸炭のため大きくなっている結晶粒を微細にし，網目状のセメンタイトを固溶させるための熱処理である．2 次焼入れは 750〜800°C より水冷または油冷で行う．これは浸炭層の焼入れを行うためである．なお，焼戻しは残留応力を除くために，150〜200°C で行う．

2. 窒化法

窒化用鋼は Al，Cr，Mo を含んだ鋼であるが，窒化するには窒化箱に入れて，無水アンモニアのガスを通し 520°C くらいで，50〜100 時間保持する．窒化深さはせいぜい 0.3mm くらいであって，ふつうはきわめて薄い．

5章 練習問題

問題 1. S 50 C とクロムモリブデン鋼との熱処理の方法の相異を表示せよ．

問題 2. オーステンパおよびマルテンパについて記せ．

問題 3. 浸炭（肌焼き）を必要とする部品と鋼種を列挙して，その浸炭法についてのべよ．

6章 切削加工

切削加工は切削工具によって工作物を所要の形状・寸法に加工する工作法であり，他の工作法に比べて形状および寸法精度が高く，仕上げ面粗さのよい品物を製作できる．したがって，他の工作法によって加工された機械等の部品の最終的な仕上げの手段として，また，さらに高精度の加工（研削加工など．）を行うための前加工としても重要な加工法である．この章では，はじめに切削理論と工具材料について説明してから，旋盤，ボール盤，中ぐり盤，フライス盤，平削り盤，歯切り盤の順に各々の工作機械の特質と作業法について述べる．

6・1 切削理論

1. 切りくずの形状と構成刃先

切削によって生ずる切りくずの形状を大別すると，表6・1に示すように流れ形，せん

表6・1 切りくずの形状．

	流れ形	せん断形	き裂形	むしれ形
切りくずの形状				
説明	刃先からある方向に連続的にすべりを生ずる．	圧縮，変形し，刃先から斜め前方にすべりをおこし，切りくずが分離．	切りくず圧縮が刃先から前方へき裂を生じて分離．	材料が工具に粘着し，き裂が刃先から下方に向く．
発生しやすい切削条件	切れ刃傾き角大，切込み小，速度大（α：切れ刃傾き角）	切れ刃傾き角小，切込み大	切れ刃傾き角小，切削速度低い．	切れ刃傾き角小，切込み大，切削速度低い．
発生しやすい材料	軟鋼	鋳鉄，4-6黄銅	鋳鉄	延性高い材料，鉛，純鉄

6・1 切削理論

断形, き裂形, むしれ形の4種になる. このうち流れ形の切りくずが生じる切削は切削抵抗が安定し, 仕上げ面も良好である. また, 切りくずの形状を連続形, 不連続形に分け, このうち連続形をさらに構成刃先の有無によって分類する場合もある. なお, 切削の実験は主に流れ形の切りくずが発生する条件で行われている.

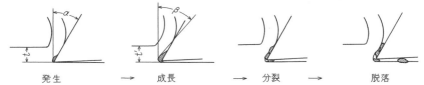

発生 → 成長 → 分裂 → 脱落

α: 工具切れ刃傾き角, β: 見かけの切れ刃傾き角, t: 切込み, t': 見かけの切込み (変動する).

図 6・1 構成刃先の生成.

金属切削においては, 切削中に被削材の一部が加工硬化して母材よりも著しく硬い変質物となって刃部にたい積して凝着し, もとの刃先に変わって新たな刃先が構成された状態となるが, これを構成刃先という. 構成刃先は図6・1に示すように, 発生, 成長, 分裂, 脱落を1/10～1/200秒ぐらいの周期で繰り返すが, 成長したときには切込みが大きくなる結果, 同図に示すように, 切れ刃傾き角が大きく

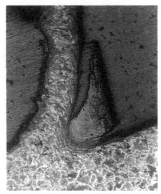

(a) 構成刃先の顕微鏡写真. (b) 顕微鏡資料の作り方.

幅2mmの突切りで加工したフランジ部に, 構成刃先の発生しやすい条件で突切り旋削中に, 瞬間的にバイトを打ち落とし (切り離して), 工作物を止め, 図のように切りくずを落とさないように試験片として切り取り, 樹脂に埋め込んで磨き, 3%の硝酸アルコールで腐食する.

図 6・2 構成刃先

なり, 仕上げ面が著しく悪くなる. なお, 鋼を切削する場合, 構成刃先が出やすい切削速度は超硬工具で30～50m/min, 高速度鋼で10～25m/minくらいである.

また, 鋼の切削では120m/min以上の切削速度にすれば構成刃先が発生しなくなるし, また切削剤を使用するとその発生を阻止できる. なお, アルミニウム合金等の切削では構成刃先の発生を防止するための切削条件が問題になる.

2. 切削抵抗

切削の際に生じる抵抗力を切削抵抗 (切削力) という. 切削抵抗の測定には, 刃物あるいは刃物の保持具, または工作物の取付け具の切削抵抗によって生じる変形量を電気

量その他に変換して求める装置が使用されるが,このような装置を切削動力計という.

一般には,切削動力計は切削抵抗によって生じた刃物の保持具の弾性変形ひずみを,刃物保持具に貼り付けたストレンゲージの電気抵抗の変化に変換して,ストレンメータ(抵抗線ひずみ計)で微少なひずみを計り,力に換算して切削抵抗を求めている.ストレンゲージは図6・4(c)に示すように紙またはポリエステルの小片に細い抵抗線を接着させたものである.図6・3に切削動力計の外観とストレンメータおよび記録用の電磁オシロを示したが,記録用にはペン書きオシロでもよい.

図6・4(a)に示す旋盤用動力計では後端の弾性変換器をリングに十字の桟を付けた形で中心をバイトホルダに固定し,縦の桟に主分力によるひずみのセンサとして$A_1 \sim A_4$の4枚のストレンゲージが表と裏に貼り付けてあり,横の桟の表と裏にも背分力用として$B_1 \sim B_4$,送り分用として$C_1 \sim C_4$のそれぞれ4枚のゲージが貼り付けてある.各4枚1組のゲージは同図(d)に示すようにブリッジ回路を組むように配線され,ストレンメータからの交流を$R_1 \times R_3 = R_2 \times R_4$になるように平衡をとっておき,バイトにかかる力によるひず

(a) 切削動力計の外観.　(b) ストレンメータとオシロ

図6・3　切削動力計

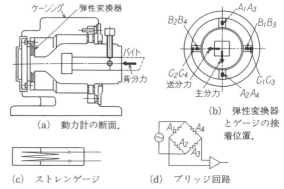

(a) 動力計の断面.　(b) 弾性変換器とゲージの接着位置.

(c) ストレンゲージ　(d) ブリッジ回路

図6・4　切削抵抗の測り方.

みをストレンゲージの細線の電気抵抗の変化量として,ストレンメータで増幅し,ペン書きオシロで記録する.

なお,切削試験に先だって,バイトの刃先に既知の荷重を段階的に加え,ストレンメータでひずみの変化をマイクロストレン(10^{-6})の単位で読み取り,力(F)-ひずみ(s)のグラフを描けば,$F=Ks$の直線となる.このグラフによって,ひずみに係数Kを掛ければ,切削力に換算できる.このような操作を較正という.

切削力の推定には,被削材の材質別に,切削面積1mm²当りの切削抵抗(比切削抵抗)

がほぼわかっているので，これによって大略の抵抗値を計算できる．

切削抵抗　$F = K_s \cdot A = K_s \cdot f \cdot t$　(kgf)〔N〕　　　　　　　　(6・1)

ここに，K_s：比切削抵抗(kgf/mm²)〔N/mm²〕，A：切削面積(mm²)，f：送り(mm/rev)，t：切込み深さ (mm)．

なお，比切削抵抗 (K_s) の値は，クローネンベルグの式 (1927 年)，ASME の式 (1939 年)，海老原の式 (1950 年) などがあり，切削条件によって異なる．表 6・2 に比切削抵抗値を示したが，軟鋼で 200 kgf/mm²〔1960 N/mm²〕，工具鋼では 250 kgf/mm²〔2450 N/mm²〕くらいである．

表 6・2　比切削抵抗(K_s)の値．　　　　　　　　　　　kgf/mm²〔N/mm²〕

被削材	引張り強さ (N/mm²)	一刃当りの送り(mm/刃)				
		0.1	0.15	0.2	0.3	0.4
SS400	500	215 (2110)	200 (1960)	190 (1860)	175 (1715)	165 (1615)
S55C	755	197 (1930)	186 (1820)	180 (1765)	176 (1725)	162 (1590)
SCM3 相当	715	245 (2400)	235 (2300)	220 (2155)	198 (1940)	171 (1675)
SKT4	(HB352)	203 (1990)	201 (1970)	181 (1770)	168 (1645)	159 (1560)
SC450	500	271 (2655)	253 (2480)	241 (2360)	224 (2195)	212 (2075)
FC250	(HB200)	166 (1625)	145 (1420)	132 (1295)	115 (1125)	103 (1010)
Al(Si)	195	66 (645)	58 (570)	52 (510)	46 (450)	41 (400)
黄銅	490	109 (1070)	96 (940)	87 (850)	76 (945)	68 (665)

3. 切削の幾何学

バイトに切込みだけを与えて削る(送りは与えない．)二次元切削では，材料の性質(圧縮応力，摩擦係数等の値．) と切削条件（切れ刃傾き角，切削速度）がわかれば，主分力，背分力を計算できる．そこで，逆に主分力，背分力の測定値からその材料の圧縮応力，せん断応力，摩擦係数の値を求める計算をしてみよう．

まず，切込みを t_1(mm) として，二次元切削した切りくずの厚さをポイントマイクロメータで測りその平均を t_2(mm) としたとき，t_1/t_2 を切削比という．

切削比　$r_c = t_1/t_2$　　　　　　　　　　　　　　　　　　　　(6・2)

図 6・5 において，α をバイトの切れ刃傾き角とすれば

せん断角　$\tan\phi = r_c \cos\alpha/(1 - r_c \sin\alpha)$　　　　　　　　　　(6・3)

つぎに主分力 F_c と背分力 F_t は切削動力計で求める．

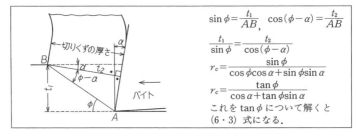

図 6・5 せん断角 ϕ の求め方.

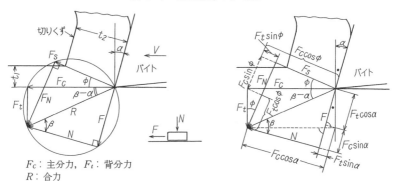

F_c：主分力, F_t：背分力
R：合力

図 6・6 切削の幾何学.

図 6・6 のように，せん断面に働くせん断力 F_s と圧縮力 F_N は

せん断力　$F_s = F_c \cos\phi - F_t \sin\phi$
圧縮力　　$F_N = F_c \sin\phi + F_t \cos\phi$ 　　　　　(6・4)

切削面積　$A_0 = $ 切込み $\times$ 切削幅 $= t_1 b \,(\mathrm{mm}^2)$　であるから，

せん断面の面積　$A_s = A_0/\sin\phi = t_1 b/\sin\phi$ 　　　　(6・5)

平均せん断面のせん断応力　$\tau_s = F_s/A_s = F_s \sin\phi/(t_1 b)$
平均せん断面の圧縮応力　　$\sigma = F_N/A_s = F_N \sin\phi/(t_1 b)$ 　(6・6)

つぎに，合力 R をすくい面と，すくい面に垂直な方向の力 F, N に分解すれば

摩擦力　$F = F_c \sin\alpha + F_t \cos\alpha$
垂直力　$N = F_c \cos\alpha - F_t \sin\alpha$ 　　　　　　(6・7)

となり，すくい面の摩擦係数を μ とすれば

$$\mu = F/N = \tan\beta \qquad (6\cdot 8)$$

から，摩擦係数が求められ，β が摩擦角となる．

例題 6・1　S20C を二次元切削して，つぎのデータを得た．なお，切削条件は切削速度 $= 100 \,\mathrm{m/min}$，切削幅 $b = 2.9 \,(\mathrm{mm})$　である．

6・1 切削理論

切れ刃傾き角 α	切込み t_1(mm)	主分力 F_c(kgf)〔N〕	背分力 F_t(kgf)〔N〕	切りくず厚さ t_2(mm)
0°	0.05	52.7〔516.5N〕	45.1〔442.0N〕	0.229
10°	0.05	45.7〔447.9N〕	31.3〔306.7N〕	0.170

各々の場合の切削比 r_c, せん断角 ϕ, せん断面のせん断力 F_s, 同圧縮力 F_N, すくい面摩擦力 F, 同垂直力 N, せん断応力 τ_s, 垂直応力 σ_s, 摩擦係数 μ, 比切削抵抗 K_s を求めよ.

〔解〕

α	r	ϕ (°)	F_N (kgf)〔N〕	F_s (kgf)〔N〕	N (kgf)〔N〕	F (kgf)〔N〕	μ	A_s (mm²)	σ_s (kgf/mm²)〔N/mm²〕	τ_s (kgf/mm²)〔N/mm²〕	K_s (kgf/mm²)〔N/mm²〕
0°	0.218	12.317	55.30〔541.9〕	41.87〔410.3〕	52.70〔516.5〕	45.10〔442.0〕	0.856	0.680	81.36〔797.3〕	61.59〔603.6〕	363.5〔3562〕
10°	0.294	16.974	43.28〔424.1〕	34.57〔338.8〕	39.57〔387.8〕	38.76〔379.8〕	0.980	0.497	87.14〔854.0〕	69.61〔682.2〕	315.2〔3089〕

この例ではS20Cならば, 材料試験の値では $\sigma_s=50$(kg/mm²)〔490 N/mm²〕以下, $\tau_s=32\sim35$(kgf/mm²)〔314〜340 N/mm²〕くらいの数値をとるのに, 切削の結果でははるかに大きい値をとっている. その理由としては, ひずみの速度が大きいとか, 刃先の丸味のための下向きの力 (圧壊力) の影響であるとする説もあるが, 表面を薄く削るため, 材料の格子欠陥 (転位) の確率が少ない層を削るため, せん断応力が大きいとする寸法効果によるという説が一般的である. また, 摩擦係数も普通の場合は0.3くらいであるが, この切削の場合は1に近い. その理由は, 刃先が極圧状態であり, 発生期の処女面の金属を削るために摩擦係数が大きいとしている.

しかし, せん断応力 τ_s と, 摩擦角 β が予測できれば, せん断角 ϕ は摩擦角 β と切れ刃傾き角 α の関数であるから, $\phi=f(\beta, \alpha)$ によって ϕ が計算できるが, 切削抵抗の合力 R の方向と, 45°の方向にせん断面ができるという, 最大せん断応力説をとって, $\phi+\beta-\alpha=\pi/4$ という説によるのが一般的である.

4. 工具寿命

削り速度が速いと, 工具がすぐに切れなくなることはよく知られているが, 削り始めてから連続切削して, 切れなくなるまでの時間 (分) を工具寿命という.

高速度鋼の発明者であるテーラーは1900年に, 工具寿命の計算式を発表している.

テーラーの式　　$VT^n=C$ 　　　　　　　　　　　　　　(6・9)

ここに, V: 切削速度 (m/min), T: 寿命時間 (min), n, C は切削工具材質, 工作物材料, 加工方式等で決まる定数. n の値は(0.1〜0.5)で主に工具材質によるが一般に,

高速度鋼の場合 $n≒0.1$，超硬合金の場合 $n≒0.2〜0.3$，セラミックスの場合 $n≒0.5$ くらいの値をとる．

ふつうは，工具寿命を60分として，これを常用切削速度としている．したがって超硬合金バイトで鋼を荒削りする場合，切削速度を100m/min とか 120m/min とかいうのは，いずれも60分間連続切削し得る速度である．このため自動盤などで寿命を300分くらいにとる場合は切削速度を下げなければならない．

工具寿命の判定は，高速度鋼では仕上げ面に光沢があるしまが生じたときや切削力が増加したときなどをその寿命としているが，超硬バイトの場合は主に，フランク摩耗(逃げ面摩耗)の値がある値に達したときとする．例えば表6・3に示すように鋳鉄，鋼では0.7mm，合金鋼では0.4mmをとっている．しかし，超硬合金はチッピング(欠け)を起こすことがあるので，フランク摩耗0.2mmくらいで判定することもある．特に，フライス削りなどは断続切削であるため，チッピングも起こしやすく，n の値(主に工具材料に依存する定数．)も大きくなり不安定である．

表6・3 工具寿命の判定基準．

(a) 一般に使われる寿命判定の逃げ面摩耗幅(超硬合金の場合)．

摩耗幅(mm)	摘　　　要
0.2	非鉄合金などの仕上げ切削や精密軽切削など．
0.4	特殊鋼などの切削．
0.7	鋳鉄，鋼などの一般切削．
1〜1.25	普通鋳鉄などの荒削り．

(b) 逃げ面(フランク)摩耗

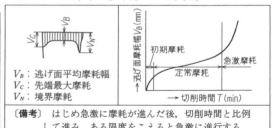

V_B：逃げ面平均摩耗幅
V_C：先端最大摩耗
V_N：境界摩耗

〔備考〕 はじめ急激に摩耗が進んだ後，切削時間と比例して進み，ある限度をこえると急激に進行する．

切削速度 V と工具寿命 T との関係は図6・7に示すように V-T 線図によって表すことができる．$VT^n=C$ の対数をとると $\log V + n \log T = \log C$ となり，これを両対数方眼紙でプロットすれば直線になる．

例題6・2 図6・7に示した鋼の工具寿命線図(V-T

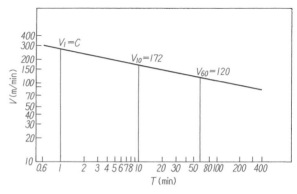

図6・7 V-T 線図(工具寿命線図)

6・1 切削理論

線図）で $T=10$ のとき $V_{10}=172$, $T=60$ のとき $V_{60}=120$ であった．テーラーの式 $VT^n=C$ の n と C を求めよ．また工具材質は何か．工具寿命を 240 分としたときの V_{240} を求めよ．

〔解〕 $\left.\begin{array}{l}120 \cdot 60^n = C \quad (1) \\ 172 \cdot 10^n = C \quad (2)\end{array}\right\}$ $(1)/(2)$ $\quad 6^n = 172/120$

$n = \log 1.433/\log 6 = 0.2$, $\quad C = 120 \times 60^{0.2} = 272$, 超硬合金（$n=0.2$ から）

$V \cdot 240^{0.2} = 272$, $\quad V = 272/240^{0.2} = 90.9 \fallingdotseq 91$ (m/min)

5. 切削温度

切削仕事は，せん断面におけるせん断仕事，切りくずがすくい面をすべる摩擦仕事，逃げ面が工作物をこする摩擦仕事の三つが主で，大部分の動力が熱に変わる．せん断仕事は 60 m/min の切削速度以下では大きく，100 m/min 以上ではすくい面の摩擦が大きくなる．切りくずに流れる熱がいちばん多く，80～90% になり，切削速度を大きくすると，切りくずへの熱の流入割合が増加し，工具，工作物に入る熱の割合は減少する．いっぽう，工作物への熱の流入割合は切削速度が 15 m/min のとき 30%，180 m/min で 6% に減る．工具に伝わる熱は，切削速度 180 m/min で 2～3% である．送りを増加すると，切りくずへの熱の流入割合は増加する．

一般に工具の切りくずとの接触面の平均温度を切削温度といい，次式によって与えられる．

$$\theta = CV^n \qquad (6\cdot10)$$

ここに，θ：切削温度 (℃)，V：切削速度 (m/min)，n：工作物材質による定数．

切削温度は図 6・8 に示すように工具と被削材で熱起電力を発生させて，増幅し，ペン書きオシロで記録，測定する．較正には既知の高温計の熱電対を銅球に差し込み，同図 (b) に示すようにガスバーナで加熱する．切削温度の測定は熱起電力法が一般的であるが，赤外線のふく射とか，工具刃先に熱電対を埋め込むとかの方法もある．

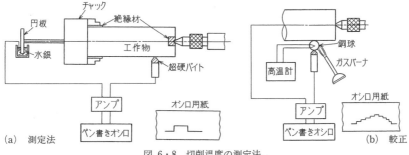

図 6・8 切削温度の測定法．

6・2 切削工具材料と切削油剤

1. 切削工具材料

切削工具材料が具備すべき条件は,硬さが被削材よりも高く,特に600℃においても硬さが下がらず,したがって耐摩耗性が大きく,そのうえ,相当のねばさをもっていることである.図6・9に各種工具材料の特性を示した.切削工具にはバイト,ドリル,リーマ,フライス,ホブ等の各種があるが,これらの切削工具材料には,従来は低合金工具鋼が用いられたが,現在では超硬合金と高速度鋼が最もよく使用されている.なお,特殊な場合にステライトという48Co-32Cr-18W-2Cの非鉄金属鋳物,酸化アルミを主成分とするセラミックス,TiCを主成分としてNiの粉で焼結したサーメットが工具材料として使われる.軽合金,銅合金の精密切削には従来,ダイヤモンドバイトが使われてきたが,最近になってCBN(立方晶窒化ほう素)が開発され,鋼など特に焼入れ鋼を含めた硬い材料の精密切削に用いられるようになったが比較的高価である.

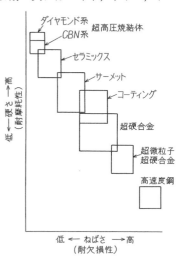

図6・9 各種工具材料の特性.

(1) 超硬合金 これは1925年にドイツのクルップ社から「ウイディア」という商品名で販売された.炭化タングステンの粉を6%のコバルトの粉で焼結した工具材料で,今日でいうG種,K系の鋳物,非鉄金属用であった.初期の超硬合金は硬いがもろくて欠けやすい欠点があり,鋼の切削には結合剤であるコバルトが切りくずに付着していくため,摩耗が早く,鋼の高速軽切削用以外には使用できなかった.1929年になって炭化チタンを入れると,鋼に対する耐摩耗性が増すことがわかり,さらに1932年にはTaCを入れたタイプが現われ,WC-TiC-TaCのいわゆるトリプルカーバイト系の超硬合金が現われた.最近では,スローアウェイ式(使い捨て式)のチップの需要が増加し,超微粒子超硬合金,表面に炭化チタン,窒化チタン,アルミナ等の薄膜を被覆した超硬合金も現われた.

(i) 超硬合金の製造法 超硬合金はタングステンを精練して,$0.5〜1\mu$の高純度の粉末にし,炭素粉末数%を混ぜ,水素のふん囲気中で1400℃に加熱し化合させWCの粉末にする.これにコバルトの粉末を加え,長時間ボールミルで混合したものを1000気圧(101MPa)で金型で成形し,さらに電気炉で,1400〜1500℃で焼結して製造する.複合

炭化物系の場合は，TiC，TaC を混合の段階でボールミルに入れて混合する．このように金属粉末を結合剤によって成形し，焼き固めたものを焼結合金といい，その製造法を粉末冶金という．

(ⅱ) 超硬合金用途分類と選び方　超硬合金は被削材によって，P・M・K の3種に大別される．

用途分類 P 系列　合金成分は WC-TiC-TaC-Co であり耐熱性（とくに熱的な損傷に強い．），耐溶着性にすぐれ，とくに TiC，TaC などを多く含んでいる．鋼，合金鋼，ステンレス，連続形の切りくずのでる可鍛鋳鉄などに適す（シャンク色別 … 青）．

用途分類 K 系列　合金成分は WC-Co であり，強度にすぐれる WC 主体の合金で，機械的な損傷に強い．鋳鉄，非鉄金属，非金属，合成樹脂などの切削に適す（シャンク色別 … 赤）．

用途分類 M 系列　合金成分は WC-TiC-TaC-Co，TiC，TaC などを適度に含んでおり，熱的および機械的な損傷の両方に強い．ダクタイル鋳鉄，鋳鋼，合金鋳鉄，ステンレスのようなオーステナイト鋼，高マンガン鋼の切削に適す（シャンク色別 … 黄）．

超硬合金材種の選び方は被削材の材質と，旋削，フライス削り，平削りなど切削方式によって選択する．なお，その選択基準は JIS B 4053 に規定されている．

一般の切削では，P 20，K 20，M 20 のような各系列の中程にある材種を使用し，仕上

表 6・4　超硬合金の成分・硬さ・抗折力（JIS B 4104）．

使用分類記号	硬さ (ロックウェル A)	抗折力 (kgf/mm²) 〔N/mm²〕		成　分　(％)（参考）				
				W	Co	Ti	Ta	C
P01	91.5 以上	70 以上 (	686 以上)	30～78	4～ 8	10～40	0～25	7～13
P10	91　〃	90　〃 (	883　〃)	50～80	4～ 9	8～20	0～20	7～10
P20	90　〃	110　〃 (	1079　〃)	60～83	5～10	5～15	0～15	6～ 9
P30	89　〃	130　〃 (	1275　〃)	70～84	6～12	3～12	0～12	6～ 8
P40	88　〃	150　〃 (	1471　〃)	65～85	7～15	2～10	0～10	6～ 8
P50	87　〃	170　〃 (	1667　〃)	60～83	9～20	2～ 8	0～ 8	5～ 7
M10	91　〃	100　〃 (	1981　〃)	70～86	4～ 9	3～11	0～11	6～ 8
M20	90　〃	110　〃 (	1079　〃)	70～86	5～11	2～10	0～10	5～ 8
M30	89　〃	130　〃 (	1275　〃)	70～86	6～13	2～ 9	0～ 9	5～ 8
M40	87　〃	160　〃 (	1569　〃)	65～85	8～20	1～ 7	0～ 7	5～ 7
K01	91.5　〃	100　〃 (	981　〃)	83～91	3～ 6	0～ 2	0～ 3	5～ 7
K10	90.5　〃	120　〃 (	1177　〃)	84～90	4～ 7	0～ 1	0～ 2	5～ 6
K20	89　〃	140　〃 (	1375　〃)	83～89	5～ 8	0～ 1	0～ 2	5～ 6
K30	88　〃	150　〃 (	1471　〃)	81～88	6～11	0～ 1	0～ 2	5～ 6
K40	87　〃	160　〃 (	1569　〃)	79～87	7～16	—	—	5～ 6

〔注〕　W，Ti，Ta は炭化物の形で，Co は焼結の結合剤として超硬合金を形成している．

げ切削にはP 10, K 10, M 10のように,高速,小,中切削面積用の材種を使用する.また,重切削や断続切削の場合にはP 30, K 30, M 30のようにねばさの大きい材種を選ぶ.なお,超硬合金は使用分類記号P, K, Mのあとに続く.数字が小さい方が硬く,大きい方がねばり強くなる.

表6・4に超硬合金の成分,硬さ,抗折力を示す.

(2) 高速度鋼 1868年に英国のマセットが炭素工具鋼に少量のMn, Crと多量のW(4～10%)を入れた合金鋼(マセット鋼という.)を作り,工具に使用したが,1898年にはテーラーが18% W-4% Cr-1% Vの高速度鋼2種を作った.今から約90年前には,鋼を削る切削速度が20～30m/minということは非常に高速に感じたので高速度鋼と名付けた.その後,1910年ごろになってコバルトを入れたSKH 3, SKH 4が強力切削用として開発され,Wを3分の1に節約し,代りにWの節約量の半分のMoを4～6%を入れたSKH 51(旧規格SKH 9)がモリブデン高速度鋼として,ドリル,フライスなどの材料として多量に使用されるようになった.表6・5に高速度鋼に含まれる元素の働きを示した.高速度鋼の焼入れ温度は,1300℃と高く,焼戻し温度は550℃くらいで合金工具鋼に比べて高い.したがって,合金工具鋼では300℃で硬さが低くなるが,高速度鋼では600℃まで硬さが保てる.しかし,それ以上になると急速に焼きが戻って軟化するため,超硬合金のように高速切削はできない.高速度鋼はねばさでは勝り,超硬合金のように欠けが起こらないので,ドリル,リーマ,タップ,ねじ切りバイトなど,小さい切込みでするどい刃先を要する切削工具,特殊な総形バイト,座ぐりなどの工具,鍛造を要する特殊工具などに適している.表6・6に高速度鋼の主要成分と用途を示した.

表6・5 高速度鋼に含まれる元素の働き.

成　分	(%)	主な元素の使用.
炭　素(C)	0.8	少ないと焼きが入りにくく,多いと火造りが困難.ねばさを必要とするときは少なくする.
タングステン(W)	18	耐熱性,耐摩耗性を増し,組織を細かくし,高温硬さを大きくする.
クロム(Cr)	4	焼入れ性をよくし,耐熱とねばさを与える.
バナジウム(V)	1	切削能力を上げる.1% Vは4% Wに相当する.脱酸性強く,鋼質をよくする.結晶粒,複炭化物(WC)を細かくし,ねばさ,耐焼戻し性を増す.
コバルト(Co)	5～20	オーステナイトへの炭素の溶解度を高め,安定度を大きくする.耐熱性,耐摩耗性を大きくし,焼戻し硬さが大きくなる.
モリブデン(Mo)	3～6	Wの1/2でWとほとんど同じ作用をする.多すぎると組織を粗大にし,もろく,火造りが困難になる.

表 6・6 高速度工具鋼の化学成分と用途（JIS G 4403から抜粋）.

記号	化学成分 (%)						用途
	C	Cr	Mo	W	V	Co	
SKH2	0.73~0.83	3.8~4.50	—	17.00~19.00	0.80~1.20	—	一般切削用，各種工具
SKH3	0.73~0.83	3.8~4.50	—	17.00~19.00	0.80~1.20	4.50~5.50	高速重切削用，その他各種工具
SKH4	0.73~0.83	3.8~4.50	—	17.00~19.00	1.00~1.50	9.00~11.00	難削材切削用，その他各種工具
SKH10	1.45~1.60	3.8~4.50	—	11.50~13.50	4.2~5.20	4.20~5.20	高難削材切削用，その他各種工具
SKH51	0.80~0.90	3.8~4.50	4.50~5.50	5.50~6.70	1.60~2.20	—	じん性を必要とする一般切削用，その他各種工具
SKH52	1.00~1.10	3.8~4.50	4.80~6.20	5.50~6.70	2.30~2.80	—	比較的じん性を必要とする高硬度材切削用，その他各種工具
SKH53	1.10~1.25	3.8~4.50	4.60~5.30	5.70~6.70	2.80~3.30	—	
SKH55	0.85~0.95	3.8~4.50	4.60~5.30	5.70~6.70	1.70~2.20	4.50~5.50	比較的じん性を必要とする高速重切削用，その他各種工具
SKH57	1.20~1.35	3.8~4.50	3.00~4.00	9.00~11.00	3.00~3.70	9.00~11.00	
SKH59	1.00~1.15	3.50~4.50	9.00~10.00	1.20~1.90	0.90~1.40	7.50~8.50	

（3） セラミックス これは1935年にソ連で開発された，酸化アルミニウムを主成とした工具材料である．粒子を細かく密度を大きくするため，粒子成長抑制剤を入れて1600℃で焼結する．耐酸化性にすぐれ，構成刃先ができにくいので仕上げ面がよく，高温硬さが大きく，超硬合金より2～3倍の切削速度で切削できる．また，耐摩耗性が大きいなど利点はあるが，ねばさが超硬合金よりも低く，チッピングを起こしやすいという大きな欠点もある．なお，切込みは1.5mm以下，送りは0.3mm/rev（高硬度材の切削，焼結CBNバイトの粗加工．）という限られた使用条件となるので剛性の高い工作機械が要求される．

（4） サーメット これは1959年にセラミックスよりはねばさの点が少し大きい工具材料として開発された．市販されているのはチタンカーバイト系の焼結合金である．また，TiCを主成分としてMoなどを含んだタイプもあり，Ni粉末を結合剤とした焼結合金で，WC系の超硬合金に比べて軽い．鋼を切削する場合は超硬の2～3倍の切削速度で切削できるが，超硬よりもねばさの点で劣る．Wに比べてTiCは資源的に入手しやすく安価であるが，製品としては超硬と同価額であり，一般に普及していない．

（5） ダイヤモンド 工具用ダイヤとしては，天然産の工業用ダイヤを研いで切れ刃として使用する．ダイヤモンドは物質中最も硬く，圧縮されにくく，熱も比較的よく伝え，耐摩耗性もよく，すべての材料を切削できる．しかし，一般にはアルミニウム，マ

グネシュウム合金などの軽合金，銅合金，貴金属などの精密仕上げ切削に用いられる．ダイヤモンド工具は高価であり，再研削は専門メーカでなければできない．なお，使用機械は高速，高剛性，高精度のものを選ぶ必要から設備費が大きくなる．

切削条件は，60～100m/min 以下の切削速度ではチッピングを起こし，アルミ合金で 100～300m/min，青銅で 100～200m/min である．なお，切込みは 0.01mm 以下ではチッピングを起こし，金属切削で 0.01～0.07mm，非金属類では 0.03～0.1mm が適当である．また，送りは金属類で 0.02～0.1mm/rev，非金属切削で 0.02～0.3mm/rev であり，自動送りとする．この場合，切削剤は軽油，ミシン油など粘性の少ないものがよい．

なお，多結晶人造ダイヤモンド層を，超硬合金基台の上に焼き固めた超高圧焼結体をバイトとするタイプもあり，これはダイヤモンドバイトに次ぐ工具として使用されている．

最近の超精密切削加工では，硬ぜい性材料であるガラス，セラミックス，水晶等をダイヤモンドバイトで切削することが試みられており，ダイヤモンドバイトの需要が増加するものと思われる．

（6）CBN材 これはダイヤモンドに次ぐ硬い立方晶窒化ほう素の微結晶を超高圧高温技術によって，超硬合金の基台のうえに緻密に焼き固めた新しい工具材で，硬質鉄系材料，耐熱合金などの切削に適している．

2. 切削油剤

切削熱は工具刃先のせん断仕事と，工具すくい面の切りくずと摩擦仕事が熱に変わるものであるが，切削剤は発生した熱を冷却によって切削温度を下げ，工具寿命と仕上げ面をよくすることと，すくい面の切りくずの摩擦を減少させ，摩擦熱の発生を押えるとともに，摩擦角が小さくなり，せん断角が大きくなり，せん断仕事を小さくさせ，摩擦を減らして切削温度を抑制する二つの作用がある．

冷却のためには，比熱の大きい水を使用すると効果があり，摩擦を減らすには油性のある切削油剤が適している．そこで，切削油剤はこの両作用を満足することが必要であるが，現状では冷却作用を主とする水溶性切削油剤と，減摩擦を主とした鉱油を主原料として，これに添加剤を入れて油性を持たせた不水溶性切削油剤との二つが用いられている．

切削速度が大きくなると，切削部分への切削油剤の浸入が困難になる．このため切削油剤が有効に働くためには，工具と切りくずおよび加工面との境に早く浸潤することが必要となってくる．このため金属に対する切削油剤の親和力（ぬれ）

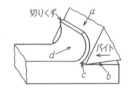

図 6・10 切削油剤の浸入方向．

が強くなるように，界面活性剤などを添加する．切削油剤は図6・10に示すように，逃げ面の下，または横のb，cから浸入しa，dからは浸入しにくい．

（1）不水溶性切削油剤 ふつう，鉱油をベース油として，これに油性剤を入れた切削油剤で，重切削用には極圧油を入れる．工具刃先は大きな力を受けるので潤滑剤が行き渡らないため，これが不足して油膜は極めて薄い．油は金属石けん膜を作り，400℃くらいまでは，安定して発生して潤滑作用をする．この性質を油性というが，油性は動植物油やエステル油が大きい．さらに，強力切削では刃先が極圧状態になり，温度も400℃を越えるため，金属石けん膜も消失する．この場合には，金属間化合物によって潤滑作用をさせる極圧油を添加する．極圧油は塩素，いおう，りん，鉛などの元素を化合物の形で鉱油の中に入れたもので，塩化油と硫化油が添加される．一般に，仕上げ面を主とするときには硫化系，工具寿命を主とするときは塩化系がよい．

不水溶性切削油剤には防せい作用があり，切削剤としては優れているが，超硬工具を使う切削では発煙が問題になる．

（2）水溶性切削油剤 これは水でうすめて使用する切削油剤で，エマルジョン形，ソリューブル形，ソリューション形の3種類がある．

エマルジョン形 … W1種　鉱油に少量のせっけん，アルコール類などの乳化剤を混ぜたもの．最近では，極圧添加剤を含む極圧形も市販されている．冷却作用が主で安価であるが，長期使用すると乳化が不安定になり，腐敗しやすい．10〜30倍に薄めて使用する．

ソリューブル形 … W2種　半透明で冷却性，潤滑性ともに優れ，主成分は防せい力のある界面活性剤で，鉱油の量が少ないので60倍程度に薄めても使える．ソリューブル形の切削油剤は薄め方を濃くして切削用に，薄くして研削用として使用する万能切削油剤である．なお，NC旋盤で超硬バイトを使用する場合の切削油剤として普及しているが，防せい力がもう少しほしいという感じがする．

ソリューション形 … W2種　亜硝酸ソーダのような無機塩類と有機アルカリが主成分で，主に研削用で，といしの目づまりを防ぎ，防せい力も非常に強い．水で80〜150倍に薄めて使用する．

（3）品質および性能 切削油剤は，工具，砥石の磨耗低減，仕上がり精度の向上などに有効な性能をもち，貯蔵中に変質せず，悪臭，かぶれなど人体に悪影響を及ぼす成分を含まず，かつJIS（K 2241）の試験を行ったとき，規定に適合しなければならない．これら試験項目には不水溶性では動粘度，脂肪油分，塩素分，銅板腐食，耐荷重能，引火点などがあり，水溶性ではpH，塩素分，金属腐食などがある．

6・3 旋盤と旋盤作業

工作物を回転させ，これに刃物を押し当てて工作物を削る工作機械を旋盤という．図6・11は旋盤による各種の切削を示したものである．一般に機械部品には円筒状の形状が多く使われているため，この旋盤による加工が大きな比率を占める．旋盤の大きさは両センタ間の距離と主軸に取り付けて切削できる最大の工作物の直径（ベッド上の振りという．）で表される．

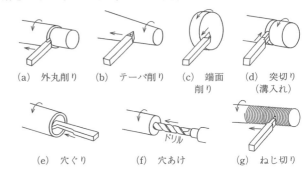

図6・11 旋盤による切削作業例．

(a) 外丸削り (b) テーパ削り (c) 端面削り (d) 突切り（溝入れ）
(e) 穴ぐり (f) 穴あけ (g) ねじ切り

1. 旋盤の種類

旋盤には普通旋盤，ならい旋盤，工具旋盤，二番取り旋盤，正面旋盤，立て旋盤，卓上旋盤，タレット旋盤，自動旋盤，NC旋盤などがある．このうち，普通旋盤のほかは，その旋盤の形状と用途による固有の呼び名である．

（1）**普通旋盤** 最も多く用いられる一般的な旋盤である．

（2）**ならい旋盤** ならい（倣）装置のついたならい削り専用の旋盤である．

（3）**工具旋盤** 主としてカッタ類の工具を加工する旋盤で，構造は普通旋盤と同じであるが，高精度にできている．

（4）**二番取り旋盤** 総形フライスなどの二番を削るため，主軸の1回転中に工具スライドが数回半径方向に動く機構を備えた旋盤である．

（5）**正面旋盤** 径の大きい工作物の正面加工を主とする旋盤である．

（6）**立て旋盤** 直径の大きい円板状の重い工作物の切削に使用される旋盤で，テーブル径が5mもある大きいタイプもある．

（7）**卓上旋盤** 小形部品の製作に用いる精密旋盤である．

（8）**タレット旋盤** タレットというのは砲塔のことであるが，NC旋盤が出現するまでは，多品種少・中量生産用の旋盤の花形であった．工具をタレットの6面に取り付けられるほか，刃物台も普通の刃物台のほかに対向刃物台があり，荒削りと仕上げを同時にできる．また，自動送りレバーを途中で切るような定寸装置を備え，0.05〜0.1mmの寸法誤差で定寸削り装置をもっている．

多刃切削と定寸性がタレット旋盤の特性であり，主軸回転も極数変換で容易に変速で

6・3 旋盤と旋盤作業

きる構造になっている．しかし，最近はNC旋盤が普及し，タレット式刃物台をNC旋盤が備え，精度もタレット旋盤より優れているため，タレット旋盤は自動タレット旋盤の方向に向かっている．

(9) 自動旋盤 これには油圧制御を利用した6軸自動旋盤と，カムを用いたヘッドスライド形自動旋盤，固定ヘッド自動旋盤がある．小物部品の製造にはカム式が多く使用されている．図6・12にこれら各種の旋盤を示した．

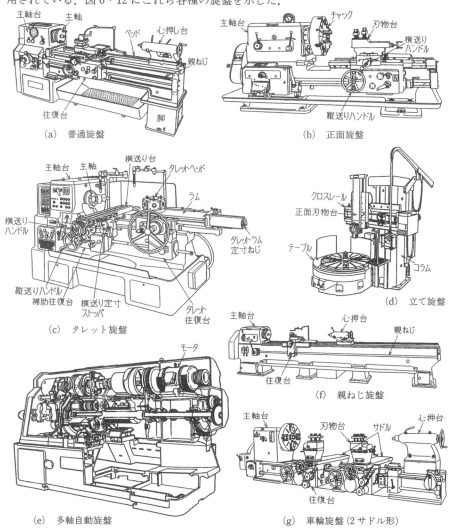

図 6・12 各種の旋盤．

2. 旋盤の構造

(1) 旋盤の各部名称 旋盤の主要部は主軸台,往復台,心押し台,これを支えるベッド,脚(あし)の五つの部分から構成されている.図6・13は普通旋盤の各部名称を示したものである.

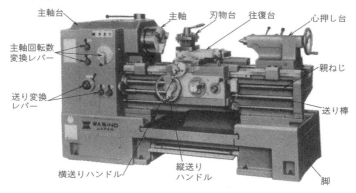

図6・13 旋盤各部の名称.

(2) 主軸台 工作物を支え,これに回転を与える主軸,軸受などから成る主要部分である.

(3) 主軸の回転数 鋼・鋳鉄などを削る切削速度は,バイト材質が高速度鋼の場合30 m/min,超硬バイトでは100〜120 m/minにする.工作物の直径をd(mm),切削速度をV(m/min)とすれば主軸の回転数は$N=1000V/(\pi d)$(rpm)となり,工作物の直径によって主軸回転数を何段かに変速する.主軸は回転数をふつう6〜12段に変速できるように,すべり歯車機構が用いられている.図6・14にその構造を示した.

図6・14 主軸台内のすべり歯車.

汎用旋盤では,主軸の回転数の最低をねじ切りに用いる回転数である70 rpmくらいにして,最高回転数を1500か2000 rpmに押え,その間を等比級数を基本として,いちばん多用する回転数にアレンジしている.例えば,70, 110, 230, 460, 920, 1500 rpm(6段変速).いっぽう,送りは主軸1回転当りで,仕上げ削りが最低で0.05, 0.1 mm/revとして1 mm/revくらいまで等差級数を基本にしている.送りの変速には,タンブラ歯車という段歯車機構を使っている.

6・3 旋盤と旋盤作業

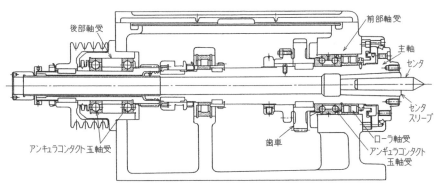

図 6・15 旋盤の主軸構造 (桐生機械).

主軸は図 6・15 に示すように，中空で，小径の工作物を主軸の後方から送られるような構造になっており，主軸の内径が大きい旋盤が好まれる．主軸先端の内径はモールステーパになっており，外径には回し板，チャックが取り付けられるように，フランジ付きテーパになっているタイプが多い．

主軸の軸受は，特別精密級（SP 級）のテーパころ軸受が使われて，スラスト（軸方向の力）を受けられる．なお，回転精度も前部軸受の影響が大きい．したがって，前部軸受は高荷重で，高精度の軸受が必要である．旋盤の主軸は前部が太くなっているので，前部軸受も大形で高荷重に耐える．しかし，旋盤はスラストに弱いのが常識で，大径のドリルによる穴あけ作業は軸受をいためる．

主軸にかかる力は図 6・16 に示すように，主軸先端にかかる切削力を P とすれば，前部軸受には $R_1 = P(1+l/L)$，後部軸受には $R_2 = (l/L)\cdot P$ の力がかかり，前部軸受の方が多くの力がかかる．

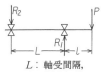

L : 軸受間隔，
l : 張出し量

図 6・16 主軸にかかる力．

（4）往復台 往復台はベッド上を往復して工具の縦，横送りを行う部分である．各部は図 6・17 に示すように，サドル，エプロン，横送り台，刃物台からなっている．刃物台は旋回できる複式刃物台の上にのり，ベッドの溝に沿ってベッド上を摺動し，縦送りハンドルによって手送りができる．また，送り棒を回転

図 6・17 往復台

させ，自動送りレバーをかけると，自動縦送り，横送りができる構造になっている．なお，親ねじを回転させ，ハーフナットを下ろして，親ねじをかみ合わせるとねじ切りの送りになる．

（5）心押し台 心押し台は工作物の後端をセンタで支えたり，センタの代りにドリルを取り付ける部分で，工作物の長さに合わせてベッド上に固定する．図6・18に示すように心押し軸は先端内径がモールステーパになっており，心押し台の出入れは心押し台ハンドルによる．本体は

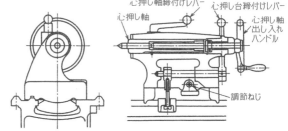

図6・18 心押し台各部の名称．

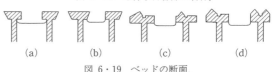

図6・19 ベッドの断面．

調整ねじによって，下台の上をベッドに直角の方向に多少移動させることによって，主軸台センタと心押し台のセンタとの食違いを調整できる．

（6）ベッド ベッドは切削力を受けたときに変形しないように，リブを入れた箱形構造になっている．旋盤の場合は，ベッドがねじれてはならないので単に曲げ剛性ならばI形でもよいが，箱形にして，ねじれ剛性を大きくとっている．なお切りくずを下に落とすために，リブを入れて補強している．図6・19に示すように案内面は平形または逆V形を採用しており，逆V形が一般的である．手前のV溝は往復台の案内で，送り軸と案内面の距離を小さくして，往復台の送りをなめらかにしている．なお，送り力のかかる部分と案内面との距離を小さくすることを，ナローガイド（狭い案内）というが，工作機械の設計では基本である．後の逆V溝は心押し台の案内面である．

3．旋盤用バイト

旋盤用のバイトとしては超硬バイトと高速度鋼バイトの2種類が多く使われ，最近では超硬バイトが主流である．このほかセラミックスやサーメットを用いたバイトは特殊な用途以外には使われない．

（1）超硬バイト 超硬バイトはシャンクに超硬チップをろう付けしたろう付けバイトと，チップ交換式のスローアウェイバイトが使用されている（図6・20）．最近はNC旋盤の普及にともない，スローアウェイ式バイトの使用が多

図6・20 超硬バイト

6・3 旋盤と旋盤作業

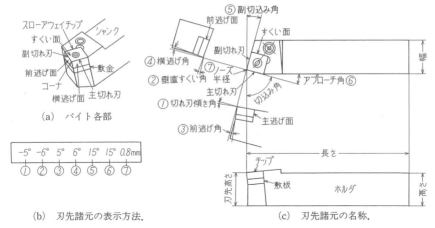

図 6・21 バイト各部の名称.

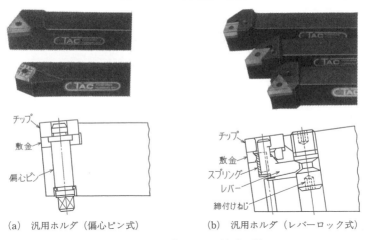

図 6・22 チップのクランプ方式の例.

くなった．図6・21にバイト各部の名称と刃先諸元の表示方法を示した．

チップは，三角形，四角形，菱形 (80°, 55°, 50°, 35°)，六角形，円形など種々の形がある．また，材質も超硬合金各種，Al_2O_3系コーティング，TiC(CN)系コーティングしたもの各種と種々あるが，いずれも仕様に応じて選択する．図6・22に代表的なチップのクランプ方式を示した．

表6・7に付け刃バイトの一般的な使い方を示した．スローアウェイバイトは外径・内径・溝入れ・溝入れ突切り・ねじ切りなど，用途別に分けられているので，荒削り用と仕上げ削り用とは，切込み，送りが異なり当然仕様の違ったものを選択する．

表 6・7 超硬付け刃標準形バイトの一般的使用法.

バイト形状名称	一般作業内容	図解
31, 32 形 斜剣バイト	外径削り／端面削り｝特に重切削用に広範囲に使用される． 31 形 (奇数) 左勝手 32 形 (偶数) 右勝手｝以下のバイトも同じ 右勝手・左勝手の見わけかた … バイトの刃部を手前に向けて持ち，切れ刃が右にくれば右勝手，左にくれば左勝手．	外径削り／端面削り バイトを手前に向けて持って／切れ刃が右にきたら○右勝手バイト／切れ刃が左にきたら○左勝手バイト
33, 34 形 片刃バイト	外径軽切削用 … 特に長物加工には背分力が0になるので有利． 段付き切削 … 段を直角に切削する場合に使用される． 端面切削	外径削り／端面削り
35 形 真剣バイト	外径削り／端面削り｝重切削用 面取り作業	外径 端面削り／穴ぐり 面取り
36 形 先丸剣バイト	外径削り … 特に段が直角でなく，丸味をつけて削る場合に使用される． 一般に鋳鉄切削用に多く使用される．なお，鋼切削の場合，切削抵抗が大きくなりびびりを起こしやすいため，あまり使用されない．	外径削り
37, 38 形 すみバイト	段付き切削 … 段付き加工，または斜剣バイトなどによる肩の部分の切削に用いられる． 穴ぐり作業 … 内径の比較的大きい，穴ぐり加工に用いられる．	段付き切削／穴ぐり
39, 40 形 先丸すみバイト	端面削り … 特に鋳鉄などの重切削用． 曲面削り … 鋳鉄などの丸味のついた工作物に用いられる．	
41, 42 形 向バイト	外径削り／端面削り｝重切削用 面取り	外径削り／端面削り面取り作業
43 形 突切りバイト	突切り作業 溝入れ作業	突切り／溝入れ作業

6・3 旋盤と旋盤作業

(2) 高速度鋼バイト 高速度鋼バイトはムクの完成バイトと高速度鋼付け刃バイトが市販されている．付け刃バイトは，S 55 C などの炭素鋼シャンクに高速度鋼 SKH 57, SKH 4, SKH 51 などのチップを鉄ろう付けのうえ，熱処理をしたもので，JIS B 4152 によって旋盤用として16種の形が規定され，シャンクの寸法で大きさを表している．

(3) バイト刃先の角度 刃物は切れ刃傾き角（すくい角）と逃げ角が重要である．切れ刃傾き角は負の角度（ネガ）をとることもある．表6・8に高速度鋼バイトの刃先角を示した．高速度鋼バイトは超硬バイトに較べて，刃先角角度が大きいことが特徴で，被削材材質に応じて変える．バイトの研削は両頭グラインダを用い，刃先角を手研ぎした後，油砥石で仕上げる．このため作業者自身が研ぐので，自由に加減できる．

表 6・8 高速度鋼バイトの刃先角．

材質 刃先角	鋳鉄	軟鋼	鋼	黄銅・青銅	硬青銅	銅	アルミニウム
切れ刃傾き角	5°	15°	10°	0°	0°	16°	35°
垂直すくい角	12°	18°	12°	−4〜0°	−2〜0°	20°	15°
前逃げ角	8°	8°	8°	8°	8°	12°	8°
横逃げ角	10°	12°	10°	10°	8°	14°	12°

（図：垂直すくい角 10°，横逃げ角 10°，前逃げ角 8°，切れ刃傾き角 10°，Y-Y 断面）

表6・9 (a) は超硬工具の刃先角を示したものであるが，逃げ角 6° 前後を除き，変化

表 6・9 超硬工具の刃先角およびコーナ半径．
(a) 刃先角

角度	作業条件	角度
切れ刃傾き角	一般切削（スローアウェイ） （ろう付け標準バイト） 断続切削 平削り，形削り	−6°〜+6° 0°〜+6° −6°〜−3° −15°〜−5°
垂直すくい角	一般切削（スローアウェイ） （ろう付け標準バイト） 高硬度材料 軟質材料 断続切削	−6°〜+5° +6° −10°〜0° +15°〜+30° −5°〜−15°
逃げ角	一般切削（スローアウェイ） （ろう付け標準バイト） 非鉄金属 ガラス，陶磁器 木材類	5°〜8° 6° 7° 5° 5°〜8°
副切込み角		刃形により異なる
アプローチ角		刃形により異なる （右図参照）

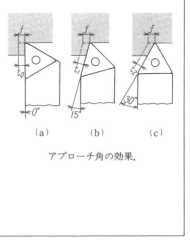

アプローチ角の効果．

（次ページに続く）

(b) コーナ半径の一般的基準(mm).

一般的基準	被削材 切込み(mm)	鋼，アルミ，銅およびその合金	/ 計算式	鋳鉄・非金属	/ 計算式
	3以下	0.4	切込み÷8＝a	0.8	切込み÷4＝a
	4〜9	0.8	送り×2＝b	1.6	送り×4＝b
	10〜19	1.6	a, b いずれか大きい	2.4	a, b いずれか大きい
	20以上	2.4	方を採用する．	3.2	方を採用する．

に富んでいる．付け刃バイトの場合，逃げ角，切れ刃傾き角を研ぎ付けることになるが，シャンクはA系の砥石で，超硬合金の部分はGC砥石（青砥）で荒研削し，ダイヤモンド砥石で仕上げ研削とチップブレーカを研ぎ，刃先のエッジをハンドラッパで面取りするなど手数がかかる．

切りくず形状		切りくず形状の説明	良・否	影響
切込み：小	切込み：大			
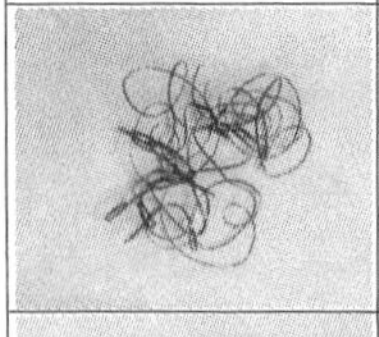		不規則にもつれからまる．	不良	工具や加工物へ巻きついたり，工具刃先周辺に堆積し，切削を妨げる．加工された面に傷をつけることもある．
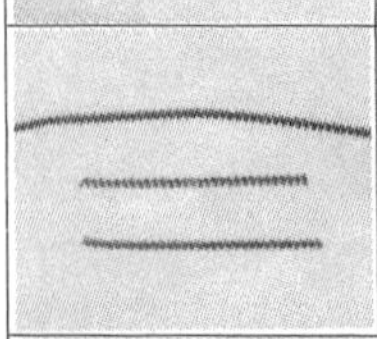	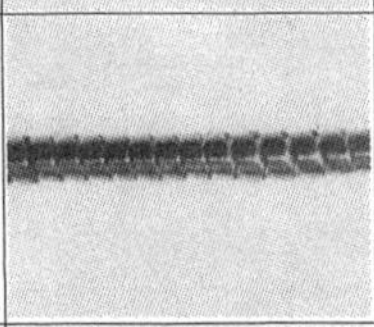	長くつながるらせん形 $\ell>50\text{mm}$		自動化ラインでは，搬送時などにかさばるので問題となる．一人一台の場合は好まれることもある．
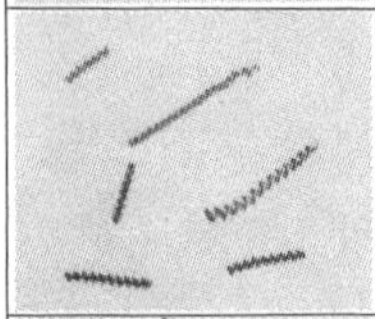	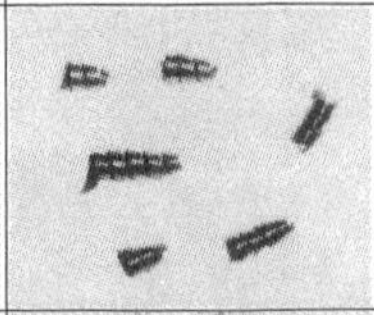	短いらせん形 $\ell<50\text{mm}$	良	滑らかな切りくず排出．飛散しにくい．好ましい形状．
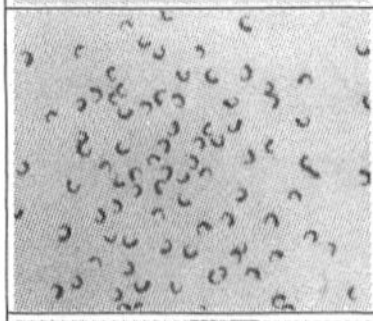	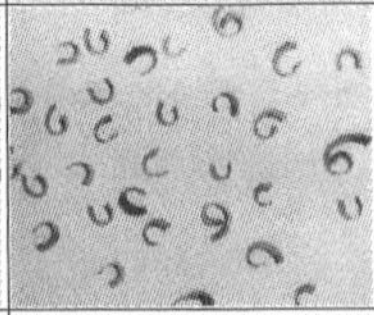	一巻き前後	好	飛散しなければ好ましい形状．かさばらず搬送しやすい．
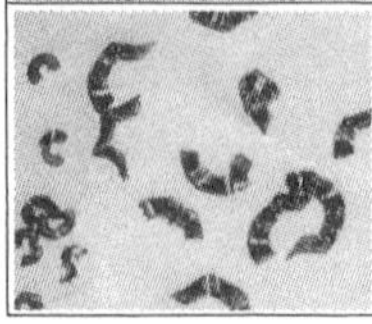	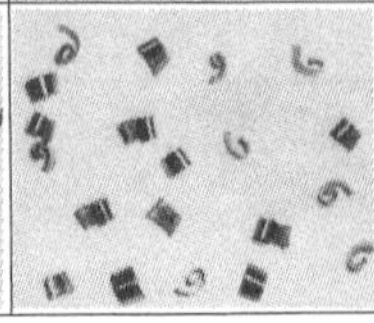	一巻き以下 細かい破片状になったり，左側の図のように波状につながることもある．	不良	飛散の傾向が強い．ただし飛散だけが障害である場合は，切りくずカバーなどで防止できるので，許される場合もある．また，びびりを伴い，仕上面粗度や，工具寿命にも有害となることが多い．

図 6・23 切りくず形状の分類と影響．

6・3 旋盤と旋盤作業

付け刃バイトの研削は，集中研削でまとめて研削しておくので，作業者が研削するとは限らない．この点スローアウェイバイトでは切れなくなったら，チップを新しいコーナに換えるか，交替するので切削条件だけを考慮すればよい．なお，表 6・9(b) に示したようにコーナ半径は 0.4，0.5，0.8mm が一般的である．

（4） 切りくずの処理とチップブレーカ　図 6・23 は旋削によって生じる切りくずの形状とその影響を示したものである．流れ形切りくずを出す金属の切削では，高速度鋼バイトによる鋼切削の場合，切削速度が 30m/min としても切りくずは大きく丸まるので作業者にとってさほどの危険はないが，超硬バイトによる旋削では，切削速度が 100m/min 前後の高速のため，切りくずがそのまま流れたのでは作業者にとって危険でもあり，工具，工作物にからみつくので，工具チップのすくい面に段を付けるなどして，チップを巻かせるか，切断させる．この作用をするものをチップブレーカという．図 6・24 にチップブレーカの種類を示した．

NC 旋盤などでは，スローアウェイバイトを使用するので，切りくずの処理は重要であり，切削速度，切込み，送りなど切削諸元の選択が必要になる．例えば S45C の旋削で切込み 2mm，送り 0.2mm/rev の切削条件では長い切りくずが生じて工具などに巻き付くが，送りを 0.3mm/rev にすると，断続的な切りくずになるなどの特性があるので，切削条件を標準化したりする．

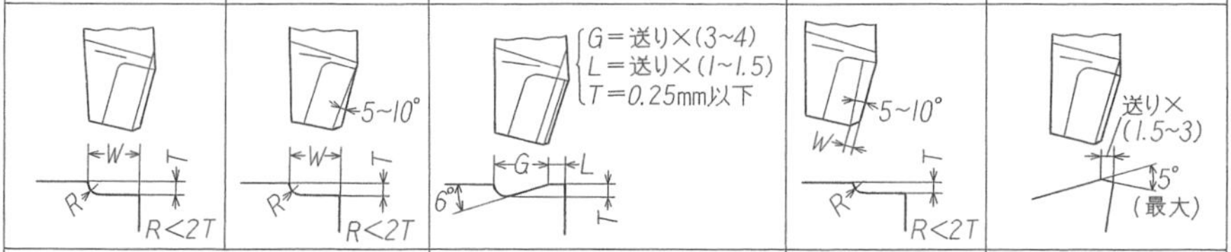

平行形	角度形	溝付形	逆角度形	ネガティブランド形
$R<2T$	$R<2T$, 5~10°	$G=送り×(3~4)$, $L=送り×(1~1.5)$, $T=0.25mm$ 以下	5~10°, $R<2T$	送り×(1.5~3), 5°(最大)
0.13~0.5mm/rev 程度の送りの場合および強じんな材料の切削．$W=1.6~3.2mm$，$T=送り$，最大 0.8mm		切込み深さが徐々に変化する一般切削用．	切込み深さが大きく変化する切削の場合．	重切削用

(a) 超硬ろう付けバイトの場合．

突起付き形	三次元溝付き形	円弧形	角度形	段付き形

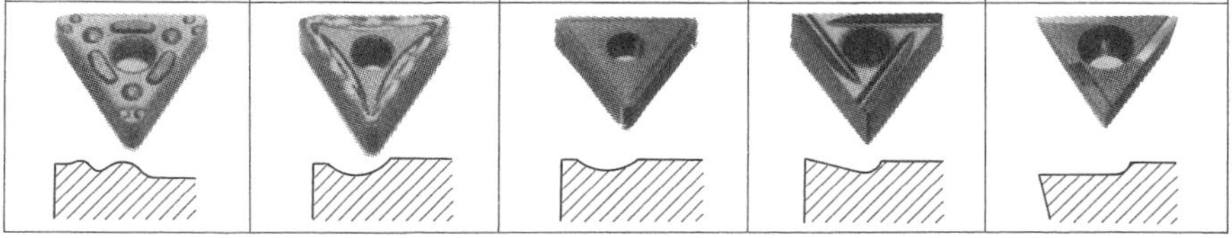

(b) スローアウェイチップの場合（刃先にチップブレーカを設ける）．

図 6・24　チップブレーカの種類．

4. 旋削の理論

（1） 主軸回転数　切削速度とはバイトで工作物を削るときの1分間の表面速度であるが、これは、バイトの材質と工作物の材質によって決まる。鋳鉄、鋼を荒削りするときは、超硬バイトで100 m/min、高速度鋼バイトで30 m/minに選ぶ。また、仕上げ削りでは切削速度を荒削りの1.5倍にする。また、黄銅、青銅を削るときは200 m/min、アルミニウム合金で250 m/minにとる。

なお、高速度鋼バイトでねじ切り、ヘール仕上げを行うときは、15 m/min前後にする。

$$n = 1000V/(\pi D) \quad \text{(rpm)} \quad (6・11)$$

ここに、V：切削速度（m/min）、D：工作物の直径（mm）。

旋盤には主軸の回転数が表示されているので、計算によって求めた回転数に近い回転数を表中から選んで、主軸回転数の変換レバーを入れる。

（2） 切込みと送り　バイト刃先が工作物に食い込む深さを切込みといい、外丸削りをすると切込みの2倍だけ直径は減少する。ふつう、切込みは荒削りで2 mm、仕上げ削りしろは0.2 mm残す。したがって、仕上げ削りの切込みは0.1 mmくらいである。

送りは主軸1回転当りのバイトの移動する距離をmmで表し、荒削りで0.2～0.5 mm/rev、仕上げ削りで0.05～0.1 mm/revにする。

（3） 切削抵抗　ふつう、旋盤のバイトには主分力、背分力、送り分力の三つの分力の合力がかかる。図6・25(a)のように主分力を F_c(kgf)〔N〕、背分力 F_t(kgf)〔N〕、送り分力 F_s(kgf)〔N〕とすれば、$F_t ≒ (1/2)F_c$、$F_s ≒ (1/3)F_c$ くらいで、主分力 F_c が最も大きい。

$$F_c = K_s t f \quad \text{(kgf)〔N〕} \quad (6・12)$$

ここに、K_s：比切削抵抗 … 切削面積1 mm²当りの切削抵抗（kgf/mm²）〔N/mm²〕、t：切込み（mm）、f：送り（mm/rev）。

(a) 切削抵抗の3分力.

主分力
$F_c = K_s \cdot t \cdot f$

K_s：比切削抵抗

被削材	(kgf/mm²)	(N/mm²)
炭素鋼	200～400	1960～3920
合金鋼	250～450	2450～4410
鋳　鉄	150～300	1470～2940

(b)

図6・25　切削抵抗の3分力と主分力.

例えば、比切削抵抗250 kgf/mm²〔2450 N/mm²〕、切込み2 mm、送り0.3 mm/revとすると、$F_c = 250 × 2 × 0.3 = 150$（kgf）、$F_c = 2450 × 2 × 0.3 = 1470$〔N〕となり、バイトの刃先には150 kgf〔1470 N〕の力がかかる。このためバイトの刃先は長く突き出さないように心掛ける。

（4） 旋盤の動力と機械効率　図6・26に示すようにバイトには主分力 F_c(kgf)〔N〕

6・3 旋盤と旋盤作業

がかかる．切削速度 V(m/min) とすれば，力×変位＝仕事であり，力×変位/時間＝力×速度＝動力 (kgm/s) [W] であり，$F_c \cdot (V/60)$ kgm/s [J/s, W] は切削動力になる．

図 6・26

〔重力単位系による計算〕

1kW＝102(kgm/s) であるから，切削動力は $P_c = F_c \cdot V/(60 \times 102)$ kW となる．入力エネルギーのうち，切削に費やしたエネルギーの割合を機械効率 η というが，旋盤では 0.70～0.85 である．

モータの動力は

$$P = F_c \cdot V/(60 \times 102 \times \eta) \quad \text{(kW)} \tag{6・13}$$

1 馬力＝75(kgm/s) であるから

モータの馬力は

$$\mathrm{PS} = F_c \cdot V/(60 \times 75 \times \eta) \tag{6・14}$$

となる．例えば，$F_c = 180$(kgf)，$V = 100$(m/min)，$\eta = 0.8$ とすれば PS＝5（馬力）となり，$P = 3.68$(kW)

〔SI 単位系による計算〕

F_c [N] とすると，1 kW＝1000 J/s＝1000 N・m/s であるからモータの動力は

$$P = F_c V/(60 \times 1000 \times \eta) \quad \text{(kW)} \tag{6・13'}$$

1 馬力＝735.5 W であるから

$$\mathrm{PS} = F_c V/(735.5 \times 60 \times \eta) \tag{6・14'}$$

例えば，$F_c = 1764$ [N]，$V = 100$(m/min)，$\eta = 0.8$ とすれば $P = 3.78$(kW)，PS＝4.99(馬力) となる．

(5) コーナ半径と理論仕上げ面粗さ バイト先端の丸味半径をコーナ半径といい，超硬チップのバイトでは 0.8mm または 0.5mm のものが多い．旋削では理論的仕上げ面粗さは次式によって与えられる（図 6・27 参照）．

$$h = f^2 \times 1000/(8R) \quad (\mu ; \text{ミクロン}) \tag{6・15}$$

ここに，f：送り (mm/rev)，R：コーナ半径 (mm)．

送りが 0.2mm/rev 以上では，理論的仕上げ面粗さに近くなるが，それ以下では構成刃などの影響を受けて悪くなる．

5. 旋盤作業の分類

旋盤作業は工作物の取付け方によってチャック作業，センタ作業，取付け作業の三つに分けられる．

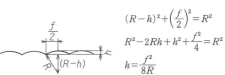

図 6・27 理論的仕上げ面粗さ．

(1) チャック作業 これは図6・28(a)に示すように主軸にチャックを取り付け，チャックに工作物をくわえて削る作業である．チャックにはつぎの各種がある．

① **スクロールチャック** … チャックハンドルで回すと，3方より爪が連動して開け締めできる構造のチャックである．

② **四方締めチャック**（インデペンデントチャック）… 四つ爪で，それぞれの爪が単独に動いて工作物を締める構造のチャック．

③ **電磁チャック** … 電磁力で工作物を吸い付けて取り付けるチャック．

④ **コレットチャック** … 主軸のテーパ穴を使って，素材丸棒をテーパを利用して取り付けるチャック．

チャックには以上の各種があるが，このうち，スクロールチャックとインデペンデントチャックがよく使われる．

爪には工作物を締める部分が，焼入れした硬い材質の**焼き爪**と，S45Cくらいの焼きの入っていない**生爪**とがある．生爪は削ることによって心がよくでるうえ摩擦力が大きく，くわえしろが少なくてすむ．爪には固有のNo.が打刻してあり，他のチャックとの互換性はなく，一品ごとに溝にしっくり合わせてある．四方締めチャックを利用する場合は，トースカンを使って工作物の心出しをするので熟練を要するが，締付け力が強く，くわえしろが少なくてすむし，円形断面でない工作物をくわえることができる．

(a) チャック作業例

(1) スクロールチャック　　(2) インデペンデントチャック

(3) コレットチャック　　コレット

(b) 各種のチャック．

図6・28 チャック作業例と各種のチャック．

チャックを主軸に取り付けるには，主軸端のフランジにテーパがついており，チャック裏面と合わせ，3～4本のソケットボルトで取り付ける方式が多い〔図6・28(b)〕．

(2) センタ作業 これは直径の比較的小さい，長い棒材を旋削するような場合に採用される作業法で，作業手順はあらましつぎの通りである．

① 主軸のフランジに図6・30に示すような回し板を取り付けて，主軸にセンタを入れる．

② 心押し台を主軸に近づけ両センタを合わせる．

③ 心押し台のセンタが前後にずれているときは，心押し軸中心調整ねじで，主軸セ

6・3 旋盤と旋盤作業

ンタに合わせるが，すでに合っているときは両センタ合わせは必要ない．

④ 工作物の両端面に，心立て盤を使って，両センタ穴をあける．

⑤ 工作物の一端に回し金（ケレ）を締め付けて，センタ穴に光明丹を塗り，両センタ間に取り付ける．

⑥ 超硬バイトでは回転数が高いから，心押し軸センタには回転センタを使う．

図6・29 心立て盤

（3） 取付け作業 取付け作業とはチャックでは取り付けられないような形状の工作物（例えば軸受の穴加工や，クランク軸の切削.）を旋削する作業である．取付け作業では主軸に面板を取り付け，これに工作物を固定するわけであるが，面板には平衡おもりをつけて，バランスを取り，回転させたとき振動が少ないようにする（図6・31）．

図6・30 センタ作業例

(a) 工作物の取付け．　　　(b) 面板

図6・31 取付け作業例．

6. バイトの取付け

バイトは刃物台にボルトで取り付けるが，バイト刃先は原則として，センタ高さ（心高）に合わせる．このためにはバイトシャンクの下に敷き金をはさんで，高さを調節して取り付ける．ただし，穴ぐりバイトは多少 (0.5〜1mm) 高く取り付ける．また，敷き金は 5〜0.2mm 厚までの各種を用意しておく．なお，バイト刃先の突出し量は穴ぐりバイトを除き，シャンク高さの 1.5 倍までとし，あまり突き出さない．

7. 切削寸法の決め方

切込みは切込みハンドルの切込みダイヤル目盛（マイクロカラ）を目安にして行う．荒削りは切込み 2mm くらいまで，送りは 0.3mm/rev で削る．仕上げ寸法より 1mm の仕上げしろを残し，その 0.8mm を中仕上げ削り，残り 0.2mm を仕上げ削りで切削する場合もある．仕上げ削りは，切削速度を 1.5 倍にし，送り 0.1mm/rev にする．

寸法を正確に削る要領はつぎの通りである．

① 工作物の右端の直径を表面が全部削れるような軽い切込みをかけて短い長さ削り，切込みダイヤル目盛の零点に合わせる．

② 削った直径をノギスで正確に計り，この寸法を規準にして，切込みダイヤル目盛を目安にして切込みを与える．切削の都度工作物の寸法をノギスで測ることを繰り返すと，寸法を正確にだせる．

なお，切込みダイヤルの数値は，直径表示のものと，切込み表示のものと2通りあるので注意する．また，長さ方向の寸法を決めるには，複式刃物台の切込みダイヤル目盛を目安にする．

8. 超硬バイトによる旋削

切削速度は鋼・鋳鉄で100～120 m/min，鋼の場合チップブレーカが働いているか，切りくずが丸まらないで連続した切りくずがでるときは危険である．一般に，超硬合金の切削熱によるき裂を防ぐため超硬バイトには切削油剤は与えないで削る（NC旋盤では多量の切削油剤を与える．）．スローアウェイバイトで鋼を切削する場合，切削条件，特に切込みと送りによってはチップブレーカが働かないことがあるので注意する．長い工作物では，切削力によるたわみを防ぐために図6・32に示すように固定振止めや移動振止めを用いる．

(a) 移動振止め

(b) 固定振止め

図6・32 振止め

9. 高速度鋼バイトによるヘール仕上げ

仕上げ削りに図6・33に示すようなヘールバイトを使う場合は，仕上げしろ0.2mm，切削速度は10 m/minに低くし，切込み0.025～0.05mm，送りは刃幅の1/3ときわめて早くするが，手送りでよい．ヘールバイトの刃先は同図に示すように直線に研ぎ，油砥石で仕上げて，工作物にピッタリと一様に当たるようにする．なお，切削油を与えて，構成刃がでないような条件で削る．

図6・33 ヘールバイト

10. ローレット掛け

ローレット掛けをする部分は，塑性によるふくらみを考慮して外径を仕上がり寸法より0.2～0.3mm小さく仕上げておく．ローレットを工作物に対して平行に取り付け，10

m/minくらいの表面速度にして，ローレットの駒が工作物によく食い込むように押し込む(0.5mm)．この場合，手動でゆっくり送りを与える．駒の目はつまりやすいので，多量の切削油を与えて切りくずを流す．自動送りを掛けるときは送り速度を小さくする．なお，ローレットホルダを2～3°内側に傾けて取り付けるときもある（図6・34参照）．

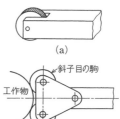

図6・34 ローレット

11. テーパおよびテーパ削り

（1） テーパ 図6・35に示すように，テーパは両端の直径を A, B (mm)，その間の距離 L (mm) とすれば，テーパ＝$(A-B)/L$ で表される．

テーパは着脱が簡単で，心がよく合い，動力の伝達性がよいのでよく使用されるが，一般に使用されるテーパにはつぎの各種がある．

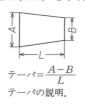

テーパ＝$\dfrac{A-B}{L}$

テーパの説明．

① モールステーパ … これは約1/20のテーパで，No.5～No.0までの大小があり，No.によって多少テーパが異なる．旋盤やボール盤の主軸によく使われるが，センタやドリルの柄などにもこのモールステーパが用いられる．

右の写真は上からナショナルテーパ7/24, B.Sテーパ1/24, 下の三つはモールステーパ約1/20.

図6・35 テーパとその種類．

② BSテーパ … これはフライス盤用のエンドミルのテーパ柄に使われ，1/24のテーパである．

③ ナショナルテーパ（国際標準テーパ） … これは米国の標準テーパであり，USAテーパともいう．フライス盤の主軸穴がこれであるが，7/24の急なテーパであるため，モールステーパ，BSテーパとは違って，ボルトでテーパを引き付けておかないと，セルフロックができない．

（2） テーパ削り テーパ削りにはつぎの三つの方法がある．
① 複式刃物台の旋回台を回し固定して工作物を削る．
② 両センタが食い違うように心押し台センタをずらせて削る．
③ テーパ削り装置を使って削る．

このうち，上記の②は工作物が長く，テーパが小さいときに用いる方法であるが，こ

の場合，心押し台の移動量は次式によって与えられる．

(大径－小径)×(工作物の全長)/(テーパ部の長さ×2)＝心押し台の移動量

しかし，工作物の長さが違うとテーパが違ってくるし，センタ穴が片当りするので，計算通りのテーパは削れない．旋削の後で研削仕上げするから，センタ穴が片減りするこの方法は適さない．したがって，このような場合は，テーパ削り装置を使うべきである．なお，旋盤で削ったテーパをそのまま使うことは少なく，研削盤でテーパ面を仕上げて使用される．ここでは上記①についてテーパ削りの方法を述べる．

複式刃物台を傾ける角度 α は，$\tan\alpha=(A-B)/(2L)$，$\tan\alpha$ の値が 0.2 までは 1 rad≒57° であるから，57 倍すると α が求められる．

一応計算通りの角度に旋回台を固定して，削ってみて，テーパゲージまたは，めすのテーパがあれば，テーパ面に薄く光明丹を一条塗って，テーパゲージに差し込んで，軽く一ひねりして抜いて見ると，当りがわかるので，さらに旋回台の角度を調整して，削ってから光明丹がテーパ部に一様に当るように合わせる．図 6・36 にモールステーパゲージを示した．

図 6・36　モールステーパゲージ

12．ねじ切り

旋盤でねじを切る場合，例えばマンドレルのような部品の一部にねじ部が設計されている場合には三角ねじも切るが，長い角ねじ，台形ねじが多い．図 6・37 にねじ切りの原理を示した．つまり旋盤の親ねじのピッチを $P(\mathrm{mm})$，その回転数を $N(\mathrm{rpm})$，工作物の切ろうとするねじのピッチ $p(\mathrm{mm})$，主軸の回転数を $n(\mathrm{rpm})$ とすれば，$np=NP$ であるから $p/P=N/n$，主軸と親ねじ軸に取り付けた歯車歯数を A，B とすれば，歯車の回転比と歯数の比は逆比例するから，$N/n=\mathrm{A/B}$ で，$p/P=\mathrm{A/B}$ となる．

ユニファイねじを切る場合は，1インチ当り t〔山〕のねじを切るとすると，ピッチ $p=25.4/t(\mathrm{mm})$ になり，$p/P=25.4/(tP)=127/(5tP)$ となって歯数 127 枚の歯車が必要となる．

旋盤の主軸台にはねじ切り表が取り付けられているので，この表を見て換え歯車を交換する．ねじ切りは切込みを少しずつかけて数回に分け

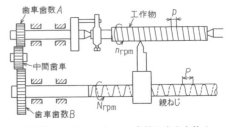

$$\frac{\text{工作物のねじピッチ }p}{\text{親ねじのピッチ }P}=\frac{\text{主軸の歯車歯数 A}}{\text{親ねじの歯車歯数 B}}$$

図 6・37　ねじ切りの原理．

6・3 旋盤と旋盤作業

て刃物台を往復させて切るため，親ねじにかみ合うナットは二つ割りになっており，ねじ切りレバーでかけ外しする．このハーフナットレバーを下ろすタイミングはねじ追いダイヤルを見て行う．例えば，親ねじのピッチ 4 mm の旋盤で工作物のピッチ 2.5 mm のねじを切るとき，$p/P=2.5/4=5/8$ となる．約分した分子が 5 になっているときは，親ねじ 5 回転に 1 回しか，ハーフナットを下ろす機会がない．もしも他の機会にハーフナット（歯切りレバー）を下ろすと，ねじ山が前に切り込んだ位置から外れるので，ねじを切ることができない．

ねじ追いダイヤルは親ねじにかみ合うウォーム歯車をかみ合わせて，その回転軸にダイヤル目盛を取り付けたもので，この場合は 5 の倍数である 20 のウォーム歯車を親ねじにかみ合わせ，目盛は 4 等分したもの A に目盛がきたらねじ切りレバーを下ろせば，ねじ山が合う（図 6・38 参照）．なお，約分した分数の分子が 1 のときは，ねじ追いは必要なくいつ歯切りレバーを下ろしてもよい．

ユニファイねじを切るときは，歯切りレバーを下ろした（ハーフナットをかけた．）まま主軸を正・逆転させて，ブレーキをねじの両端で踏んでねじ切りをするが，逆戻しするときは，バイトの切込みを戻す．

図 6・38　ねじ追いダイヤル

例題 6・3　直径 40 mm の S 50 C の工作物の長さ 120 mm の部分を外丸削りする．切削条件は切削速度を 120 m/min，切込み 1.5 mm，送り 0.3 mm/rev とするとき，つぎに答えよ．

(1)　主軸回転数を選べ（70，110，230，460，920，1500 rpm）．
(2)　1 分間の送りを求めよ．
(3)　長さ 120 mm の部分を削る時間は何分か．
(4)　チップブレーカはこの切削の場合必要か．
(5)　コーナ半径 0.8 mm として理論的仕上げ面粗さは何 μ か．
(6)　比切削抵抗が 250 kgf/mm²〔2450 N/mm²〕ならば主分力はいくらか．
(7)　切削動力は何 kW か．
(8)　機械効率を 80% とするとモータは何 kW 必要か．
(9)　モータの電源電圧を 200 V として，何アンペアの電流が流れるか．

〔解〕　(1)　$N=954.9$，$920\,\mathrm{rpm}$ を選ぶ　(2)　$S=fN=276$（mm/min）
(3)　120/276＝0.43（分）　　(4)　必要　(5)　$h=(0.3)^2 \times 1000/(8 \times 0.8)=14$（$\mu$）
(6)　$250 \times 1.5 \times 0.3=112.5$（kgf）　(7)　$112.5 \times 120/(102 \times 60)=2.2$（kW）
(8)　2.2/0.8＝2.75（kW）　(9)　2750/200＝13.75（アンペア）
〔SI 単位系による計算〕
(6)　$2450 \times 1.5 \times 0.3=1102.5$〔N〕　(7)　$1102.5 \times 120/(60 \times 1000)=2.2$（kW）

6・4　ボール盤とその作業

　ボール盤は，旋盤とともに代表的な工作機械の一種であり，各種の工作物に，主としてドリルを用いて穴あけ加工を施す工作機械である．ドリルはボール盤の主軸に取り付けられ，主軸とともに回転し，軸方向に送られる．ボール盤はその種類も多いが，各部の名称を直立ボール盤を例にとって図6・39 に示した．

1．ボール盤の種類

（1）卓上ボール盤　図 6・40 に卓上ボール盤の一例を示した．卓上ボール盤は直径 13mm くらいまでのドリルをドリルチャックにくわえて穴あけを行うが，一般にはドリルを手送りするタイプが多い．

（2）直立ボール盤　直立ボール盤の主軸はモールステーパ穴になっているので，テーパシャンクドリルを取り付ける（図 6・41）．ボール盤の能力は穴あけできる穴径（鋳鉄で 50 ϕ，鋼で 40 ϕ の能力とかのように．）でその大きさを表すが，鋼で 50 ϕ の穴あけ能力が一般的である．

　各部の構造はドリルを取り付けて回転し，送りを与える主軸頭，これを支えるコラム（一般に円筒柱．）はふつう，鋳鉄製であり，ベースに対して垂直に保っている．テーブルはコラムの円形案内面に沿って上

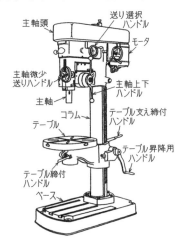

図 6・39　ボール盤各部の名称．

図 6・40　卓上ボール盤　図 6・41　直立ボール盤

下に移動または旋回して，位置を固定できる．主軸は 60~1500 rpm の回転数を 8~12 段階に変速でき，送りは 0.1, 0.2, 0.3 mm/rev くらいの 3 段に変えるのが一般的である．工作物はテーブルに直接または万力にくわえて取り付けられる．モータはコラムの上に取り付けるタイプが多いが，振動源であるモータを上部に取り付けることはあまり好ましくない．なお，コラムを角柱にしたタイプは剛性が大きい．

ドリルで穴あけするとき，軸方向の切削抵抗をスラストというが，径 50 mm のドリルの場合，スラストは 2 tonf〔20 kN〕になるので，ひずみを小さくしようとすると，コラム，およびテーブルにかなりの剛性が必要になり，一般の円柱案内面の直立ボール盤は，穴をあけ得る能力だけで，加工精度の点では劣る（図 6・41）．

（3）**ラジアルボール盤** 直立ボール盤はテーブルが小さいため，ふところも小さいので工作物が大きいと穴があけられなかったり，工作物の重量が大きいと移動に困難を生じる．このような場合は，図 6・42 に示す主軸頭の位置をアーム上を移動させ，また上下はコラムに沿って移動できるようにしたラジアルボール盤が使われる．ラジアルボール盤は剛性が大きく，精度も優れている．

（4）**多軸ボール盤** 同時に数本のドリルを取り付けて，工作物に数個の穴を同時にあける構造にしたボール盤を多軸ボール盤という．これは一つの大歯車で数個の小歯車を回転させ，自在継手を介して，ドリルソケットを回転させる構造になっている（図 6・43 参照）．多軸ボール盤はスラストが大きくなるので，油圧で送りをかける構造のものが多い．

（5）**多頭ボール盤** 図 6・44 にその一例を示したが，3 個から数個のボール盤主軸頭をコラムに取り付け，工具の交換を省略できるボール盤である．多頭ボール盤による穴あけは，センタドリルで位置決めのきりもみしてから，小径ドリル，大径ドリルと順に穴あけし，リーマ通し，またはタップ立て，座ぐりなどを順々に送って加工する．

図 6・42　ラジアルボール盤

図 6・43　多軸ボール盤

図 6・44　多頭ボール盤

（6） 深穴用ボール盤 ガンドリル用ボール盤，BTA方式穴あけ盤などがあるが，これについては後述する．

2. ボール盤の動力

ボール盤ではドリルのトルクおよびスラストを計るとその動力が求められる．いま，M：トルク (kgf・cm) [N・cm]，T：スラスト (kgf) [N]，D：ドリルの直径 (cm)，F：ドリル外径での接線力(kgf)[N]，V：切削速度(m/min)，n：ドリル回転数(rpm) とすれば

$$トルクによる動力 = FV/60 = F \cdot \pi Dn/(60 \times 100)$$
$$= F(D/2) \cdot 2\pi n/(100 \times 60)$$
$$= M \cdot 2\pi n/(100 \times 60) \text{ (kgm/s)} [\text{J/s} = \text{W}]$$

いっぽう，S：1回転当りの送り (mm/rev) とすれば

$$スラストによる動力 = FV/60 = T \cdot Sn/(100 \times 60) \text{ (kgm/s)} [\text{J/s} = \text{W}]$$

〔重力単位系による計算〕

以上を整理すると 75(kgm/s)≒1馬力，102(kgm/s)＝1(kW) であるから

$$トルクによる動力 \quad PS_M = M \cdot 2\pi n/(100 \times 60 \times 75) \text{ (馬力)} \tag{6・16}$$
$$kW_M = M \cdot 2\pi n/(100 \times 60 \times 102) \text{ (kW)} \tag{6・17}$$
$$スラストによる動力 \quad PS_T = T \cdot Sn/(1000 \times 60 \times 75) \text{ (馬力)} \tag{6・18}$$
$$kW_T = T \cdot Sn/(1000 \times 60 \times 102) \text{ (kW)} \tag{6・19}$$

〔SI単位系による計算〕

$$トルクによる動力 \quad kW_M = M \cdot 2\pi n/(60 \times 100 \times 1000) \text{ (kW)} \tag{6・17'}$$
$$スラストによる動力 \quad kW_T = T \cdot Sn/(60 \times 1000 \times 1000) \text{ (kW)} \tag{6・19'}$$

例えば，スラストは50mm径ドリルで2000kgf〔19.6kN〕と大きいが，動力としては小さく，トルクの動力に比較して無視できる程度に小さいから，動力としてはトルクによるものをとればよい．

図6・45にドリル用の切削動力計の原理を示した．ストレンゲージはトルク用には羽子板状の元の部分に貼り付けてあり，スラスト用には底の円板の部分のフランジ面の上下に貼ってある．

3. ボール盤用工具

（1） ドリル ボール盤用の工具には図6・46に示すツイストドリル（ね

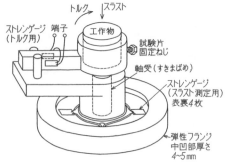

図6・45　ドリル用動力計

6・4 ボール盤とその作業

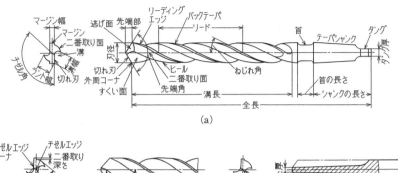

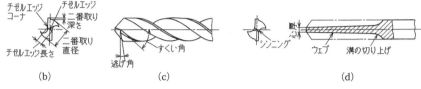

図 6・46 ツイストドリルの各部名称.

じれきり）が一般的に使用される．ツイストドリルはシャンク部がストレート（ドリル径 0.2～13.5 mm 径まで）のものとモールステーパ（ドリル径 13 mm 以上）になっているテーパシャンクドリルが使われる．

ドリルの先端角は 118° が標準であるが，工作物の材質に応じて，硬い材料では 135°，鋳鉄では 90° など先端角を変えた方がよいが，最近は市販品でもダクタイル，鋳鉄用として 140°，難削材用として，130°，135°，また 140° がある．

切れ刃の逃げ角は外側で 8°～12° で先端部に行くほど多くなる．また，ドリル先端のチゼルエッジはのみの切れ刃のように平らであり中心が振れ回り，しかもドリル中心では切削速度が零であり，スラストで工作物に強引に押し込むことになるから，大きな力が必要になる．このためチゼルエッジを小さくするように研削して，スラストを小さくするとともに，中心が振れないで穴あけできるようにする．このチゼル幅を減少することをシンニングという．図 6・47 にシンニングの代表例を示した．

S 型：多く使われている標準タイプ．
(a)

N 型：比較的心厚の薄いときに用いる．
(b)

X 型：被削性の悪い材料や深穴用．食付き性がよい．
(c)

図 6・47 シンニングの代表例．

ドリルの切れ刃は先端部のみに付いており，マージン部は穴あけの際に案内になる部分で，刃は付いていない．なお，深穴用としてはロングドリルがあるほか，油穴付きドリルのように各種のドリルがある．

ドリル材質としては Mo 高速度鋼 51 種，これにコーティングしたタイプ，ねじれきり

の先端のマージン部に超硬合金をチップとしてろう付けした超硬ドリルなどがある．

(2) リーマ リーマはドリル穴を繰り広げ，寸法，形状，仕上げ面粗さの加工精度をよくするために用いる工具である．これには図 6・48 に示すようにマシンリーマ，ハンドリーマ，テーパリーマ，シェルリーマなどの種類がある．なお，リーマしろは 0.5 mm 程度とする．

(3) タップ ねじ立てを行う工具をタップという．ボール盤によるねじ立てはタッピング装置を用いる．また，ねじ立て盤による場合は，図 6・49(a) に示すロングシャンクタップを用いる．高精度の機械の場合は同図(b) に示すようなスパイラルタップを使う場合が多い．精度の悪い機械では同図 (a) に示す合金工具鋼製のロングシャンクタップを用いることが多い．タップの下穴径（ねじ下ドリル径）は JIS B 1004 に示されているねじ下穴径によってドリル径を選ぶが，一般に 下穴ドリル径≒ねじ径－ピッチ でよい．切削速度はドリル穴あけ速度の 1/2～1/3 にする．

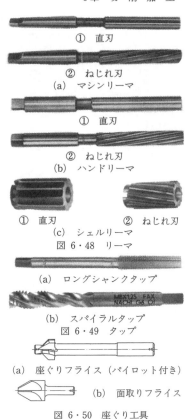

(a) マシンリーマ ① 直刃 ② ねじれ刃
(b) ハンドリーマ ① 直刃 ② ねじれ刃
(c) シェルリーマ ① 直刃 ② ねじれ刃
図 6・48 リーマ

(a) ロングシャンクタップ
(b) スパイラルタップ
図 6・49 タップ

(a) 座ぐりフライス（パイロット付き）
(b) 面取りフライス
図 6・50 座ぐり工具

(4) 座ぐり，さらもみ用工具 ボルト，ナットの面の当りがよくないとねじがゆるむので，当り面を仕上げるが，これを座ぐりという．一般的な座ぐり工具を図 6・50 に示した．案内の部分は下穴より －0.05 mm にする．なお，座ぐり棒に完成バイトを取り付けた簡単な座ぐり工具も使われる．

(5) 取付け具 ボール盤で穴あけをする場合，工作物の形状によっては万力を使わず，種々の取付け具を用いる．図 6・51 にその一例を示した．同図 (a) は六角形外形と穴部を案内として，穴あけとねじ立てを

(a) 穴あけ取付け具

(b) ねじ立て用取付け具

図 6・51 取付け具

6・4 ボール盤とその作業

行うための取付け具であり，同図 (b) は円筒端面の中心に穴あけ，またはねじ立てするときに用いる取付け具で，爪の締付けには偏心カムを2段使ってロックして，ゆるまない構造にしている．

4. ボール盤作業

(1) ドリルの取付け ストレートシャンクのドリルはドリルチャックを使って取り付けるが，テーパシャンクのドリルは主軸のテーパ穴にシャンクを差し込んで取り付ける．この場合，テーパの No の小さいドリルはスリーブやソケットを中間に入れて取り付ける．ドリルを抜き取るときは，図6・52(c) に示すように主軸やスリーブ，ソケットにあいているドリル抜き穴にドリル抜き（ドリフト）を軽く打ち込んで抜く．

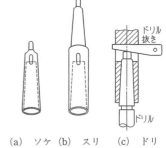

(a) ソケット (b) スリーブ (c) ドリル抜き

図 6・52 ソケットとスリーブ

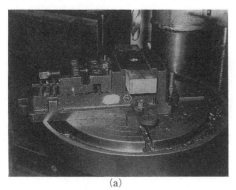

(a)

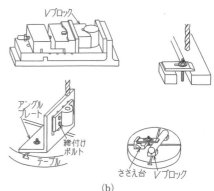

(b)

図 6・53 工作物の取付け．

(2) 工作物の取付け 図6・53(a) に示したように小さい工作物はボール盤用万力にくわえて穴をあけるが，工作物を手持ちするときは回止めを用いて，工作物が振り回されないようにする．穴径が大きいときは，万力を締め板と締付けボルトでテーブルに固定することが多いが，アングルプレートを利用する場合などもある．工作物の取付けが終ったらドリル先端の近くまでテーブルを上げ，あける穴の中心にドリルの心を合わせてテーブルを固定する（図6・53参照）．

(3) 主軸の回転数と送り これは次式によって与えられる．

$$n = 1000 V/(\pi d) \quad \text{(rpm)}$$

ここに，V：切削速度(m/min) … 高速度鋼ドリルで 20 m/min，超硬ドリルで 80 m/min，d：ドリル直径（mm），n：主軸回転数（rpm）．

送りはドリル1回転当りの送りを mm で表し，一般には 0.1~0.3mm/rev とする．

（4） 穴のけがき 穴あけする箇所には，中心にポンチを打ち，コンパスで穴径の円を描き，けがき線上にポンチを打つ．なお，穴径の円を基準に 0.5~1mm 大きい同心円をけがき，穴あけした後に偏心の程度を知るための目安にする．

（5） リーマ通し ドリルの仕上げ面は粗いので，穴の内面を仕上げ，内径寸法の精度をよくするための工具をリーマという．リーマによる仕上げしろは 0.3~0.5mm とし，切削速度は穴あけの 1/2~1/3 に落とす．

5．ガンドリリング機械と BTA ドリリング機械

ガンドリルは図 6・54 に示すように半月押し形パイプの先端に超硬合金または超高速度鋼製の油穴の付いた半月きりチップをろう付けまたは溶接した工具で，中空油穴からの切削油圧によって，切りくずをドリル外側の溝に沿って流出させる．元来，鉄砲の銃身に穴をあけるために開発された工具であり，2~31.6mm の小径の深穴用に使用される．図 6・55 にガンドリリング機械の一例を示した．

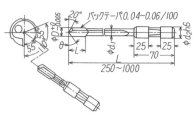

図 6・54 ガンドリル　　　　図 6・55 ガンドリリング機械

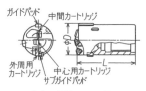
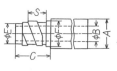

(a) ドリルヘッド　　　(b) ボーリングバー

図 6・56 BTA方式（スローアウエイ式
シングルチューブBTA方式）　　　図 6・57 BTA ドリリング機械

さらに大径の 38~128mm の深穴あけには図 6・56，図 6・57 に示す BTA 方式（ボーリング・トレパニング方式）が用いられる．圧力油はヘッドを取り付けるパイプの外側に沿って流入され，ヘッドで切りくずをパイプの穴を通して流出させる．BTA 方式は油圧シリンダ，スクリュー軸等の内径を削るのに使用される．

例題 6・4 S20Cの材料に穴あけするドリルの切削抵抗は，ドリルの径 D(mm)，送り S(mm/rev)とすると，トルク $M=6.46S^{0.8}D^{1.8}$(kg・cm)，$M=63.31S^{0.8}D^{1.8}$〔N・cm〕，スラスト $T=116S^{0.85}D$(kgf)，$T=1137S^{0.85}D$〔N〕で与えられる．そこで $D=35$(mm)，$S=0.3$ (mm/rev)，切削速度 20m/min とする場合，つぎを求めよ．

(1) ドリルの回転数　(2) トルク　(3) スラスト　(4) トルクによる動力 (kW)　(5) スラストによる動力

〔解〕 (1)　$n=1000\times20/(\pi\times35)=181.8\fallingdotseq182$ (rpm)

〔重力単位系による計算〕

(2)　$M=6.46\times0.3^{0.8}\times35^{1.8}=1483.4$ (kg・cm)

(3)　$T=116\times0.3^{0.85}\times35=1459$ (kgf)

(4)　$kW_M=M\cdot2\pi n/(100\times60\times102)=2.77$ (kW)

(5)　$kW_T=T\cdot S\cdot n/(1000\times60\times102)=0.013$ (kW)

なお，$kW_M\gg kW_T$ であるから，動力はトルクによる動力のみで考えてよい．

〔SI 単位系による計算〕

(2)　$M=63.31\times0.3^{0.8}\times35^{1.8}=14537$〔N・cm〕

(3)　$T=1137\times0.3^{0.85}\times35=14302$〔N〕

(4)　$kW_M=M\cdot2\pi n/(6000\times1000)=14537\times2\pi\times182/(6\times10^6)=2.77$ (kW)

(5)　$kW_T=T\cdot S\cdot n/(1000\times60\times1000)=0.013$ (kW)

6・5　中ぐり盤とその作業

中ぐり盤は，各種機械部品の軸受などの中ぐり，特にベアリングの取付け穴の加工，シリンダライナの加工などに用いられる工作機械である．最近は大形化し，剛性も高い工作機械となり，中ぐり作業のみでなく，割出し円テーブルを備え，これに取り付けた工作物に強力な面削りを行う機械が多くなり，中ぐりフライス盤と呼んだ方が適切な横中ぐり盤もある．

1. 中ぐり盤の種類

(1) 横中ぐり盤　横中ぐり盤は図6・58に示すように，主軸は水平で，コラムは主軸頭を支え，

図6・58　横中ぐり盤（テーブル形）

図6・59　横中ぐり盤（床上形）

工作物はテーブル上に取り付けたサドル上にのり，サドルはベッド上を送りねじによって摺動する．ふつう横中ぐり盤の大きさは中ぐり棒の最大直径と，その移動距離で表す．主軸穴はモールステーパまたはBSテーパであり，これにバイトを取り付けた中ぐり棒を差し込んで回転させて中ぐりする．中ぐり棒は短いものを片持ちで使う場合と，長い中ぐり棒を両端支持で使う場合とがある．中ぐり加工する工作物ははめあいの合わせ仕事など精度の高い切削を行うため，中ぐり盤は十分な剛性を必要とする．なお，図6・59は床上形の横中ぐり盤を示したものである．

(2) ジグ中ぐり盤 工作物を固定するとともに，工具の案内をもつ道具をジグというが，ジグでは穴の位置座標を正確に穴あけする必要がある．このような加工には，精密な位置決め読取り装置を備えた中ぐり盤を必要とするが，このようなタイプの中ぐり盤をジグ中ぐり盤という（図6・60参照）．ジグのような正確な位置決めができるから，ジグの穴あけばかりでなく，精度を要する部品の加工用としても使われる．なお，ジグ中ぐり盤は熱膨張の少ないスケールを光学的に拡大して1μの精度で位置を読み取れる装置を備えている．

図6・60 ジグ中ぐり盤

(3) 精密中ぐり盤 これは高速回転できるスピンドル構造を持ち，スピンドル先端に超硬チップまたはダイヤモンドチップを取り付けて，穴加工する中ぐり盤である．自動車のクランク穴の仕上げなどのように多量生産用として使用される．一般に高速中ぐりヘッドを加工穴の中心に合わせて固定する形式が多く，複数のヘッドユニットを準備している．

2. 中ぐり作業

(1) バイトの取付け 図6・61(a)に中ぐり用バイトを示したが，中ぐり棒よりバイト刃先をあまり長く出さないように，径の大きい中ぐり棒を用いてたわみを小さくする．バイトは調整ねじで突出し量を加減し，締付けねじで固定する．

バイトは高速度鋼の角形完成バイト，超硬チップをろう付けしたボーリングバイト，スローアウェイ

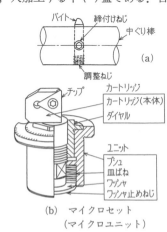

図6・61 中ぐりバイト

6・5 中ぐり盤とその作業

チップ付きのカートリッジなどが使われている．また，図 6・61(b) に示すようにマイクロセット（マイクロユニット）を（カートリッジに，目盛を切ったコーンを回転させ，刃先の出入を 1 目盛 0.01 mm の精度で調整できる．）中ぐり棒に埋め込んで使用する例もある．

（2） バイト突出し量の測定 バイトの突出し量は中ぐり棒から刃先の突出し量を測って一応の目安とする．しかし，切削中の中ぐり棒のたわみ，軸の振回りによって計算通りには寸法は決まらない．このため，図 6・62 に示すようにデプスマイクロメータ，くらゲージ（サドルゲージ）を使うか，セッティングゲージを用いてバイトの突出し量を測定する．

計算上の中ぐり棒のたわみは次式によって与えられる（図 6・63 参照）．

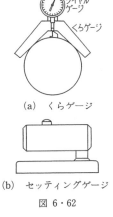

(a) くらゲージ

(b) セッティングゲージ

図 6・62

片持ちの場合　　$\delta_1 = P \cdot l^3 / (3E \cdot I)$　　　　(6・20)

両端支持，中央荷重　$\delta = Pl^3 / (48EI)$　　(6・21)

ここに，δ：たわみ量 (cm)，l：棒の長さ … 両端支持のときは軸受間距離 (cm)，E：縦弾性係数 (kg/cm²)〔N/cm²〕… 中ぐり棒材質が鋼のとき 2.1×10^6 (kg/cm²)，〔2.058×10^7 N/cm²〕，超硬合金で約その 3 倍　6×10^6 (kg/cm²)〔5.9×10^7 N/cm²〕，I：断面二次モーメント … $\pi d^4 / 64$，d：中ぐり棒の直径 (cm)．

(a) 片持ちバーのたわみ．

(b) 両持ちバーのたわみ．

図 6・63　中ぐり棒のたわみ．

中ぐり棒の材質を鋼とすると，

① 片持ちの場合　　$\delta = (3.23 Pl^3 / d^4) \times 10^{-6}$ (cm)
　　μ 単位では　　$\delta = (3.23 Pl^3 / d^4) \times 10^{-2}$ (μ)　　(6・20′)

② 両端支持，中央荷重　$\delta = (2.02 Pl^3 / d^4) \times 10^{-7}$ (cm)
　　　　　　　　　　　　$\delta = (2.02 Pl^3 / d^4) \times 10^{-3}$ (μ)　　(6・21′)

〔**SI 単位系による計算**〕 P(N)，$E = 2.058 \times 10^7$ 〔N/cm²〕のとき

① 片持ちの場合　$\delta = (3.30 Pl^3 / d^4) \times 10^{-3}$ (μ)　　(6・20′)

② 両端支持，中央荷重　$\delta = (2.062 Pl^3 / d^4) \times 10^{-4}$ (μ)　　(6・21′)

ただし，上記の計算では中ぐり棒の自重を無視しているが，仕上げ削りではたわみを 3μ 以下にすることを目標にする．

（3） 穴径寸法の決め方 中ぐりでは，軸とか玉軸受の外径寸法など，軸の現物に合わせる仕事など，はめあい方式で公差の小さい仕事が多く，公差を 0.01 mm に入れなけ

ればならないが，切削の寸法公差としてはこれが限度である．そこで寸法より小さめに削り，穴径を測り，くらゲージでバイトの突出し量を測るが，測定回数を多くして寸法を出すしかない．仕上げ削りでは，工作物の熱膨張に注意する．片持ち中ぐり棒を使用中は直接穴径を測れるが，両持ちの場合は，中ぐり棒が穴に通っている状態で直接穴径を測れる測定器がないので，穴径を内パスで写し取り，外側マイクロメータなどで比較して読む方法がとられる．この場合，しっかりした内パスに，電気マイクロメータのセンサをつけるなどして上手な測定法を工夫する．

中ぐり盤による切削速度は低いが，高速度鋼バイトを用いると，刃先もするどく，切込みが少なくでき，たわみも少なく，熱の発生も切削剤で防げて，仕上げ面のよい穴が得られる．たわみを少なくしたとき（特に両端支持の軸受部を削るときなど．）は超硬合金の中ぐり棒を使い，軸受すきまを小さくした，ラインボーリングジグを使う．

例題 6・5 両端支持の 80 mm の中ぐり棒を用いて，ラインボーリングする場合，軸受間隔 1000 mm，切込み 0.5 mm，送り 0.2 mm として，中ぐり棒の中央に切削抵抗がかかるとき，中ぐり棒のたわみを求めよ．ただし，背分力は主分力の 1/2 とし，送り分力は無視し，比切削抵抗 250 kgf/mm²〔2450 N/mm²〕，E は 2.1×10^6 kgf/cm²〔2.058×10^7 N/cm²〕とする．また，切込み 0.1 mm，送り 0.1 mm/rev で比切削抵抗 300 kgf/mm²〔2940 N/mm²〕の場合のたわみは何 μ か．

〔**解**〕〔重力単位系による計算〕

主分力　$250\times0.5\times0.2=25$ (kgf)，背分力 $=12.5$ (kgf)

$P=\sqrt{25^2+12.5^2}=27.95\fallingdotseq 28$ (kgf)

(6・21′)式より　$\delta_1=(2.02Pl^3/d^4)\times10^{-3}=(2.02\times28\times100^3/8^4)\times10^{-3}$
$=0.0138\times10^3=13.8$　(μ)

切込み 0.1，送り 0.1 の場合　主分力 $300\times0.1\times0.1=3$ (kgf)，背分力 $=1.5$ (kgf)

$P=\sqrt{3^2+1.5^2}=3.35$ (kgf)

(6・21′)式より　$\delta_2=(2.02\times3.35\times100^3/8^4)\times10^{-3}=0.00165\times10^3=1.65$　(μ)

〔**SI 単位系による計算**〕

主分力　$2450\times0.5\times0.2=245$ (N)，背分力 $=122.5$ (N)

$P=\sqrt{245^2+122.5^2}=273.9$ (N)

$\delta_1=(2.062\times273.9\times100^3/8^4)\times10^{-4}=13.78\fallingdotseq 13.8$　(μ)

切込み 0.1，送り 0.1 の場合　主分力 $=2940\times0.1\times0.1=29.4$ (N)，背分力 $=14.7$ (N)

$P=\sqrt{29.4^2+14.7^2}=32.87$，$\delta_2=(2.062\times3287\times100^3/8^4)\times10^{-4}=1.65$　(μ)

6・6 穴あけジグ

(**注**) 切込み 0.2mm，送り 0.1mm/rev でたわみは 3.31μ になり，3μ を越えるので，切込み 0.1mm，送り 0.1mm/rev が仕上げ削りではこの場合適切といえる．

6・6 穴あけジグ

穴の仕上げ精度と同時に穴の関係位置をきわめて高い精度で定める必要のある加工においては，その工作物を取り付けて固定し，かつ，工具の案内を持つ工作用の補助具を用いる．これをジグという．つまりたんに工作物を取り付けただけの補助具を取付け具といい，これに工具の案内を付けた場合をジグと呼んでいる．

図 6・64 はフランジに 6 個のきり穴をあける穴あけジグの例を示した．ジグを使用すれば，ケガキの必要もなく，工作物の取付けも簡単である．ドリルはキリブシュが案内となり，一つの穴あけが終れば，ドリ

(a) 工作物取付け時． (b) 工作物取外し時．

図 6・64 穴あけジグ

ル径に等しい付属のピンを差し込み，順次 5 個の穴あけをすれば能率よく作業が進む．図 6・65 も穴あけジグである．なお，図 6・66 は鋼板に穴あけする場合に用いる穴あけジグで，締付けねじによって正確に穴の位置が決まる．板材を使ったジグであるから，板ジグと呼ばれている．

(a) 板ジグ (b) キリブシュ

図 6・66 穴あけジグ（板ジグ）とキリブシュ．

図 6・65 穴あけジグ

図 6・67 板ジグ 図 6・68 穴あけジグ

このほかにも穴あけジグには箱ジグがある．これは工作物を箱に入れて固定し，箱の外面のキリブシュを案内として穴あけ加工するタイプのジグである．キリブシュは炭素工具鋼製で，焼入れされており，打ち込む形式の固定ブシュ，穴に遊合するフランジ形の差込みブシュがあり，差込みブシュは，穴あけ作業中にキリといっしょに回転するが，差込みドリル用ブシュを穴の少し大きい穴のリーマ用ブシュに差し替えて，リーマを通し，穴を仕上げるには有利である．なお，キリブシュの回転を小ねじに引っかけて止めるようにしたタイプもある．

工作物の締付けには，ねじを用いるタイプ，偏心カムを用いるタイプ等がある．
図6・68も大きい穴あけジグの例である．

1. ジグの利点

ジグの利点としては，① ケガキの省略，② 作業の単純化，熟練を必要としない，③ 互換性のある部品ができる，④ 検査が簡単になる，等があげられる．

2. ジグ設計上の要点

設計上の要点としては，① 構造は簡単にする，② 工作物の取付け，取外しが容易なこと（ワンタッチで取り付けられることが望ましい．），③ 剛性を大きくして，締付け力，切削力によってたわまないこと，④ 切りくずの逃げを考え，圧縮空気等による掃除が容易なこと，⑤ 規格品の使用（JIS B 5201～B 5227）等がそれであるが工作個数によって，構造も変わることは当然である．

6・7 フライス盤とその作業

円筒の外周または端面に切れ刃をつけた車形の刃物を回転させて，工作物を削る工具をフライスという．一般にフライスは2個以上多数の刃をもつことが多い．このフライスを主軸に取り付けて回転させ，工作物に送りを与えて削る作業をフライス削りといい，この作業をする工作機械をフライス盤と呼ぶ．

1. フライス盤

フライス盤は図6・69に示すように，主軸，テーブル，サドル，ニーの主要部から構成されるが，それを分類すると表6・10に示すようにひざ形とベッド形とに大別できる．

このうちひざ形フライス盤は図6・69に示すように，ひざはコラムから水平に突き出ており，コラムの摺動案内面に沿って上下に送ることができる．また，ひざはサドルとテーブルとを支え，サドルは前後方向に，テーブルは左右長手方向に送ることができる．それぞれの案内面はダブテール形，角形が使われている．ひざ形フライス盤は，強力切削ではサドルが前下がりになり，剛性の点ではやや劣るが，操作がしやすく，軽快なた

6・7 フライス盤とその作業

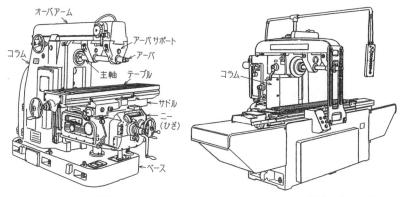

図 6・69 ひざ形横フライス盤   図 6・70 ベッド形横フライス盤

表 6・10 フライス盤の分類(その1).

ひざ形フライス盤 (ひざが上下動するタイプのフライス盤)	① 横形 ② 万能形 (横形のテーブルが水平面で左右±45°旋回する.) ③ 立て形 { 主軸頭移動式 / スイベル式 / クイル移動式 / 固 定 式 (簡易・生産形) }
ベッド形フライス盤 (フライスが上下,前後移動するタイプのフライス盤)	① 横 形 { 単頭式 / 両頭式 (ヘッド両側1個ずつ.) } ② 立て形 { 主軸定位置のもの / 主軸頭が前後に送ることができるもの / クイル移動式. } 生産フライスともいう. ③ 横立て組合せ形 (2頭以上)

表 6・11 フライス盤の分類(その2).

名 称	種 類	名 称	種 類
平削り形フライス盤	① 主軸方向の分類 { 横 形 / 立て形 / 横立て組合せ形 } ② コラム形状の分類 { 門 形 / 片持ち形 }	特 殊 形フライス盤	① 回転テーブル形 ② キー専用フライス盤 ③ スプライン専用フライス盤 ④ ねじ切りフライス盤 ⑤ 形彫りフライス盤 ⑥ ならいフライス盤
中ぐり形フライス盤	① 床置き形 (フロアタイプ) ② テーブル形		

めに汎用機として多くこの形が使われる.

　ベッド形フライス盤は図 6・70 に示すように,切込みはフライスを付けた主軸頭で与えるので,主軸頭が電動機と一緒にコラム上を上下に摺動する形式である.ベッドはテーブルを直接支えるため,重い工作物をのせても変形せず,加工精度もよいので生産型のフライス盤ではこの形式が多い.なお,NCフライス盤,マシニングセンタもこの形に

制御装置をつけたものが多い．

このほか，表6・11に示すように平削り盤形フライス盤や中ぐり盤形フライス盤もあるが，いずれも大形のフライス盤であり，それぞれプラノミラ，ボーリングミルなどと呼ばれている．

2. フライス盤の種類

(1) 横フライス盤 横フライス盤は図6・69に示したように，コラム上部に中空の主軸が通り，その先端はアーバを取り付ける7/24のテーパ（米国標準テーパ）穴になっており，後方から中空穴を通した引付けボルトでアーバを水平に引き付けている（図6・71参照）．コラムの最上部に，アーバを支える軸受（アーバサポート）を固定するオーバアームが突出している．テーブルの長手送りはねじによる．

図6・71 アーバと引付けボルト．

ひざ形横フライス盤で剛性をもたせるため，ブレースでオーバアームを支える場合は，強力切削はできるが，作業性が悪くなる．

横フライス盤は切込みが大きい狭い平面の加工および側フライスを用いる直角な面削りならびに2～3個のフライスをアーバに取り付けて削る寄せフライス削りなどに適するが，アーバにスペーシングカラをはさんでフライスを取り付けるので，フライスの交換に時間がかかる．

なお，ひざ形フライス盤ではベースには前部に切削油剤槽，後部には潤滑油槽があり，それぞれ循環装置がつく．

図6・72 万能フライス盤

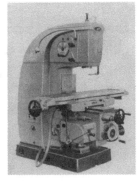

図6・73 立てフライス盤

(2) 万能フライス盤 図6・72に示すように外観は横フライス盤とほとんど同じであるが，テーブルがサドル上に左右約45°回転できるような構造をもっているので，テーブルを傾けて固定することによって，割出し台を使えばねじれ溝削りなどを行うことができる．なお，最近は立て，横兼用のフライス盤を万能フライス盤ということもある．

(3) 立てフライス盤 図6・73に示すように主軸は垂直に通っている．主軸の下端

6・7 フライス盤とその作業

の主軸穴は 7/24 のテーパになっており，これに正面フライス，エンドミルなどを取り付けて平面や溝，輪郭などを切削する．超硬ブレードチップの付いた正面フライスを使えば，切込みが小さく，広い平面を切削するには，横フライス盤に比べてはるかに切削能率がよい．また，上から切削中の工具が見やすいので，エンドミルを使って，プレス型，カムその他の複雑な形の切削にも便利である．さらに，主軸に図6・74に示すクイックチェンジホルダとその付属品

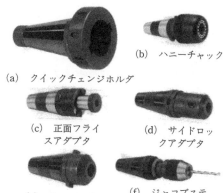

(a) クイックチェンジホルダ (b) ハニーチャック
(c) 正面フライスアダプタ (d) サイドロックアダプタ
(e) モールステーパアダプタ (f) ジャコブステーパアダプタ

図 6・74

のアダプタに工具を取り付けておけば，工具の交換が手元で簡単にできる．なお，現在使われているフライス盤の 70% 以上が立てフライス盤である．

3. フライス盤の大きさ

フライス盤の大きさは，テーブルの大きさで区別し，0#，1#，2#，3# などと大きさを別ける．鋼を削るには 2# が適当で，1½# はそれより少し小型で経済的にしたもので，3# になると作業者は，台上に乗らないと作業しにくいくらいに大きい．

4. フライス盤用工具

(1) 横フライス盤に主に使われるフライス

(i) 平フライス　これには直刃とねじれ刃とがあるが，図6・75に示すようなねじれ刃が一般的で平均した切削力がかかり，振動が少ない．ねじれ刃平フライスも普通刃と荒刃とがあり，荒刃は刃数が少なく研ぎ直すとき簡単で切削能率もよいので，荒削りに用いられる．また，軽合金の切削では仕上げ面粗さの点で優れている．普通刃は一般仕上げ用として使われる．材質は SKH 2，SKH 51 が多く，超硬合金植刃も使われるが，高価である．なお，幅の狭い（20mm くらい）平フライスは直刃になって，溝フライスと呼ばれる．

(ii) 側フライス　図6・76に示すように円筒外周だけでなく，側面にも切れ刃をも

(a) 荒削り用 　(b) 仕上げ用

図 6・75 平フライス

(a) 並刃 　(b) 千鳥刃 　(c) 溝フライス

図 6・76 側フライス

つフライスで，一般にサイドカッタと呼び，直角な面や溝を削るとき用いる．また，寄せ削りといい，2枚のカッタをカラではさんで一定間隔の溝やボルトの頭の切削などのように数のある加工に使われる．

(iii) 角フライス　V溝やフライス，リーマなどの素材を削るときなどには，角度を付けたフライスを用いる．角度は30°，45°，60°，90°などあるが，これには図6・77に示すように片角フライス（アンギュラカッタ），等角フライス（ダブルアンギュラカッタ），不等角フライスがある．これらのカッタを用いるときは刃先を折らないように送りに気を付ける必要がある．

(a) 片角フライス

(b) 等角フライス

(c) 不等角フライス

図6・77　角フライス

(a) スプラインフライス

(b) 外丸フライス

(c) 内丸フライス

図6・78　総形フライス

(iv) 総形フライス　特別な形状の曲面を削るとき使われるフライスである．フライス外周断面が工作物の送り方向の断面形状につねに合うため，逃げ面はアルキメデスの曲線になっている．このフライスを研ぎ直すときは半径方向のすくい面を研ぐ．したがって逃げ面を研ぐ平フライスなどに比べて切れ味が悪いので，送りを半分にし，かつ，横振れしないようアーバに取り付ける必要がある．逃げ面のアルキメデスの曲線の部分は二番取り旋盤でハートカムによって1刃ごとにバイトを出入りさせて削ってある．

総形フライスには図6・78に示すように，スプラインフライス，外丸フライス，内丸フライスなどの種類がある．なお，インボリュートフライスはフライス盤で近似的な歯形の歯車を切るとき用いられたカッタであるが，最近はあまり使われない．

(v) メタルソー　図6・79にメタルソーの例を示した．幅の狭い溝や素材の切断に用いるが，薄いので割れやすい．深い切込みを行うときは，切りくずがつまって刃が欠けるので切削剤で切りくずを流すようにする．送りは鋼を削る場合，1刃当り0.02 mm/revのように遅くする（図6・79）．

(vi) 舞いフライス　これはフライカッタとも呼ばれ，アーバに1本のバイトを出して回転を与えて削るもので，簡単に自作できるから総形フライスの代用として用いられる．

(a) メタルソー

(b) 側刃付きメタルソー

図6・79　メタルソー

6・7 フライス盤とその作業

（2）立てフライス盤に主に使うフライス これにはつぎの各種がある．

（i）正面フライス これは図6・80に示すような回転軸に垂直な端面に切れ刃をもつフライスで，平面を削るのに用いられる．超硬合金をろう付けしたブレードを取り付けて用いるが，最近は超硬チップを直に取り付

(a) ろう付けブレード式（鋼用）　(b) 鋳鉄用フルバックカッタ　(c) スローアウェイ式正面フライス

図6・80 正面フライス

けるようにしたスローアウェイ式のカッタが多く使われ始めた．刃数は鋳鉄用の方が鋼用よりも多い．なお，正面フライスの刃先は0.02mm以内にそろえておかないと，摩耗も早く，欠けの原因になる．また，正面フライスの切込みは5mm以下にする．

（ii）エンドミル これは底刃フライスともいい，図6・81に示すように小円柱の外周面と端面とに切れ刃がある．工作物の端面削り，溝削り，外周削りなどに用いられる．柄の形状はストレートのほかに，BSテーパシャンクのものもある．エンドミルには荒削り用として，丸ねじ端面に切れ刃をつけ，端面にも4枚の切れ刃をつけたラフネスエンドミルがある．最近は超硬合金チップを付け刃した超硬エンドミルが多く使われている．なお，価格は高速度鋼51種のものの約2倍である．

(a) ソリッドタイプ

(b) 超硬ボールエンドミル

(c) 超硬エンドミル

図6・81 エンドミル

図6・82 ダブテール用角フライス

（iii）その他 このほか，T溝を削るT溝スロッタ，図6・82に示すダブテール（あり溝）加工用の片角フライスなどがある．

（3）割出し台 工作物の円周を等分割することを割出しといい，一般に割出し台を使用する．割出し台はフライス盤のテーブル上に取り付けられ，工作物は割出し台の主軸と心押し台の両センタで支えられるか，割出し台主軸に取り付けられたチャックで工作物をくわえて，必要な割出しを行って加工する．

割出し台には，簡単な割出し専用に使われる単能割出し台，ねじれ溝削りなどの割出し加工もできる万能割出し台とがある．主軸の先端には，24個の穴があいた直接割出し板と止めピンを使って割出し数が24の約数のときに割り出す．主軸穴は先端がブラウンシャープテーパになった中空軸で，主軸の中程にウォームにかみ合うウォーム歯車が固

定されている．ウォーム軸を回転させてこの回転数によって割出しをする．ウォーム歯車の歯数を40とすると，n：割出しのクランク回転数，N：割出し数とすれば，$n=40/N$ となり，n または n の倍数の割出し板の穴数を利用しセクタを使って割り出す．

なお，割出し台には図6・83に示すようにブラウンシャープ形，シンシナチ形，ミルウォーキ形などの種類があり，ミルウォーキ形では，クランクの回転数は $5/N$ となる．ねじれ溝の切削や単式割出し法で割り出せない場合には付属の換え歯車を用いる．

(4) 旋回テーブル　これはサーキュラテーブルともいい，主に立てフライス盤のテーブル上に固定し，円盤のT溝を使って工作物を固定して割出し等の円周または溝削りを行う工具である．一般にハンドル1回転で，旋回テーブルは 1/40 移動するものが多い．図6・84に旋回テーブルの例を示した．

5. フライス盤作業

(1) フライス削りの切削諸元

(i) 切削速度と主軸回転数　フライス削りは断続切削であるから，切削速度は工具の寿命を考えて，旋盤の切削速度の60〜70%と低めに選択する．鋼・鋳鉄を削る場合は超硬フライスを使う場合，荒削りで60〜70m/min，高速度鋼フライスの場合は20m/minにし，青銅，黄銅を削る場合は切削速度を2倍，アルミニウム合金を削るときは3倍にとる．仕上げ削りでは，仕上げ面粗さをよくするため，切削速度を2倍にあげる．

主軸回転数つまり，フライスの回転数 N は

$$N=1000V/(\pi D) \text{ (rpm)} \tag{6・22}$$

ここに，V：切削速度 (m/min)，D：フライス直径 (mm)．

主軸回転数が決まったら，主軸回転数の表を見て，それに近い回転数になるよう，主軸回転数変換レバーを合わせる．

(a) シンシナチ形割出し台

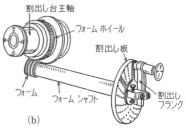

(b)

表面　24, 25, 28, 30, 34, 37, 38, 39, 41, 42, 43
裏面　46, 47, 49, 51, 53, 54, 57, 58, 59, 62, 66
割出し板の穴数

図 6・83　割出し台

図 6・84　旋回テーブル（円テーブル）

(ii) 送り フライス削りでは，切れ刃が複数なので，1刃当りの送りを基準として，1分間当りの送りを算出する．1分間当りの送りを F(mm/min) とすると

$$F = f_z Z N \quad (\text{mm/min}) \qquad (6\cdot23)$$

ここに，f_z：1刃当りの送り(mm)，N：フライスの回転数(rpm)，Z：フライスの刃数（枚）．

1刃当りの送り f_z は，横フライス盤で平フライスを用いて鋼を削るとき，0.1mm にとり，切込みが 5mm 以下のときは 0.2mm にする．総形フライスのとき f_z は 0.02～0.05mm にし，メタルソーの場合も 0.02mm にする．

立てフライス盤に正面フライスをつけて鋼を削るときは 0.2～0.3mm，エンドミル，T溝フライス削りでは 0.02～0.1mm にとる．1分間の送りを算出したら，これに近い送りにフライス盤の自動送りレバーを合わせる．

(iii) 切込み 切込みは，ふつう荒削りでは 2～5mm，仕上げ削りは 0.2～0.5mm くらいにする．エンドミルの切込みは溝削りで，径の 1/2 以下とする．

(2) フライスの取付け 横フライス盤アーバの取付けは，主軸のキーの位置を水平にし，アーバを差し込み，後部から引付けボルトで引き付ける．取外しは，引付けボルトのナットを 1mm くらいゆるめ，引付けボルトの頭を銅ハンマで軽くたたいてアーバのテーパをゆるませて，ボルトを回して抜く．

横フライス盤のフライスの取替えは，アーバ締付けナットをゆるめ，アーバサポートのナットをゆるめて，あり溝をすべらせて抜く．つぎにアーバのナットを取り，ベアリングカラ，スペーシングカラを取り除き，フライスを交換する．フライスの位置は主軸に近いか，アーバサポートに近いこと，主軸回転方向を確かめてフライスを取り付ける．カラの端面にごみが付着してないようによくぬぐう．なお，立てフライス盤では，アダプタを主軸に取り付けておくので，交換は簡単である．

(3) 工作物の取付け これには機械万力に工作物を取り付けて削る場合，取付け具を用いる場合および直接テーブルに工作物を取り付ける場合とがある．フライス削りの場合は工作物の取付け時間が長いのが特長であるが，正味切削の時間を多くするよう心掛ける．

(4) 寸法の決め方 フライスと工作物の間隔を 0.5～1mm になるまで近づけ，フライスを回転させ，サドルハンドルを徐々に回して上げて，工作物に触れたところで切込みダイヤルの目盛を「0」に合わせる．そのまま，テーブルを手送りで工作物を移動させてみる．以後はこの切込みダイヤル目盛を目安にして切込みをかけて削る．公差のきびしいときは，最後の削りしろを 0.05mm にする．

（5） 上向き削りと下向き削り 図 6・85(a) に示すようにフライスの回転方向とは反対に工作物を送って削る方法を上向き削りといい，同図 (b) に示すようにフライスの回転方向と同方向に工作物を送って削る方法を下向き削りという．

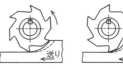
(a) 上向き削り　(b) 下向き削り

上向き削りは，切りくずが切れ刃のじゃまをしないこと，送り機構のバックラッシュが自然に除去されるなどの利点があるが，欠点としては，切れ刃が工作物に切り込むとき，軸のたわみのため，しばらく刃先がすべった後，接触圧力が増大して切り込む

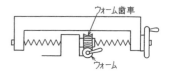
(c) バックラッシュ除去装置の模型．

図 6・85　上向き削りと下向き削り．

ため，そのときに生じる摩擦のために刃先が摩耗し動力を無駄に消費することである．なお，上向き削りでは切れ刃が工作物を引き上げるように作用するので，取付けを確実にする必要があり，削り面が悪い．

下向き削りの利点としては，すべりがないので摩耗が少なく，フライスの寿命が長く，動力の消費が少なく，削り面がきれいなことである．欠点としては，切りくずが切れ刃の間にはさまることである．なお，バックラッシュ除去装置を用いないと下向き削りはできない．もしこの装置がないと，バックラッシュが増大され，工作物は切れ刃に引き込まれて，工作物，フライスを損傷し，アーバを曲げ，機械の寿命を短くする．バックラッシュ除去には，図 6・85(c) に示すように，送りねじのナットを二重にして，そのすきまを，ウォーム歯車を利用して開くとか，油圧によって開くとかの方法がとられる．

（6） 正面フライス削りのエンゲージ角 正面フライスでは，工作物とカッタの位置によって，刃先が工作物に切り込む角度が変わり，刃先の欠けを起こしやすくなる．このため，フライス中心と工作物に刃先が食い込む点とを結んだ角（エンゲージ角または食付き角という．）は小さいほうがよい（図 6・86 参照）．

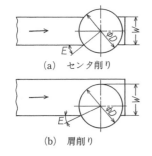
(a) センタ削り

(b) 肩削り

被削材	適正な E	カッタ径と W
鋼	$10°\sim 20°$ （肩削りは小さめ）	$W \fallingdotseq \dfrac{2}{3}D$
鋳鉄	$40°$ 以下	$W \fallingdotseq \dfrac{4}{5}D$

〔注〕　D：カッタの刃先径 (mm)
　　　E：エンゲージ角
　　　W：切削幅 (mm)

(c) 切削幅とエンゲージ角．

図 6・86　エンゲージ角

6・7 フライス盤とその作業

(7) 平均切りくず厚さと切削動力 図6・87において，最大切込み深さを h_{max} とすれば $h_{max} = f_z \sin\theta$, f_z：1刃当りの送り

$$\sin\theta = \sqrt{(D/2)^2-(D/2-t)^2}/(D/2)$$
$$= 2\sqrt{(t/D)-(t^2/D^2)}$$
$$= 2\sqrt{(t/D)(1-t/D)}$$

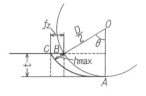

図6・87 平均切りくず厚さ．

$$h_{max} = 2f_z\sqrt{(t/D)\{(1-(t/D))\}} \tag{6・24}$$

三角形の切りくず面積 $= f_z \cdot t$ とすれば，平均切削厚さ h_m は

$$h_m = f_z t/\widehat{AB} = f_z t/\sqrt{Dt} = f_z\sqrt{t/D} \tag{6・25}$$
$$\cos\theta = (D/2-t)/(D/2) = (D-2t)/D$$

切削弧角 　$\theta = \cos^{-1}\{(D-2t)/D\}$ (6・26)

フライスの刃数 Z 個，1刃当りの中心角は $(360°/Z)$ で，同時切削刃数は $\theta/(360°/Z) = \theta Z/360°$, となり，同時切削刃数 Z_i は

$$Z_i = Z\theta/360 = Z\cos^{-1}\{(D-2t)/D\}/360 \tag{6・27}$$

K_s を比切削抵抗 (kgf/mm^2)〔N/mm^2〕とすれば，切削力 F_t は $F_t =$ 比切削抵抗×平均切削厚さ×切削幅×同時切削刃数 と考えて

$$F_t = K_s \cdot f_z\sqrt{t/D} \cdot B \cdot Z\cos^{-1}\{(D-2t)/D\}/360 \tag{6・28}$$

横フライス盤の機械効率を η, 切削速度を $V(m/min)$ とすれば

〔**重力単位系による計算**〕

切削動力　$P = F_t V/(60 \times 102 \times \eta)$ 　(kW) (6・29)

正面フライス削りにおいて，正味切削動力は，F：テーブル送り(mm/min)，t：切込み(mm)，B：切削幅 (mm) とすれば

正味切削動力　$P_c = K_s \times t \times B \times F/(60 \times 102 \times 1000)$ 　(kW) (6・30)

〔**SI単位系による計算**〕

切削動力　$P = F_t V/(60 \times 1000 \times \eta)$ 　(kW) (6・29′)

正味切削動力　$P_c = K_s \times t \times B \times F/(60 \times 1000)$ 　(kW) (6・30′)

ここに，K_s は比切削抵抗で，鋼では $250 \sim 300\,kgf/mm^2$〔$2450 \sim 2940\,N/mm^2$〕, 鋳鉄では $150\,kgf/mm^2$〔$1470\,N/mm^2$〕である．

(8) 切削効率　フライス盤では，モータの動力 1kW 当り，1分間に何 cm^3 の切りくずを出せるかを切削効率として，$cm^3/kW/min$ の単位で表す．

モータ動力　$P_M = BtF/(1000 \times Q)$ 　(kW) (6・31)

ここに，Q：切削効率 $(cm^3/kW/min)$，B：切削幅 (mm)，F：テーブル送り (mm/min)，t：切込み (mm)

なお，工作物材料による切削効率 $Q(cm^3/kW/min)$ は鋼 (10〜19)，鋳鉄 (18〜30)，可鍛鋳鉄 (20)，青銅 (14〜30)，黄銅 (30〜40)，アルミニウム (50)，ステンレス (11) くらいの数値をとる．

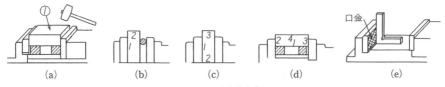

図 6・88 直方体を削る．

(9) 直方体の削り方 図 6・88 に示すような直方体をフライス盤で削る場合は，機械万力の口金の底面に対する直角（同図 (e)）と，両口金の平行がよくでてないと，直角な面を精度よく削り出すことが難しい．直方体をフライス削りすることは不向きであるが，それだけに工作実習ではよく練習課題とされる．切削順序は同図に示すように広い平面を第1面として削るように工作物を取り付け，万力を少し締めたところで，締め側の面を銅ハンマで軽くたたいて，工作物の浮上がりを防いでさらに万力を締める．固定口金に当てる面が規準面（正）になるから，同図に示すようにやたらに変えない．仕上げ削りしろを 0.5mm 程度として荒削りしてから，もういちど繰り返して仕上げ削りする．なお，万力の口金の直角を直すには，これを取り外して平面研削盤で修正する．

(10) 割出し台とねじれ溝削り 割出し台はクランクを 40 回転させると，主軸が1回転するので，割出し数を N，クランク回転数を n とすれば

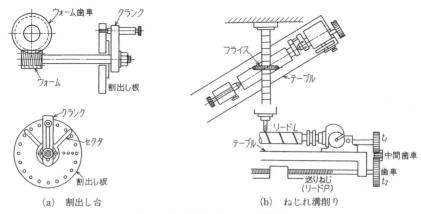

(a) 割出し台 　　　　 (b) ねじれ溝削り

図 6・89 割出し台とねじれ溝削り

6・7 フライス盤とその作業

クランク回転数　$n=40/N$ 　　　　　　　　　　　　　　　　　　　　　　　(6・32)

例えば，割出し数を 32 とすると，$n=40/32=1\frac{1}{4}$ であるから，クランクを $1\frac{1}{4}$ 回転させるには 1/4 回転の目安が必要であり，ブラウンシャープ形では，割出し板の No.1 を取り付け，クランクの止めピンの位置をいちばん外側の 20 列に入るようボルトを締め付け，セクタの 2 本の腕のうち，片方をピンに接触させ，もう一方をつぎの穴から数えて，四つ目の穴の外側まで開き，セクタの固定ねじを締める．割出し台を用いてねじれ溝を削るには，図 6・89(b) に示すように工作物を万能割出し台に取り付け，テーブルをねじれ角 α だけ旋回するか，立てフライス盤でエンドミルで溝削りをする．この場合，テーブルの送りねじの回転を歯車を使って割出し台の軸に伝えるようにする．工作物をリード L（mm）だけ送るには 1 回転すればよく，この間送りねじは L/P 回転すればよい．工作物を 1 回転させるには，歯車 t_1 を 40 回転させる．送りねじの歯車の歯数を t_2 とすれば，$t_1/t_2 = L/(40 \times P)$，$\tan\alpha = \pi d/L$ から求められる．

例題 6・6　直径 110 mm，刃数 9 の平フライスを用いて，鋳鉄を切削する場合，切削速度 20 m/min，1 刃当りの送り 0.3 mm，切込み 10 mm，切削幅 50 mm とする．

(1) 1 分間のテーブル送りを求めよ．
(2) 同時切削刃数を求めよ．
(3) 平均切削厚さを求めよ．
(4) 比切削抵抗を 150 kgf/mm² 〔1470 N/mm²〕として，接線抵抗を算出せよ．
(5) 切削動力（kW）を求めよ．
(6) 機械効率 0.55 として動力を求めよ．
(7) 切削効率 22 cm³/kW·min として動力を求めよ．

〔**解**〕　(1)　$n = 20 \times 1000/(\pi \times 110) = 57.9 \fallingdotseq 58$ (rpm)，$F = 0.3 \times 9 \times 58 \fallingdotseq 157$ (mm/min)

(2)　$Z_i = Z \cos^{-1}\{(D-2t)/D\}/360 = 0.877$

(3)　$h_m = f_z\sqrt{t/D} = 0.3\sqrt{10/110} = 0.09$ (mm)

(4)　$F_t = K_s \cdot f_z\sqrt{t/D} \cdot B \cdot Z \cos^{-1}\{(D-2t)/D\}/360$
　　　$= 150 \times 0.09 \times 50 \times 0.877 = 591.9 \fallingdotseq 592$ (kgf)

(5)　$P_c = F_t V/(60 \times 102) = 592 \times 20/(60 \times 102) = 1.935$ (kW)

(6)　$P = 1.935/0.55 = 3.52$ (kW)

(7)　$P_M = BtF/(Q \times 1000) = 50 \times 10 \times 157/(22 \times 1000) = 3.57$ (kW)

〔**SI 単位系による計算**〕

(4)　$F_t = 1470 \times 0.09 \times 50 \times 0.877 = 5801.4$ (N)

(5)　$P_c = F_t V/(60 \times 1000) = 5801.4 \times 20/(60 \times 1000) = 1.934$ (kW)

例題 6・7 直径 120mm の 5 枚刃の正面フライスで鋼を削る．切削速度 80m/min，1 刃当りの送り 0.25mm，ブレードチップのノーズ半径 0.8mm，切込み 3mm，切削幅 80mm とする．

(1) 主軸回転数を選べ．56，80，112，150，212，300，450，630，900，1250，1700，2500（rpm）．

(2) 1 分間の送りを選べ．34，68，98，130，170，245，325，370，530，705，915，1320（mm/min）．

(3) 理論的仕上げ面粗さは何 μ か．

(4) 切削効率 Q を $15 cm^3/kW \cdot min$ として所要動力を求めよ．

(5) 電圧を 200V として何アンペアの電流が流れるか．

(6) 機械効率を 53% とすると，正味切削動力は何 kW か．

〔解〕 (1) $N = 1000V/(\pi D) = 80000/(\pi \times 120) = 212.2$　　212（rpm）

(2) $F = 0.25 \times 5 \times 212 = 265$　　$F = 245$（mm/min）

(3) $h_{th} = (f_z^2/8R) \times 1000 = [0.25^2/(8 \times 0.8)] \times 1000 = 9.77(\mu)$

(4) $P_M = 3 \times 80 \times 245/(15 \times 1000) = 3.92$（kW）

(5) $I = 3920/200 = 19.6$（A）

(6) $P_c = 3.92 \times 0.53 = 2.08$（kW）

6・8 平削り盤，形削り盤とその作業

1. 平削り盤の構造

平削り盤は工作物を取り付けるテーブルを往復直線運動させ，テーブルの運動方向と直角に，鳥居のようにわたしたクロスレールに刃物台が取り付けられている．

バイトは送りねじによってレール上を手動または自動で送り，平面を切削する．

平削り盤は広い平面を加工する工作機械であり，その大きさは切削可能な工作物の最大長さおよび幅で表す．小形のタイプで 2m，普通は 2.4～3.3m のタイプが多く，大形では 10m に及ぶ．図 6・90 に門形平削り盤の主要部の名称を示した．

(1) ベッド・テーブル　鋳鉄製で案内面は両 V 型であり，V 溝の平行度，真直度が加工精度に影響を与える．ベッドの真直度は温

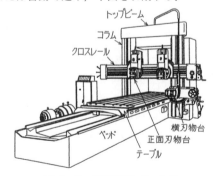

図 6・90　門形平削り盤の各部．

度の影響で変形するので，据付け場所の温度が均一であることと，据付けの水平に留意する．テーブルはこのベッド上を摺動するが，テーブル速度は，切削時は遅く，戻り時はその2～3倍の速度にとっている．テーブルは，摺動面の油膜によって，テーブル摺動中は約0.05mmの油膜による浮上がりを生じるが，この油膜の厚さは安定して変動がないため，主運動の精度はきわめて良好である．

しかし，切削熱による工作物の変形（中凹）は避けられないから，平削り盤の加工精度はよい場合でも1mにつき0.02mm中凹程度であり，室温等を監理した状態で，特に精密なものは，この4分の1の加工精度になるといわれる．

（2）駆動方式 テーブル長さが3mくらいの平削り盤は油圧シリンダを使用した油圧駆動方式であり，大形の平削り盤ではワードレオナード方式の駆動方式が採用されている．

油圧駆動方式は，ベッド内に油圧シリンダを取り付け，ピストン棒をテーブル下面に固定して，油圧でテーブルを駆動する．油圧，油量を調節することによって，切削行程よりも，戻り行程のテーブル速度を早戻り運動機構によって早くする．この機構は運動がなめらかで，運動中，特に停止時の衝撃を和らげて，振動を吸収する．

ワードレオナード方式は平削り盤本体に取り付けられた直流電動機の磁束の強さと，電機子の端子電圧を変えることによって，電動機の回転数を正逆転させ，また高域にわたって変えられる構造にして，テーブル下面のラック

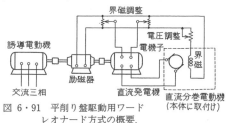

図6・91 平削り盤駆動用ワードレオナード方式の概要．

にかみあう歯車を駆動する方式である．図6・91に示すように磁束の強さを変える励磁用発電機と電機子の電圧を変える発電用発電機とを，普通の交流誘導電動機によって回転させているほか，直流電圧制御用可変抵抗器を持っている．

最近は，NC工作機では交流サーボモータによる制御方式が使用されているので，平削り盤の駆動方式もワードレオナードにとって変わることになる．

2. 平削り用バイト

平削りバイトや形削りに用いるバイトは，図6・92に示すようにバイト刃先をシャンクの幅だけ下げたいわゆ

図6・92 平削り用バイト

る腰折れバイトを用いる．これは図6・93(a)に示すように切削力によるバイトのたわみは0を中心とすることによって，刃先が食い込み，びびることを防いでいる．なお，

シャンクが曲げてないときは，同図 (a) に示すようなバイトホルダを用いてびびりを防ぐ．また，テーブル運動の安定している剛性の高い平削り盤では超硬チップのろう付けバイトを用いるか，トリプルカーバイト系の M 系のバイトのすくい角を負角にしたバイトを用いる．

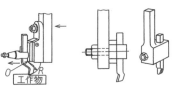

(a) バイトの形とバイトホルダ．

3. 平削り作業

(1) 切削速度 超硬バイトで鋼を削る場合は，切削速度を 60〜70 m/min にしたいが，重い工作物とテーブルをこの速度で直線運動させるには，起動，停止にかなりのエネルギーを必要とする．さらに，テーブルの戻り速度は早戻りでこの 2〜3 倍のテーブル速度になる．切削時のテーブル速度は 100 m/min が限度といえる．

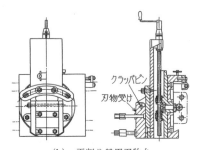

(b) 平削り盤用刃物台

図 6・93 平削り・形削り用バイトと刃物台．

(2) 平削り盤の切削力と動力
平削り盤では，テーブル重量と工作物重量を合わせるとかなりの重さになるので，これを直線運動させるだけで，かなりのエネルギーを必要とし，その制動力もかなり大きく，衝撃の吸収策を考慮する（図 6・94 参照）．

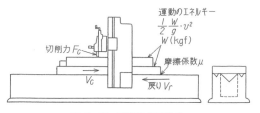

図 6・94 平削り盤の動力．

一般に，運動のエネルギーは運動体の質量と速度の 2 乗の積の 2 分の 1 である．

$$(1/2)(W/g)\cdot v^2 = F\cdot x = (W/g)\cdot a\cdot x, \quad (1/2)mv^2 = F\cdot x$$

ここに，W：テーブルと工作物の重さの和 (kgf)，m：テーブルと工作物の質量の和 〔kg〕，g：重力の加速度 (9.8 m/s²)，v：テーブル速度 (m/s)，F：制動力 (kgf)〔N〕，x：制動距離 (m)，a：加速度または減速度 (m/s²)．

上式を変形させると，制動力 $F=(W/g)\cdot a$ (kgf)，$F=m\cdot a$ 〔N〕，制動距離 $x=v^2/(2a)$ (m) が求められる．

切削力は 1 本のバイトに付き，500〜1000 kgf〔4.9〜9.8 kN〕くらいで，大形の平削り盤では 2 本バイトで同時切削できる．

いま，切削力 500 kgf〔4.9 kN〕とすれば比切削抵抗 200 kgf/mm²〔1960 N/mm²〕の鋼を削るには，切削面積は 2.5 mm² で，切込みは 5 mm，送りは 0.5 mm で切削できる．

6・8 平削り盤,形削り盤とその作業

つぎに切削時と戻り時の動力を求めてみる.

W:テーブルと工作物の重さ (kgf),m:テーブルと工作物の質量〔kg〕,F_c:切削力 (kgf)〔N〕,μ:摺動面の摩擦係数 (0.25 くらい),V_c:切削時のテーブル速度 (m/min),V_r:戻り時のテーブル速度 (m/min).

切削時の動力　　$P_c = (F_c + \mu W) V_c / (60 \times 102)$　(kW) 　　　　(6・33)

戻り時の動力　　$P_r = \mu W V_r / (60 \times 102)$　(kW) 　　　　(6・34)

〔SI 単位系による計算〕

$P_c = (F_c + 9.8 \mu m) V_c / (60 \times 1000)$　(kW)

$P_r = 9.8 \mu m \quad V_r / (60 \times 1000)$　(kW)

(6・33)式,(6・34)式が等しいとすると,$(F_c + \mu W) V_c = \mu W V_r$

$$V_r / V_c = (F_c + \mu W)/(\mu W) = 1 + F_c/(\mu W)$$

いま,$V_r / V_c = 3$ とすれば $F_c / \mu W = 2$,$F_c = 2\mu W$

$\mu = 0.25$,$W = 2000$(kgf)〔19.6 kN〕とすれば,$F_c = 1000$(kgf)〔9.8 kN〕となる.

(3) 平削り盤とプラノミラ　平削り盤は重いテーブルと工作物を直線運動させる.このため,テーブル速度が切削速度であり,大きな動力を必要とする.しかし,プラノミラでは,超硬プレートを付けた正面フライスを工具とするので,

テーブル送り=$f_z \cdot Z \cdot N$ (mm/min)

と遅くてよく,動力の点と切削効率からは優れている.しかし,加工精度では,テーブル速度の早い方が摺動面の油膜の安定が得られるため,平削り盤の優秀なものには及ばない.なお,フライス盤以上のこのような大形機械になると,日本よりも欧米に優れた工作機械メーカがあり,技術面で歴史的に一日の長を認めざるを得ない.図 6・95 にプラノミラの主要部の名称を示した.

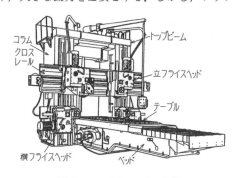

図 6・95　プラノミラの各部.

(4) 工作物の取付け　平削り盤ではテーブルの T 溝を使って,工作物をテーブル上

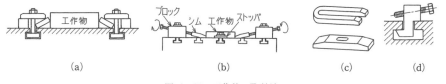

図 6・96　工作物の取付け.

に取り付けるが，一般にテーブル前方の切削力を受ける部分には，形鋼をテーブルのT溝に直角に締め付けておく．工作物を取り付ける基本を図6・96に示したが，特に薄板を削る際は，締付け力による変形と切削熱による変形に気をつける．

例題 6・8　3mの平削り盤においてテーブルと工作物の重量の和2000kgf（質量2000kg），切削力500kgf〔$4.9×10^3$N〕，摺動面の摩擦抵抗0.25，テーブル速度は切削時70m/min，戻り時120m/minとする．切削時とテーブル戻り時の動力はそれぞれ何kWか．

〔解〕　切削時動力　$P_c=(500+2000×0.25)·70/(60×102)=11.44$（kW）

　　　　戻り時動力　$P_r=2000×0.25×120/(60×102)=9.8$（kW）

〔SI単位系による計算〕

$P_c=(4900+9.8×0.25×2000)·70/(60×1000)=11.43$（kW）

$P_r=9.8×0.25×2000×120/(60×1000)=9.8$（kW）

4．形削り盤の構造と作業

形削り盤は主として面の小さい平削り加工を施す機械である．図6・98に主要部の名称を示した．形削り盤ではバイトを直線運動させ，工作物には横方向の間欠的な送りを与えて平面を切削するが，ラムがダブテールの案内面に沿って摺動するため，バイトが先端で上がり気味になり，加工精度の点でフライス盤に及ばない．ラムは同図に示すように，細窓リンクに連なったすべり子（スライドブロック）によって往復運動を与えられるが，ラムの重量があるため，この運動のエネルギーが大きく，またかなり振動をともなう機械である．形削り盤は数種のバイトを用意すればよく，刃物台を傾けることによって角度削りもできる便利さはあるが，超硬バイトの使用は少し無理がある．このため，最近はフライス盤にとって替わられた．

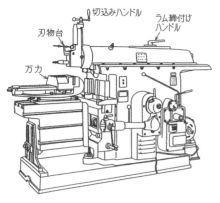

図6・97　形削り盤の各部．

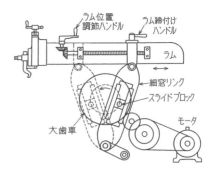

ラムの刃物が品物を削る運動は，連結節に相当する円盤のθ_1という角度の回転の間であって，刃物のもどる運動は，θ_2の角度の回転の間である．

図6・98　形削り盤のラムの運動機構．

6・9 ブローチ盤とその作業

ブローチ盤は多数の切れ刃を寸法順に配列したブローチという工具を，油圧などで押したり，引張ったりして，穴の内面または外面を仕上げる機械であるが，一般には引抜き式が多い．ブローチ加工はきわめて高精度，高能率で，自動車や各種機械部品の多量生産用に使われる．図 6・99 にブローチ盤を示した．

図 6・100 に各種のブローチを示すが，普通のブローチは図 6・101 に示すようにシャンク，荒切れ刃，仕上げ刃，後方案内部，後方支持部からなり，切り刃には逃げ角がついているが，仕上げでは逃げ角をつけないので，バニシ加工にすることもある．

切削長を L (mm) とすれば，ブローチのピッチ p は $p=(1.5〜2)L$ にするが同時にかかる切れ刃が 5, 6 枚になるほうがよく，またピッチを 0.1〜0.5 mm としだいに大きくして，びびりを防ぐ．すくい角 5〜15°，逃げ角 1〜1.5°，刃の切込みは 0.02〜0.15 mm で外面ブローチでは 2 倍にとる．

ブローチ盤には立て形と横形とがある．立て形は据付け床面積が少ないので一般的である．横形はストロークが長くとれるため，主に外面ブローチ用に使われる．引抜き力は 5〜50 tf〔49〜490 kN〕程度，切削速度 1〜10 m/min で，戻り速度は約 3 倍である．

図 6・99 ブローチ盤

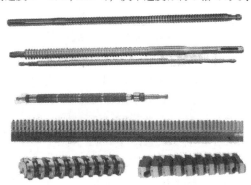

図 6・100 ブローチの各種．

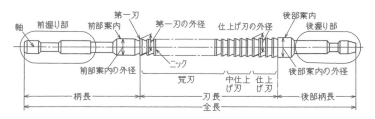

図 6・101 ブローチの各部．

6・10 歯切り盤と歯切り作業

1. 歯車の基礎

軸から他の軸に回転を伝える方法にはベルト伝動，チェン伝動，油圧による伝動などがあるが，歯車機構による回転伝導は，速度伝達比が一定で，軸間距離を短くできる利点がある．歯車による回転伝動では歯がかみ合って回転を伝えるわけであるから，歯形が正しくないと高速では騒音が生じる．このため，歯切り盤は歯形曲面を正確に削るための加工精度が特に必要とされる．

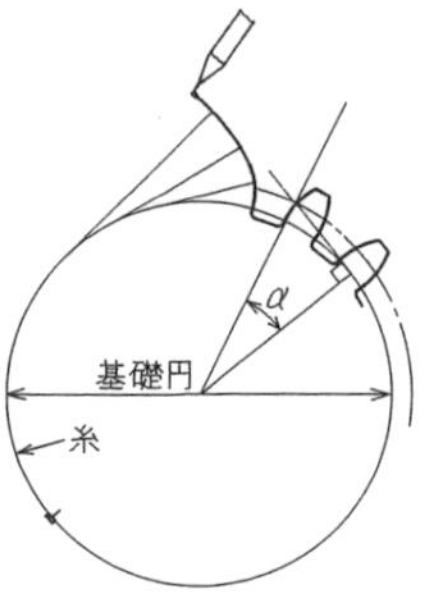

歯形には軸の中心距離が多少狂っても等速回転するインボリュート歯形が一般的な機械には用いられる．この歯形は図6・102に示すように基礎円と呼ぶ，歯車の基礎となる円に巻き付けた糸の先端がほどけるときに描く曲線（インボリュート曲線），つまり円の直線上の転がりを基にしている．なお，時計や計器のような精密機械に用いる歯車には円と円との転がりを基にしたサイクロイド曲線が用いられている．このほかにも，円弧歯形などもあるが，特殊な用途に使われる程度である．

図6・103は標準平歯車の諸元を示したものであるが歯の大きさは，モジュール(m)で表す．これは基準ピッチを円周率で除した値である．また，同図に示すように，歯面の1点（ピッチ点）において，その半径線と歯形の接線とのなす角を圧力角(α)という．JISでは圧力角の標準を20°としているが，14.5°が使われることもある．

表6・12に歯車の寸法割合を示した．

2. 平歯車，はすば歯車などの歯切り盤の種類

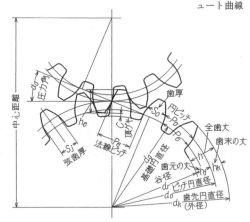

図6・102 インボリュート曲線

図6・103 標準平歯車の諸元．

以前は横フライス盤にインボリュートフライスを使って，割出し台に取り付けた素材を1歯ずつ割り出しながら歯切りする成形歯切り法によって歯切りされたが，これは近似的な歯車であるため，最近はあまり使われなくなった．

歯切り盤では図6・104に示すようなホブ，ラックカッタ，ピニオンカッタなどの工具

6・10 歯切り盤と歯切り作業

表 6・12 歯車の寸法割合.

標準平歯車			はすば歯車		
名称	記号	計算式	名称	記号	計算式
モジュール	m	$m=\dfrac{p_0}{\pi}=\dfrac{d_0}{Z}$	軸直角モジュール	m_s	$m_s=\dfrac{d_0}{Z}=\dfrac{m}{\cos\beta}$
円ピッチ	p_0	$p_0=\pi m=\dfrac{\pi d_0}{Z}$	歯直角モジュール	m	$m=\dfrac{p_n}{\pi}=m_s\cos\beta$
ピッチ円の直径	d_0	$d_0=mZ=\dfrac{p_0 Z}{\pi}$	ピッチ円の直径	d_0	$d_0=m_s Z=\dfrac{mZ}{\cos\beta}$
外径	d_k	$d_k=(Z+2)m=d_0+2m$	外径	d_k	$d_k=m\left(\dfrac{Z}{\cos\beta}+2\right)$
頂げき	C	$C=0.25m$	全歯丈	h	$h=2.25m$
全歯たけ	h	$h=2.25m$	歯車歯数：Z		
基礎円直径	d_b	$d_b=mZ\cos\alpha$	圧力角：α		
法線ピッチ	p_b	$p_b=p_0\cos\alpha$	ねじれ角：β		

(サンダーランド)　　　　(マーグ)

(a) ホブ（ウォーム形工具）　(b) ピニオンカッタ（歯車形工具）　(c) ラックカッタ（ラック形工具）

図 6・104　歯切り用工具

を用い，一定の回転比を刃物と歯車素材との間に与えて切削する方法をとり，これを創成歯切り法と呼んでいる．

（1）ホブによる歯切り　ホブは素材に対してウォームに相当する歯切り用刃物である．ホブが1回転する間に，歯車素材が1歯だけ回転するように，歯切り盤の換え歯車で割り出し，ホブを回転させながら切込みをかけると，平歯車が切削できる（図6・105）．このホブを工具とする歯切り盤をホブ盤というが，工作物の取付け軸が垂直な立て形と水平な横形とがある．図6・106にホブ盤の一例を示した．

（2）ピニオンカッタによる歯切り　図6・107に示すように歯車の形をしたピニオンカッタとかみ合うような回転運動を与えた

図 6・105　ホブによる平歯車の切削.

図 6・106　ホブ盤

　　(a) 平歯車の歯切り　　　(b) 内歯歯車の歯切り

図 6・107　ピニオンカッタによる歯切り（フェロース形歯切り盤）．歯車素材に，カッタの往復運動で切込みを与えて，歯切りする歯車形削り盤をフェロース形歯切り盤という（図6・108）．

図 6・108　フェロース形歯車形削り盤

（3）ラックカッタによる歯切り　図6・109はラックと歯車のかみ合いを示したものであるが，歯車のピッチ円はラックのピッチ線上を1歯当り円ピッチ πm で転がる．したがって，このラックを工具として上下往復運動をさせ歯切りするためには，同図に示すように歯車素材はラックとかみ合うように素材を回転させながらラックのピッチ線方向に 1/(歯数) の回転に対し，πm だけ直線運動させる．この形式の歯車形削り盤をマーグ形歯車形削り盤という（図6・110参照）．なお，はすば歯車を歯切りするにはカッタ案内を傾けて固定する．

(a) ラックと歯車のかみ合い

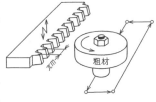

(b) ラックカッタによる歯切り

図 6・109　ラックカッタによる歯切り．

　図 6・110　マーグ形歯車形削り盤　　　図 6・111　マーグ形の歯切り盤．

6・10 歯切り盤と歯切り作業

なお，素材に回転運動のみ与えて，ラック工具にピッチ線の方向にすべらせる運動を与える形式の歯車形削り盤をサンダーランド形歯車形削り盤と呼ぶ．

3. ホブ盤による歯切り

（1）平歯車の歯切り 図6・112は，ホブ盤による平歯車の歯切りを示したものである．ホブはねじれ角だけ傾けて，ホブのねじ筋を歯すじの方向に合わせる．いま，Zを素材の歯車歯数とすれば，ホブ1回転につき，工作物を$1/Z$回転するように換え歯車，A，B，C，Dを選ぶ．同図においてホブの回転をn_h，A軸をin_h回転とし，ウォームを1重，ウォーム歯車の歯数をW，差動歯車はウォーム軸に固定すれば，A軸の回転は$1/2(in_h)$となる．

$$\left. \begin{array}{l} \dfrac{1}{2}in_h \times \dfrac{A}{B} \times \dfrac{C}{D} \times \dfrac{1}{W} = n_b \\[6pt] n_b = \dfrac{n_h}{Z} \text{（テーブルの回転の}\dfrac{1}{2}\text{でホブは1回転．）} \end{array} \right\}$$

両式より　$\dfrac{1}{2}i \times \dfrac{A}{B} \times \dfrac{C}{D} \times \dfrac{1}{W} = \dfrac{1}{Z}$

$\dfrac{A}{B} \times \dfrac{C}{D} = \dfrac{2W}{i} \cdot \dfrac{1}{Z}$ ，　$\dfrac{2W}{i} = C_1$ とすれば

$\dfrac{C_1}{Z} = \dfrac{A}{B} \times \dfrac{C}{D}$　　ただし，$C_1 = 2W/i$

C_1を割出し定数といい，割出し定数C_1はホブ盤によって異なり，16，20，24，32などをとる．また，使用ホブの口数をNとすると，一般に$\dfrac{C_1 N}{Z} = \dfrac{A}{B} \times \dfrac{C}{D}$が割出しの式である．図6・113は割出し用換え歯車の例を示したものである．

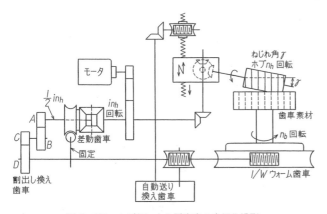

図6・112　ホブ盤による平歯車の歯切り模型．

図6・113　割出し用換え歯車

例題 6・9 モジュール 2,歯数 54,圧力角 20°の平歯車の素材外径,切込み量(全歯たけ),換え歯車を求めよ.ただし割出しの式は $24N/Z = A \cdot C/(B \cdot D)$ とし,N はホブの口数で 1 口ホブとする.(**注**:1 口ホブ … 1 重ウォームに相当.)

割出し用換え歯車歯数は

20, 24, 30, 32, 36, 40(2 個), 48, 50, 52, 53, 55, 56, 58, 59, 60, 61, 62, 63, 65, 66, 67, 68, 69, 70, 71, 72, 73, 74, 76, 79, 80, 82, 83, 86, 89, 94, 97 とする.

〔解〕 外径　$d_k = (Z+2)m = 56 \times 2 = 112$ (mm)

切込み量(全歯たけ)　$h = 2.25m = 2.25 \times 2 = 4.50$ (mm)

割出し　$\dfrac{24}{54} = \dfrac{4}{9} = \dfrac{4 \times 8}{9 \times 8} = \dfrac{32}{72}$　A 32,D 72,中間歯車に 55

中間歯車はかみ合えばいずれでもよい.

〔**注**〕 割出し換え歯車の組合せは一般に,ホブ盤の取扱い説明書に表示されているので,これを見て決める.

(2) はすば歯車の歯切り　図 6・114 に示すように,ホブによってはすば歯車を歯切りするには,ホブのねじ筋を素材の歯すじの方向に合わせるだけでなく,素材の回転を,ねじれ角の方向に応じて多少加減しなければならない.図 6・115 において素材ねじれ角を β とすれば,リード L だけホブが送られる間に,素材は 1 回転する割合で素材の回転をねじれの方向によって増減させる必要がある.

ホブの Z 回転当りの送りを f とすれば,リード L までは,L/f 回転となり,ねじれ分としてこれに 1 回転加えた,$(L/f)+1$ 回転だけテーブルを回転させればよい.このため,ホブ盤では差動歯車装置と差動換え歯車を備えている.

図 6・114　はすば歯車の歯切り.

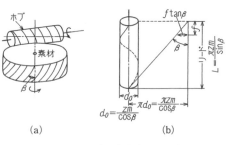

図 6・115　はすば歯車歯切りの送り.

(3) はすば歯車の歯切り用差動換え歯車の選び方　図 6・116 はホブ盤によるはすば歯車の歯切りの例である.ホブ盤では差動歯車装置は割出し換え歯車の前に取り付け

6・10 歯切り盤と歯切り作業

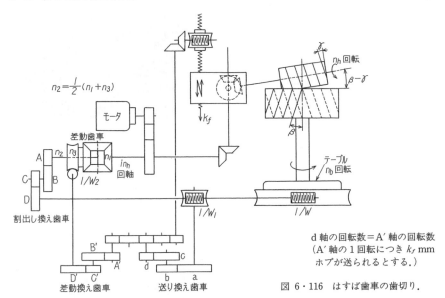

図 6・116 はすば歯車の歯切り．

られているか，あるいは後に取り付けられているかであるが，ここでは前者とすると，n_1, n_3 はかさ歯車の回転数，n_2 を A 軸の回転数とすれば，$n_2 = 1/2(n_1 + n_3)$ となる．

A' 軸 1 回転につきホブが k_f(mm) だけ送られるとすれば，ホブがリード L(mm) だけ送られる間に，A' 軸は L/k_f 回転し，$n_3 = \dfrac{L}{k_f} \times \dfrac{A'}{B'} \times \dfrac{C'}{D'} \times \dfrac{1}{W_2}$ だけ回転し，n_2 の補正回転は $\dfrac{1}{2} n_3 = \dfrac{1}{2} \dfrac{L}{k_f} \times \dfrac{A'}{B'} \times \dfrac{C'}{D'} \times \dfrac{1}{W_2}$ この補正回転によってテーブルが 1 回転だけ補正されるために $\dfrac{1}{2} \dfrac{L}{k_f} \times \dfrac{A'}{B'} \times \dfrac{C'}{D'} \times \dfrac{1}{W_2} \times \dfrac{A}{B} \times \dfrac{C}{D} \times \dfrac{1}{W} = 1$

また，$\dfrac{1}{2} i n_h \times \dfrac{A}{B} \times \dfrac{C}{D} \times \dfrac{1}{W} = n_b$, $n_b = n_h \cdot \dfrac{N}{Z}$ （N はホブの口数．）

$$\dfrac{1}{2} i \times \dfrac{A}{B} \times \dfrac{C}{D} \times \dfrac{1}{W} = \dfrac{N}{Z} \quad \text{から} \quad \dfrac{A}{B} \times \dfrac{C}{D} = \dfrac{2W}{i} \cdot \dfrac{N}{Z}$$

$$\dfrac{1}{2} \dfrac{L}{k_f} \times \dfrac{A'}{B'} \times \dfrac{C'}{D'} \times \dfrac{1}{W_2} \times \dfrac{2W}{i} \cdot \dfrac{N}{Z} \times \dfrac{1}{W} = 1$$

$$\dfrac{A'}{B'} \times \dfrac{C'}{D'} = \dfrac{Z k_f W_2 i}{LN} = \dfrac{Z k_f W_2 i \sin\beta}{\pi m Z N} = \left(\dfrac{k_f W_2 i}{\pi}\right) \dfrac{\sin\beta}{mN}$$

$(k_f W_2 i / \pi)$ はホブ盤の機構によって定まり，または，$L = \pi Z m / \sin\beta$ を計算し，$\dfrac{A'}{B'} \times \dfrac{C'}{D'} = \dfrac{C_2}{LN}$, $C_2 = k_f W_2 i$, （C_2 はメーカで指定される．）

換え歯車 A', B', C', D' を求めるが，計算で求めた L に近い数値のものを，取扱い書付属の表によって換え歯車を決める．

図 6・117 に送り換え歯車（右）と差動換え歯車（左）を示したが，差動をかけないと

き(はすば歯車の歯切りではないとき.)は固定しておく．

4. フェロース形歯切り盤による歯切り

フェロース形歯車形削り盤の構造を図6・118に示したが，この歯切り盤はピニオンカッタの往復運動で創成法によって平歯車を切削する歯切り盤で内歯歯車を切削できるほか，特別な装置を用いれば，はすば歯車，ラック，カム等も切削できる．

図6・117 送り換え歯車と差動換え歯車.

(1) 平歯車の歯切り ここには歯数割出し計算に用いる割出し公式の一例を示す．

$$\frac{Z_p}{Z} \times (定数) = \frac{P_G}{A} \times \frac{C}{B}$$

ここに，Z_p：ピニオンカッタの歯数，P_G：ピッチギヤ 50枚，60枚，70枚，A，B，C：換え歯車 定数：5/3 と 10/3 の2通りがある．

(2) はすば歯車の歯切り はすば歯車型のカッタを用い，ヘリ

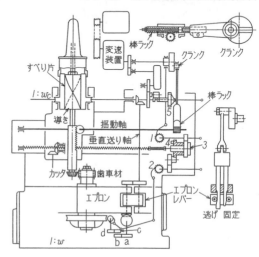

図6・118 フェロース形歯車形削り盤の構造.

カルガイドという，カッタ軸をねじれ連動させる案内によってらせんを描かせながらカッタを上下運動させる．

(3) 内歯歯車の歯切り 定数を5/3とし，歯車材取付け用アーバを取り，テーブルにフランジを取り付け，歯車材を心出し固定する．

5. 転位歯車

工具の歯先で，歯元における歯形曲線の一部を干渉で切り取ることをアンダカットといい，圧力角20°の場合歯数17，圧力角14.5°のときは歯数は32程度が限度である．

図6・119のように歯車の歯数が19枚程度であれば干渉を生じないが，圧力角20°のとき，歯数が17以下になると，工具刃先が干渉して歯元が細くなる．

そこで，インボリュート歯車では全歯たけを小さくして干渉を防止している（図6・120参照）.

ラック工具の基準ピッチ線と歯車の基準ピッチ円をモジュールの x 倍 (xm) だけずら

6・10 歯切り盤と歯切り作業

せて歯切りした歯車を転位歯車といい，ずらせた xm を転位量，切込みを浅くしたものを正転位，深くしたものを負転位という．

6. かさ歯車の歯切り

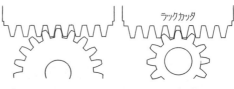
図 6・119 工具と歯形.　図 6・120 転位歯車

かさ歯車は，ピッチ円すい上の歯筋の形で，すぐばかさ歯車とまがりばかさ歯車とに分けられる．

図 6・121 に示すように，かさ歯車ではころがり接触する円すいをピッチ円すい，円すいの半頂角をピッチ円すい角という．ピッチ円すい角 90° の大歯車を冠歯車といい，かさ歯車の歯切りでは基本となる．

図 6・121 かさ歯車

(1) すぐばかさ歯車の歯切り　これにはグリーソンとライネッカ社の歯切り盤がある．グリーソンのすぐばかさ歯車歯切り盤は，図 6・122 に示すように素材の円すい角に従って選んで取り付ける部分的かさ歯車（セグメント歯車）を素材と同じ軸に固定し，セグメント歯車を大冠歯車とかみ合わせて，揺動させ，ラックに相当する形の 2 枚のカッタで，歯形を削るもので，1 歯

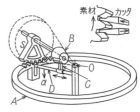
図 6・122 グリーソンすぐばかさ歯車歯切り盤の原理.

切り終ったら割出しする．同図において，カッタ C は案内 D に沿って往復運動をし，切れ刃は中心 O に向かって進む．素材 B と同軸にセグメント歯車 S が固定され，S は冠歯車 A とかみあう．なお，すべり台案内 D は A と一体になって回る．

(2) まがりばかさ歯車歯切り盤　まがりばかさ歯車は自動車用として使われている円弧歯筋歯車であり，図 6・123(a) に示す環状正面フライスと呼ぶ工具で 1 歯ごとに割り出して創成される．

これにはグリーソン社，豊精密工業，東芝機械などの歯切り盤がある．環状フライスは，円板の周囲に刃を植えたもので，これを回転させて歯車素材に円弧状の溝を切って歯を削り出す．

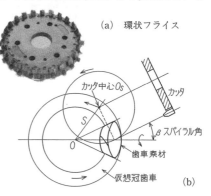
図 6・123 まがりばかさ歯車の歯切り.

7. シェービング盤と加工

歯切り盤によって創成された歯の切削面を

なめらかにし，かみ合い性能を向上させ，加工精度のよい歯車にするために，**シェービング**加工が行われる．

歯切りした歯車は，歯車形のシェービングカッタとかみ合わせて，押込み気味にして

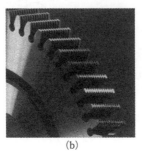

(a)　　　　　　(b)

図 6・124　シェービングカッタ　　　　図 6・125　歯車のシェービング．

自由に回転させ，歯車を図 6・125 に示すように歯車軸の方向に移動させると，歯形がきれいになり，ピッチが修正される．シェービングしろは歯厚で 0.05～0.1 mm，切込み 0.02～0.04 mm，カッタの円周速度 100～120 m/min，送り 0.3 mm/rev くらいである．加工精度は前加工に倣うので，歯切りは慎重に行う．

自動車用の歯車は，Cr-Mo 鋼をホブ盤で歯切りした後，シェービング加工し，3 級の歯車から 2 級以上に精度が上がり，浸炭（肌焼き），クエンチングプレスで焼入れしてもとに戻って 3 級程度になる．なお，CBN 材でこのシェービングカッタを作れば，焼入れ鋼でもシェービングが可能であり，精度がよくなることが期待できる．

7章 研削加工

7・1 研削加工の特色

　研削は砥石を用いる切削加工であり，表7・1に切削と研削の相違を比較して示した．砥石は酸化アルミ（Al_2O_3），炭化けい素（SiC）などの硬い砥粒を結合剤で固めて作られるが，砥粒はダイヤモンドに次ぐ硬さをもつがもろい．したがって砥石で研削する場合，表面速度が低いと砥粒は結合剤と一緒に脱落してしまうが，砥石の表面速度を1500～3000 m/min の高速度で回転させると，焼入れ鋼のような硬い材料も削ることができる．しかし，研削における切込みは切削に比べて小さいが，寸法精度，形状精度，仕上げ面粗さがよいので，精密加工にはきわめて重要な手段になった．

　切込みを 0.01～0.02 mm かけた荒研削では，切れなくなった砥粒は欠けて，新しい切れ刃がでる劈開作用と，さらに切れなくなると，砥粒が脱落してつぎの砥粒が出て研削するという自生作用を砥石は持っているといわれている．しかし，仕上げ研削では 0.0025 mm くらいの切込みにするので，この自生作用を期待せず，ダイヤモンドドレッサで目直しした面を永く保たせ，バイトと同じく砥石の切れ刃の先端で研削させるよう

表 7・1　切削と研削の相違．

	切　　　削	研　　　削
切れ刃形状	幾何学的（研削により変わる．）	ランダム
切削速度 (m/min)	超硬バイトで鋼を削るとき 120 m/min.	1500～3000 m/min
切込み	mm 単位である．	ミクロン(μ)単位である．
加工寸法精度	0.01 mm が限度．	0.005～0.002 mm
仕上げ面粗さ(最大高さ)	10～2 μ	2～0.3 μ
切削熱の流入割合	切りくずに 80%．	工作物に 80%．
比切削抵抗	鋼で 200～250 kgf/mm². 〔1960～2450 N/mm²〕	鋼で 3000～5000 kgf/mm². 〔29.4～49.0 kN/mm²〕
工作機械の剛性	静剛性が大ならよい．	動剛性も考慮する．

にして，加工精度の向上をねらっている．このためには，砥石軸受の振回り精度の向上と，研削盤の剛性が大きいことが必要になる．つまり，研削盤は動剛性が大きいことが必要条件である．これは振動に対する特性がよいこと，つまり，びびりにくいことがよい工作機械の特色ということに合致している．

最近の研削盤はさらに高精度，高剛性化し，超精密加工に発展するいっぽう，CNC 装置を取り付けて研削の自動化をねらっている．この章では汎用の研削盤について述べてから最後に超精密研削について触れたい．

7・2 研削砥石の種類

1. 研削砥石

研削砥石は図7・1に示すように砥粒，結合剤，気孔からなり，これを砥石の3要素という．研削砥石は工作物の材質，研削様式によって，適切に選ぶことが特に重要で，発注には砥粒の材質，粒度，砥石の硬さ，密度を指定する．なお，研削砥石の表示すべき要素は JIS につぎのように規定されている．

図 7・1 研削砥石の構成.

① 砥粒材質・粒度・結合度・組織・結合剤，② 形状・縁形・寸法（外径×厚さ×穴

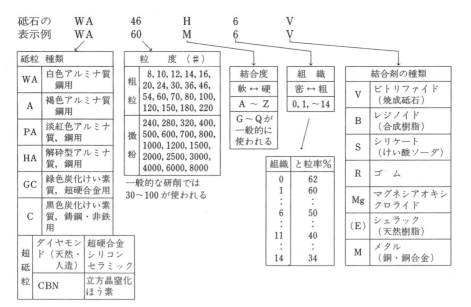

図 7・2 砥石の表示例と記号の意味.

径），③回転試験周速度・使用周速度範囲，④ 製造者名・製造番号・製造年月日．このうち①に記した5項目は，砥石の性質を知る要素であり，表示に使う記号とその意味を図7・2に示した．なお，砥石を購入すると，一般に表面にこれ等を標示した証紙が貼ってある．

(1) 砥粒の種類 砥粒のうち，アルミナ（Al_2O_3）質，炭化けい素（SiC）は原料を電気炉で溶融して徐冷の後，インゴットを機械的に砕いたものである．アルミナ質のWAはホワイトアランダムで純粋のは白色，または赤茶色，青色をしており，HA砥粒はコランダムの単一結晶から成るようにして重研削用である．PAはWAに酸化クロム，酸化チタンを加えたものであり，Aは褐色でWAよりややねばさがあり，いずれも鋼研削用として用いる．炭化けい素質のGCは緑色をしており，超硬合金などのような硬い金属用，Cは黒色で不純物を含み，安価であり鋳鉄用，非鉄金属用として用いる．なお，非常に硬い金属，水晶，シリコン板の仕上げ研削用としてダイヤモンド砥石があり，その代用としてCBN（立方晶窒化ほう素）砥石が使われている．

(2) 粒 度 砥粒の大きさを粒度というが，これはメッシュNo.といって，1インチ（25.4mm）当りのふるいの大きさで表し，最終的に砥粒が通過したふるいのNo.で決まる．したがって，46番の砥粒は46番のふるいを通過し，つぎの54番のふるいの上に止まったもので，平均直径は25.4/46で0.55mmである．200番以上になると平均径をミクロン単位で測って決めている．

(3) 結合度 これは砥粒が結合剤で結合されている強弱の度合を表示するもので，砥石の硬さであり，A～Zで表している．JISでは大越式の結合度試験機，ロックウェル式で結合度を測定するが，ノートン社ではカールツアイス社（ドイツ）製の結合度試験機で測っているから，両者で多少異なることは当然である．

(4) 組 織 砥石の全容積に対する砥粒の容積の比率を砥粒率というが，砥石の組織は，この砥粒率の大小によって示される．JISでは密から粗に0～14の番号を付して表している．

(5) 結合剤 砥粒を結合させ，砥石を形成する材料を砥石の結合剤といい，図7・2に示したような種類がある．一般にはビトリファイド結合剤による研削砥石が最も多く使われ，つぎにレジノイド（人造樹脂）が使われる．

ビトリファイド砥石は結合度・組織の調整が自由であり，砥粒，結合剤，発泡剤を混練機で混ぜたものを，型につめてプレスで成形する．成形したものを，トンネルがまか，倒焔がまで，1200～1300°Cで焼成する．このように高い温度で陶器のように焼成するので，径1m以上の砥石は割れが入るため製作できない．砥石は焼成後，旋盤状のチャッ

クに取り付けて，研削砥石で表面を成形する．

砥石は均質をねらっても多少アンバランスがあるので，研削盤に砥石を取り付けるときは，図7・3に示すようにバランスおもり付きのフランジを使い，2～3個のバランスピースで平衡をとる．このバランスピースで静バランスをとれる範囲のアンバランスであるよう，砥石の表面におもりを付けてバランスの試験をする．

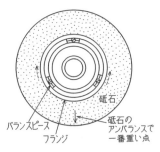

図7・3 砥石のフランジ．

なお，砥石は使用限度よりも回転数をあげていくと，遠心力のために結合剤が砥粒をささえきれなくなって破壊する．

レジノイド砥石は人造樹脂を結合剤としているので，高速の回転，粗研削，重研削に適しているが，目づまりする傾向がある．なお，レジノイド砥石は低温電気炉で，180～220℃で製造される．

ゴム（R）結合剤は最も強く，切断用，心無し研削の送り砥石（調整車）として使われる．なお，シェラック（E）結合剤はラップ効果が大きく，ロールの鏡面仕上げ用などに使用する．

2. 研削砥石の選択

一般に，研削砥石の選択条件としては軟質の材料には結合度の高い硬い砥石，硬質の材料は逆に軟質な砥石を用い，接触面，切込みが小さいときは硬い砥石や組織が密な砥石とかを選択するなどが考えられるが，工作物が比較的やわらかい場合は砥粒が小さく，結合度が高く，組織が密な砥石では，目づまりしやすいとか，砥粒が切れなくなっても脱落せずにガラス化して，すべって切れずに目つぶれを起こしたりする．また，逆に結合度が低過ぎれば，砥粒が脱落して目こぼれを起こす．これらはいずれも砥石が適合していないために起こる．なお，炭素鋼などは研削しやすく，合金工具鋼，高速度鋼，ス

表7・2 被研削性と研削比．

被研削性	研削しにくい	やや研削しにくい		研削しやすい
研削比	1～3	3～12	12以上	40以上
材質	高速度鋼のMo，Co入りチタン合金	合金工具鋼 SKH2，SKH3，SKH10，SKD1，ステンレス	高速度鋼 SKH52，合金工具鋼 SKS4，SKS2，SKS3	炭素鋼，ニッケルクロム鋼，低合金鋼
研削比＝$\dfrac{\text{工作物の研削量(cc)}}{\text{砥石の減耗量(cc)}}$				

テンレスなどは研削しにくい．

砥石は，仕上げ面粗さが悪くなったり，研削焼けやびびりなどを起こすので，再び目直し（ドレッシング）をして使うが，目直しから目直しまでの時間を砥石の寿命という．この寿命間の工作物の研削量と減耗した砥石の体積との比を研削比といい，砥石の適否の目安になる．

一般には，JIS の砥石選択表とか，各砥石メーカが発表している「砥石選択表」を目安にし，これに作業者の経験と勘を目安にしている．表 7・2 に被研削性と研削比を示す．

7・3 研削理論

砥石の研削作用の研究は 1910 年頃から始まり，1914〜1915 年にはオルデン（G. I. Alden, J. J. Gust）らによって，砥粒切込み深さ，接触弧の長さなど現在でいう研削の幾何学に相当する研究が行われ，さらに 1953 年には研削抵抗，研削仕上げ面粗さ，研削温度などの解析が進んだ．

1. 研削の幾何学

研削砥石を刃のピッチが小さくなったフライスにたとえ，切込みを小さく，切削速度を速くした場合と仮定して，単一砥粒切れ刃の切削量などを幾何学的に算出する方法をマイクロミーリングといい，これを研削の幾何学と呼ぶ．

砥粒切れ刃の分布は，砥石の研削切れ刃面に印刷用インクをローラで塗って紙に転写するか，すすを付けたガラスの上で砥石を転動させて，これをネガとして印画紙に拡大し焼き付けるかするとわかる．

砥石の研削面における砥粒切れ刃の間隔の平均値，つまり，平均切れ刃間隔 w とすると，w^2 の面積当り 1 個の砥粒が存在することになる．また，工作物上の同一点を引き続いて研削する切れ刃の間隔を連続切れ刃間隔 a とすれば，例えば粒度 46, 結合度 H の砥石で，w は 0.50 mm，a は 10.3 mm であるという．研削は砥粒によって行われるから，砥石の切込みより，砥石と工作物との接触弧の長さおよび，砥粒切込み深さが重要であり，研削条件を支配する．

（1）**接触弧の長さ** 図 7・4 は円筒研削を示したものであるが，同図において，$\widehat{PQ}$ は接触弧の長さであり $\widehat{PQ}=l$ とする．砥石と工作物の半径を R, r(mm)，砥石と工作物の周速度を V, v(m/min)，砥石の切込みを $\varDelta$(mm) とすれば，接触弧の長さ l(mm) は次式によって与えられる．

$$l=\widehat{PQ}=\sqrt{rR/(r+R)}\sqrt{2\varDelta}(1+v/V) \quad (\text{mm}) \qquad (7\cdot1)$$

（2）**砥粒切込み深さ** 連続切れ刃間隔を a(mm) とすると，1 個の砥粒で研削する面

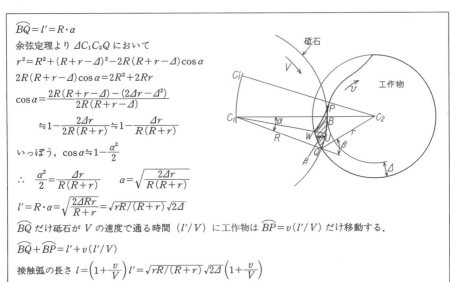

$\widehat{BQ} = l' = R \cdot \alpha$
余弦定理より $\Delta C_1 C_2 Q$ において
$r^2 = R^2 + (R+r-\Delta)^2 - 2R(R+r-\Delta)\cos\alpha$
$2R(R+r-\Delta)\cos\alpha = 2R^2 + 2Rr$
$\cos\alpha = \dfrac{2R(R+r-\Delta)-(2\Delta r-\Delta^2)}{2R(R+r-\Delta)}$
$\fallingdotseq 1 - \dfrac{2\Delta r}{2R(R+r)} \fallingdotseq 1 - \dfrac{\Delta r}{R(R+r)}$
いっぽう,$\cos\alpha \fallingdotseq 1 - \dfrac{\alpha^2}{2}$
$\therefore\ \dfrac{\alpha^2}{2} = \dfrac{\Delta r}{R(R+r)} \quad \alpha = \sqrt{\dfrac{2\Delta r}{R(R+r)}}$
$l' = R \cdot \alpha = \sqrt{\dfrac{2\Delta Rr}{R+r}} = \sqrt{rR/(R+r)}\sqrt{2\Delta}$
$\widehat{BQ}$ だけ砥石が V の速度で通る時間 (l'/V) に工作物は $\widehat{BP} = v(l'/V)$ だけ移動する.
$\widehat{BQ} + \widehat{BP} = l' + v(l'/V)$
接触弧の長さ $l = \left(1 + \dfrac{v}{V}\right)l' = \sqrt{rR/(R+r)}\sqrt{2\Delta}\left(1 + \dfrac{v}{V}\right)$

図 7・4 研削の幾何学〔(7・1) 式の証明〕.

積は図 7・4 に示すように BWQ となり,$\overline{UW}$ を砥粒切込み深さ (grain depth of cut) といいこれを g とすれば次式を得る.

$$g = (v/V)a\sqrt{(R+r)/(Rr)}\sqrt{2\Delta}\ \text{(mm)} \tag{7・2}$$

例題 7・1 切込みだけをかける研削(プランジカット)で,研削幅 B (mm) は一定,単位時間当りの研削容積を Q (mm³/s),切込み Δ (mm),研削速度 V (mm/s),工作物の速度 v (mm/s),砥粒間隔 a (mm) とする.

(1) Q および研削にあずかった切れ刃数 Z を求めよ.

(2) 切れ刃 1 個によって削り出される切りくずの平均体積 u を求めよ.

(3) 平均体積 u を切りくずの長さ l で割れば,平均切りくず断面積 a_m (mm²) が得られる.a_m を求めよ.

〔解〕 (1) $Q = vB\Delta$, $Z = VB/a^2$

(2) $u = Q/Z = a^2\Delta v/V$

〔(7・2) 式の証明〕…図 7・4 参照

$UW = WQ\sin\beta$
$\widehat{WQ} = v\dfrac{a}{V}$
$UW = v\dfrac{a}{V}\sin\beta \fallingdotseq a \cdot \dfrac{v}{V} \cdot \beta$
$\Delta C_1 C_2 Q$ において
$(R+r-\Delta)^2 = R^2 + r^2 + 2Rr\cos\beta$
$2Rr\cos\beta = 2Rr - 2\Delta(R+r) + \Delta^2$
$\cos\beta = 1 - \dfrac{\Delta(R+r)}{Rr}$
$\cos\beta \fallingdotseq 1 - \dfrac{\beta^2}{2}$ (展開近似)
$\dfrac{\beta^2}{2} = \dfrac{\Delta(R+r)}{Rr},\ \beta = \sqrt{\dfrac{2\Delta(R+r)}{Rr}}$
$UW = g = a \cdot \dfrac{v}{V}\sqrt{(R+r)/Rr}\sqrt{2\Delta}$

(3)　$a_m = a^2(1+v/V)^{-1}(v/V)\sqrt{(\varDelta/2)[(1/R)+(1/r)]}$

2. 研削抵抗の理論

研削抵抗については,大別してつぎの二つの考え方がある.

A. 砥粒 1 個当りに作用する力と,同時研削砥粒数との積が全抵抗になる.

B. 切りくずの単位体積当りの研削エネルギー（比研削エネルギー）を基とする.

(1)　上記 A の考え方には 1951 年佐藤健児博士の研究がある.これは砥粒刃先を理想的円すい形とし,平均切込み深さを計算し,砥粒 1 個にかかる接線抵抗 t,垂直抵抗 n を求め,同時研削砥粒数 j を乗じて研削抵抗 T,N を求めている.

$$T \propto \varDelta^{0.88} v^{0.76} V^{-0.76} B \quad (T: 接線抵抗)$$

また,1952 年に小野浩二博士は,例題 7・1 に示した平均切りくず断面積 a_m から,$t = k_s a_m$ と仮定し,同時研削砥粒数 $j = (Bl)/w^2$ から

$$T = k_G w^{-0.5} \varDelta^{0.88} (v/V)^{0.75} \cdot (1/D \pm 1/d)^{-0.13} B$$

としている.ここに k_G は比研削抵抗で,w は砥粒間隔である.

(2)　上記 B の考え方の代表として M. C. Shaw（ショー,米）の研究がある.これによれば比研削エネルギーを

$$u = VH/(vbd)$$

ここに,H：切削抵抗,b：研削幅,d：砥石の切込み＝$\varDelta$

上式から最大砥粒切込み深さ t との関係を求め,t が 28μ-in 以下の値では u は一定であり,この部分のせん断応力は $\tau = 1.9 \times 10^6 psi$ であり,無欠陥材料の鋼の理想値は $\tau_0 \fallingdotseq G/(2\pi) \fallingdotseq 8000/(2\pi) \fallingdotseq 1270 (kgf/mm^2) = 12445 [N/mm^2] = 1.8 \times 10^6 psi$ に相当する.

図 7・5 に示すように研削,マイクロミリング,旋削の u_s と切削厚さの関係を求めると,1 本の曲線になる.これは,せん断応力に対する温度効果とせん断ひずみ速度が互いに打ち消すとしている.u_s の切削厚さの増大による減少は寸法効果によるとしている.そして,寸法効果は切込み増大による結晶欠陥(転位)

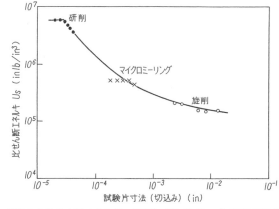

切込みと比せん断エネルギーの変化 (M. C. Shaw) SAE 1112 鋼

図 7・5　比研削エネルギー

の存在する確率の増すことによるとしている.

3. 研削抵抗の測定と推定

研削抵抗の測定は図 7・6 に示すようなストレンリングによる方法が最近は一般的である. ただし, 研削抵抗は 5〜10 kgf〔49〜98 N〕程度が限度のため, ストレンゲージを使う場合はリングの肉厚が 5 mm 程度では剛性に欠けるので, 多くは感度の大きい半導体ゲージを使用し, 肉厚を 10 mm 以上とするが, 温度等によって変化するので, 力-ひずみの較正はその都度行う.

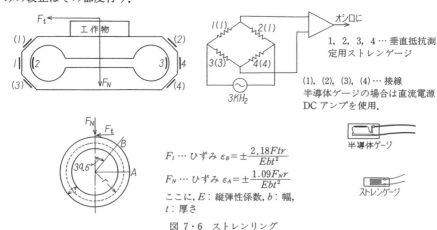

$F_t \cdots$ ひずみ $\varepsilon_B = \pm \dfrac{2.18 F_t r}{Ebt^2}$

$F_N \cdots$ ひずみ $\varepsilon_A = \pm \dfrac{1.09 F_N r}{Ebt^2}$

ここに, E: 縦弾性係数, b: 幅, t: 厚さ

図 7・6 ストレンリング

いま, 研削接線抵抗 F_t(kgf)〔N〕, 垂直抵抗 F_N(kgf)〔N〕が測定できれば, 切込み $\varDelta$ (mm), 研削幅 B(mm) とし, 研削速度 V(m/min), 工作物速度 v(m/min) とすれば,

研削動力　$P = F_t V / (60 \times 102)$　(kW) \hfill (7・3)

また, 比研削抵抗を K_G(kgf/mm²) とすれば

研削動力　$P = K_G \varDelta B v / (60 \times 102)$　(kW) \hfill (7・4)

〔SI 単位系による計算〕

$P = F_t V / (60 \times 1000)$　(kW) \hfill (7・3′)

比研削抵抗を K_G 〔N/mm²〕 とすれば

$P = K_G \varDelta B v / (60 \times 1000)$　(kW) \hfill (7・4′)

(7・3) 式と (7・4) 式による P (動力) は等しい.

$F_t \cdot V = K_G \cdot \varDelta B v$ から

比研削抵抗　$K_G = F_t V / (\varDelta B v)$　(kgf/mm²)〔N/mm²〕 \hfill (7・5)

また, 研削接線抵抗　$F_t = (v/V) \cdot K_G \varDelta B$　(kgf)〔N〕 \hfill (7・6)

一般の研削状態では　$F_N \fallingdotseq 2 F_t$　(kgf)〔N〕 \hfill (7・7)

7・3 研削理論

研削においては接線分力より垂直分力の方が2～3倍大きく，一般に2倍をとる．これは切削の接線分力（主分力）が大きいのと対比的である．

比研削抵抗の値は，3000～5000 kgf/mm² [29.4～49 kN/mm²] の値をとるが，切削の場合の比切削抵抗 200～300 kgf/mm² [1.96～2.94 kN/mm²] に比べて大きいのは，寸法効果と考えられる．

例題 7・2 円筒研削盤で焼入れ鋼を研削する．砥石幅（研削幅）50 mm, 研削速度 2000 m/min, 工作物速度 25 m/min, 切込み 0.01 mm, 比研削抵抗 3500 kgf/mm² [34.3 kN/mm²] として，研削力の接線分力 F_t (kgf) [N] と垂直分力 F_N (kgf) [N] を推定せよ．

〔解〕 $F_t = (v/V) \cdot K_G \Delta B = (25/2000) \times 3500 \times 0.01 \times 50 = 21.9 \fallingdotseq 22$ (kgf)

$F_N \fallingdotseq 2F_t = 44$ (kgf)

〔SI 単位系による計算〕

$F_t = (v/V) K_G \Delta B = (25/2000) \times 34300 \times 0.01 \times 50 = 214$ 〔N〕

$F_N = 2F_t = 428$ 〔N〕

4. 研削温度の測定と研削熱

研削点の平均温度を測るには，図 7・7(a) に示すように試験片に埋めこんだコンスタ

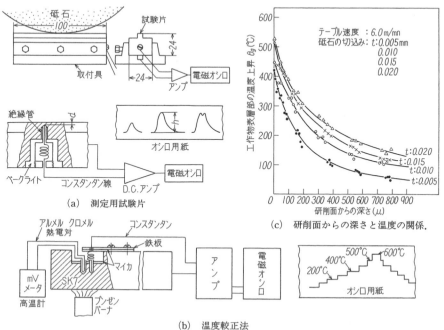

(a) 測定用試験片
(b) 温度較正法
(c) 研削面からの深さと温度の関係．

図 7・7 研削温度の測定．

ンタン線と工作物との間で熱電対を構成して，D.Cアンプで増幅して電磁オシロで記録する．コンスタンタン線は先端を針のようにとがらせ，研削面との距離 d を 0.8, 0.6, 0.4, 0.3, 0.2, 0.1, 0.05 mm と正確に測定しておき，順に研削温度を測定する．オシロ用紙には，山形の波形が現われる．コンスタン線と工作面との距離 d が零になる点では波形は乱れて，研削面に穴があく．その一つ前のオシロの波形 h から表面の研削温度が同図 (b) の較正グラフから得られる．同図 (c) はこれらの結果を整理したもので，このグラフは研削剤を使わない乾式研削である．つぎに研削面の温度であるが，表層部の温度は 450〜550°C になっている．

研削剤の替わりに水をかけると，表層温度は約 50°C 下がり，さらに，研削剤を与えた研削では約 100°C 下がる．研削用のソリューションタイプ（透明タイプ，W2種）は，水溶性であるが，単に冷却作用ばかりでなく，減摩作用も働き，研削温度が下がるものと考えられる．

研削点の平均温度を計算で求める研究は，佐藤博士や，M. C. Shaw によって行われたが，平面研削において，1秒当りの研削動力を熱量（カロリー）に換算し，接触面積（$lB = \sqrt{D\varDelta B}$ mm²）当り Q カロリーの熱を出しながら，テーブル速度で移動する移動熱源として，ジャガー（Jeager）の式を使って解析している．この解析によって工作物への熱の流入割合は，80％前後であり，このため，工作物は熱変形を起こして，加工面が中凹に仕上がることが判明している．

5. 仕上げ面粗さ

一般に，研削面の仕上げ面粗さは最大高さ（R_{max}）で 2μ 以下であり，肉眼ではきわめて美しく見える．研削盤の剛性が大きければ，砥石を 0.5〜1 mm 平坦部のあるダイヤモンドドレッサで，テーブル速度を 50〜75 mm/min に設定して入念にドレッシング（目直し）し，切込みはプランジ研削のとき 0.2μ/rev，トラバース研削で 1.5μ，テーブル速度 6 m/min くらいで研削すると，円筒研削では焼入れ鋼に対して，仕上げ面粗さ 0.3μ 以下のいわゆる鏡面仕上げが得られる．円筒研削盤で，この鏡面仕上げができることは，研削盤の剛性と切込みの安定を示すことになるので，研削盤受入れ時のテストとしてよく用いられる．

冷間圧延用ロールや紙製造用のカレンダロール等の仕上げ面粗さは研削焼けと同様に評価される．理論的研削粗さについては，佐藤，小野博士などの解析があり，実験式としては織岡の式，ペクレニークの式などがあるがここでは説明を省略する．

研削作業では，研削面が目測で最大高さ粗さ 2S 以上になると，砥石寿命でドレッシングするのが普通である．なお，工作物の真円度，真直度も同様に重要な要素である．

7・4 各種研削盤とその作業

研削盤には円筒,内面,平面,心無し,歯車など各種の研削盤があるが,研削盤は砥石を工具としているため,切込みが小さく,また,高精度加工を特色とするため,剛性が大きく,砥石軸心の振回りが少ない軸受構造になっている.砥石軸を支える砥石台,砥石頭はねじによって移動して切込みをかける構造になっている.最近はボールねじを使用している場合もあり,ねじのピッチは正確であり,切込みダイヤル目盛は直径を大きくして,1目盛 0.0025～0.005 mm の切込みがかけられるよう工夫されている.

1. 研削盤用精密軸受

砥石軸の振回りは 1μ 以内で,仕上げ研削では 2.5μ の切込みをかけ得る構造になっている.このため,軸受には精密すべり軸受,静圧軸受が使われ,平面研削盤では,アンギュラコンタクト玉軸受を前部に2～3個,後部に2個用いている.図7・8にこれらの精密軸受の種類を示した.表7・3は精密軸受を比較して示したものである.特に静圧軸受は超精密研削盤にも使われ,その利用が増加している精密軸受である.

2. 砥石フランジと砥石の釣合い

砥石の振回りを小さくするためには,砥石の静バランスをよくとらなければならない.このため,砥石のフランジには,2～3個のバランスピース(釣合いおもり)が取り付けてある.図7・9に砥石の静バランスのとり方の要領を示した.同図に示すようにバランス台の上に,フランジに取り付けた砥石をのせ,いちど,砥石軸に取り付け,ドレッシング後再び砥石を外して,バランスをとるが,砥石を回転させて砥石台に手を当てて振動を感じなければ,バランスがとれたことにな

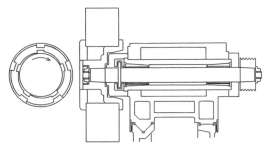

ケルメットを削り,くさび形こうばいを作ったもの.
(a) セグメント軸受

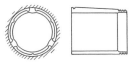

軸より 0.02 mm くらい大きくし,テーパにしてねじ部をしめ,3点で軸に当たる油くさびを作る.

(b) マッケンゼン軸受

 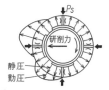

① 静圧により砥石軸を軸心に強固に保持.
② 静圧と動圧により高剛性,高減衰性能を実現.

(c) 静圧軸受

図7・8 精密軸受

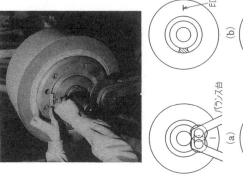

(a) バランスピースを取り，砥石の重い方にチョークで印をつける。
(b) 印と反対の位置にバランスピースをつける。
(c) 軽い方向に寄せてバランスピースの残りの2個をずらせてバランスをとる。
(d) 印を反対側にしてバランスを確かめる。

図 7・9 砥石のバランスのとり方．

表 7・3 研削盤用精密軸受の比較．

項目	すべり軸受	ころがり軸受	静圧軸受
回転精度	すきまを小さくすれば一般的に0.5μm程度．	加工精度良であれば一般的に0.5μm程度．プリロードが必要．	軸の加工精度がよければ良（およそ0.1μm），高次より低次成分が支配的．
負荷容量	低速ではよい．	一般的に容量大にできる．	ⓐ小さい．中・小形機用．
回転数	摩擦のため下限がある．	転動体の遠心力のため上限がある．	ⓐ温度上昇・所要動力による制限がある．
剛性	良好．	プリロードをかけて改善できる．	すきまと供給圧で決まる．
減衰能	良好．	ものによって加振性がある．	ⓞ良好．ⓐ回転数に影響受ける．
要求加工精度	高級なものは高精度加工．	すべり軸受と同じ．特にコロは状コロは高精度加工．	特に軸側の加工精度が直接回転精度に影響する．
軸受すきま	下限がある（およそ10μm，3〜8μmもある．）．	0まで調整可能．	ⓞ20〜50μm ⓐ5〜20μm
寿命	加工精度のよいものは限界なし．ただし起動時摩擦により有限．	必ず精度が低下する．	永久的である．
駆動力	起動トルクが大．	ころがり抵抗のみ．	ⓞ油の粘性抵抗が無視できない．
温度上昇	回転数の影響が大．	負荷の影響が大．	ⓞ油温の管理が必要．ⓐ空油温に特に問題ない．
潤滑法	綿密な計画，薄い油，フィルタが必要．	特別な要求はない．高速高負荷では噴霧給油．	考慮しなくてもよい．
保守管理	給油，塵埃の防止．	塵埃の防止．	作動流体の管理．
経済性	よいものは高価．	よいものは高価．	設備費が大．

〔注〕 ⓐ：空気圧，ⓞ：油圧

る．なお，心無し研削砥石のように大きな砥石のバランスをとるには熟練がいる．

なお，砥石のドレッシング（目直し）はダイヤモンドドレッサを使って行うが，ドレッサ先端は中心線より $5\sim10°$ 下げ，砥石軸の方向に $20\sim30°$ 傾けておく．切込みは $0.02\sim0.04\,\mathrm{mm}$，ドレッシング速度は荒研削で $0.3\sim0.5\,\mathrm{m/min}$，仕上げ研削のとき $0.1\sim0.2\,\mathrm{m/min}$ にし，砥石幅全体で軽い連続音がでるまでドレッシングする．ドレッシングに当たってはクーラントを与える．

トルーイングというのは砥石の形直しのことであるが，砥石を取り外してトルーイングロールを用いて形直しする場合と，さらにドレッサで仕上げ直しする場合とがある．

3. 円筒研削盤

（1）円筒研削盤の構造 図 7・10 に円筒研削盤の例を示したが，その基本構造はベッド上に前後にねじで摺動する砥石台があり，左右にベッド上を往復するテーブルの左端に主軸台，右端に心押し台があり，これによって工作物を支え回転を与えるようになっている．

図 7・10 円筒研削盤

（i）砥石台 回転する砥石を軸受で支え，砥石台を前進させることによって工作物に切込みを与える．砥石は表面速度 $2000\sim3000\,\mathrm{m/min}$ の高速で回転し，軸心の振回りを 1μ 以内にしないと，仕上げ面粗さ，真円度のよい仕上げ研削ができない．このため，精密すべり軸受または流体軸受が使用される．精密すべり軸受では，軸とのすきまが小さいので圧力をかけて給油するが，これは軸受の冷却作用も兼ねさせている．なお，一般には，潤滑油スイッチを ON にしないと，砥石軸スイッチを ON にしても回転しないようになっている．

砥石の前進はねじによるが，これには手動と自動切込みの付いたものがあり，ねじの遊びを除くため，ばねまたは油圧で後に引いている．また，切込みダイヤルは大きく，このダイヤルの近くに一定の切込みで止めるストッパや，油圧で砥石台を $30\sim50\,\mathrm{mm}$ 前後後退させるレバーが付いている機種もある．なお，安全のために，砥石にはカバーが付き，これにクーラントを与えるノズルが取り付けてある．

（ii）テーブル 砥石台側は V 溝案内面の V-平型摺動面に沿って直線往復運動ができるように，油圧シリンダをベッドに取り付け，ピストン端をテーブルに固定している．

この往復テーブル上には図7・11に示すように，中央のピボットで旋回できる旋回テーブル（スイベルテーブル）がテーブル両端で固定されている．旋回テーブルを傾けるとテーパ研削ができる．なお，平行度を直すために右端にダイヤルゲージを付属させている機種が多い．

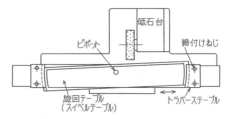

図7・11 トラバーステーブルとスイベルテーブル（平面）

(iii) 主軸台 工作物に回転を与えるため，センタは回転しないで，回し板の回し棒によって工作物の回し金に回転を伝える方式，つまりデットセンタ式になっている．なお，回し板にチャックを取り付けることもできる．また，工作物を周速20m/minくらいで回転させるため，主軸は50〜500rpmくらいに4段，または無段変速できる構造になっており，振動の少ないモータを使用している．

(iv) 心押し台 これは旋回テーブル上にねじで工作物の長さに応じて固定するが，工作物の研削熱による伸び変形を逃がすため，ばねによって工作物のセンタを押す構造になっている．

(v) 定寸監視装置 心押し台またはテーブルに固定して，工作物の直径の減少量をつねに測れるように，センサを工作物に触れさせておく．これには電気マイクロと同じく差動トランスを使ったタイプが多いが，零目盛で油圧が働き，砥石台が50mmくらい後退する装置を取り付けたタイプもある．目盛は増幅率を変えるこ

図7・12 定寸装置

とによって1目盛0.01mmと0.001mmに切り替えられ，0.5〜0.1mm（10μm/DIV）と0.05〜-0.01mm（1μm/DIV）の2レンジになっている（図7・12参照）．

(2) 円筒研削盤の基本作業

(i) プランジ研削 プランジ研削とは，テーブルを停止した状態で，砥石を切り込む研削であり，砥石の切込みを工作物1回転当り2〜3μまでにする．切込みが5μを越

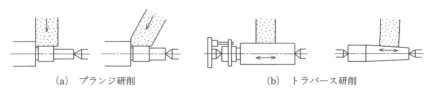

(a) プランジ研削　　　　(b) トラバース研削

図7・13　円筒研削

えると，砥石の摩耗が増し，砥石が切れなくなる．砥石台を傾けて角度をつけて固定すると，端面部，円筒部を同時に研削できるので，ボールベアリングを使う軸の加工などに適している〔図7・13(a)参照〕．

(ii) トラバース研削 トラバース研削はテーブルを往復運動させて，各折返しごとに，または1往復ごとに切り込む研削である．工作物より両端で砥石幅の 1/2〜1/3 が抜けるようにストロークを決めるときは切換えドックによって調節する．また，ストロークの端でテーブルを工作物 1〜1.5 回転に相当する時間だけ停止させる．これはタリータイムまたはドウェル時間で，送りマークを工作物に残さないために行う操作である．なお，切込みは 0.01mm 以下，仕上げで 5μ 以下にする〔図7・13(b)参照〕．

(iii) 研削の寸法の決め方 砥石はフライスとは違い，摩耗するので，工作物の径はわずかに大きくなるから，荒研削と仕上げ研削とに分けて行う．仕上げ研削しろは 0.05mm くらいにする．仕上がり寸法より 0.02mm 残すところで，正確に寸法を測り，その後，切込みダイヤル目盛を目安にして仕上げる．最後にスパークアウト（しだいに火花がでなくなるような研削．）で仕上がり寸法になるようにする．量産の場合は，自動定寸装置を付けると能率があがる．なお，研削作業においては砥石を回転させておいて，しばらくしてから作業するので，いちいち砥石の回転を止めないので，切込みダイヤル目盛の零点セットにはつねに気を使う必要がある．

4. 内面研削盤

内面研削盤の一例を図7・14に示したが，内面研削盤はスピンドルに小径の内面研削用砥石を取り付けて研削する．これには図7・15に示すように2種の方式があるが，工作物回転形が一般的である．砥石は小径のため，高速回転（20000〜50000 rpm）になる．

砥石ヘッドはアンギュラコンタクト玉軸受を前後に1対ずつくらい使っているが，高速回転のため，熱による軸の伸びの変化による軸受予圧の変化を防ぐ

図 7・14 内面研削盤

(a) 工作物回転形

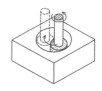

(b) プラネタリ形

図 7・15 内面研削の砥石の運動．

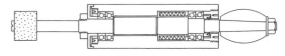

図 7・16 内面研削盤の砥石軸ヘッド

ため，ばねを入れて予圧を加減している．特に5万回転以上の高速回転をするタイプでは予圧にマグネットを用いているタイプもある．図7・16に内面研削盤の砥石軸ヘッドを示した．

つぎに仕上がり寸法の決め方であるが，これにはつぎの二つの方法がある．

① ダイヤモンドサイジング（diamond sizeing）といって，荒研削後，径 0.02～0.04 mm の仕上げしろを残し，ダイヤモンドドレッサの位置によって，ドレスして寸法を決めるもの．

② ゲージマチック研削といい，工作物をチャックした主軸穴後端から段付きプラグゲージが出て，第1段目が通れば荒研削終了，第2段目が通れば研削終了というもので，工作物に応じたプラグゲージが必要である．

内面研削では砥石軸のたわみのため，中高の穴になりやすいので，できるだけ大径の短い軸首の砥石軸を使用する．また，理論的には接触弧の長さが大きいから，結合度の低い砥石を使用することになるが，摩耗を考えて一般には円筒研削と同じぐらいの結合度の砥石が使用される．

外爪チャック使用の際は，工作物が動かない程度のきわめて弱い締め方にしないと，外したときに穴がひずむ．このため工作物の端面を引き付けて締めるチャックを使うか，電磁チャックなどを用いるとよい．

なお，内面研削の研削諸元を参考までに示すと以下の通りである．

工作物速度：35～45m/min，トラバース：砥石幅の 1/3～1/4 抜ける，切込み量：荒研削 0.01～0.02mm，仕上げ 5μ，表面粗さ：1～2S，真円度：1～2μ

5．平面研削盤

（1）平面研削盤の構造 形式としては，砥石軸が水平か垂直かによって，横軸形と立て軸形とに分けられ，テーブルの形式によって，角テーブル形と円テーブル形とに分けられる．

横軸角テーブル形の電磁チャックの大きさは (300～600)×(400～1000)mm であるが，砥石と工作物との接触面積が小さいので研削能率より精密な加工に適している．軸受はアンギュラコンタクト玉軸受を 2～4 対用いるか，精密平軸受を用いるタイプもある（図7・17，図7・18参照）．

図7・19は門形平面研削盤を示したものであるが，ワークテーブルが 4000×1350mm のように大

図7・17　横軸形平面研削盤

7・4 各種研削盤とその作業

きな門形平面研削盤もあり，これには静圧軸受を用いている．横軸円テーブル形研削盤はロータリ形とも呼ばれ，軸受は平軸受を用い，円盤状の工作物やリングにこう配を付ける研削ができるが，加工精度は劣る．

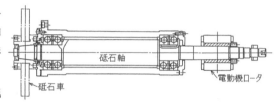

図 7・18 砥石軸例

図 7・20 に立て軸角テーブル形の平面研削盤を示した．チャックの大きさは (250～300)×(1000～3000) である．軸受はアンギュラ玉軸受，または円すいころ軸受を使う．砥石軸のモータは 7.5kW（10馬力）以上の高出力のものを用いている．砥石と工作物（ワーク）との接触面積が大きいために，比較的結合度が低く（やわらかい）て粒度の大きい砥石を使う．加工能率はよく，スチールウール状の切りくずが出る．なお，立て軸円テーブル形平面研削盤は加工能率がよく，リング状の工作物の研削に適している．

図 7・19 門形平面研削盤

図 7・20 立て軸平面研削盤

(2) テーブルの浮上がり 油膜を介してベッド上におかれたテーブルは，テーブル速度にほぼ比例して，油くさびの作用で 0.02～0.05 mm くらい浮き上がる．工作物の形状精度に影響を与える要因はテーブルの浮上がり量だけではないが，浮上がり量の不安定は問題になる．このため，テーブル下端をボールガイドまたはローラガイドにすれば，浮上がり量を防止できる．しかし，小形の平面研削盤にこれらを採用すると，テーブルの折返し時の衝撃によって，上下に振動するので，主に中・大形タイプの機種に採用されている．

図 7・21 は乾式研削した 100 mm の試験片の中凹量をテーブル浮上がり量とともにプロットしたものであるが，同図によって浮上がり量だけでは中凹量を説明できないことがわかる．

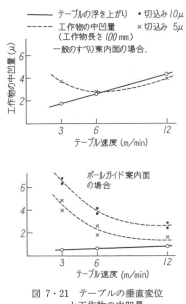

図 7・21 テーブルの垂直変位と工作物の中凹量.

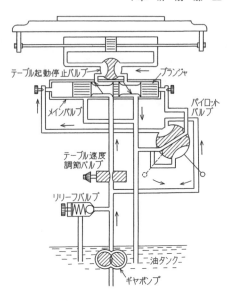

図 7・22 小形平面研削盤の油圧機構.

(3) テーブル駆動の油圧回路 平面研削盤のテーブル速度は 20 m/min 以上から 3 m/min まで，変速域は 1：10 になる．このため広範囲の無段変速が容易である油圧機構が用いられる．図 7・22 は小形平面研削盤の油圧の基本構成の一例を示したものであるが，絞り弁によって，速度調節を行っているので，ポンプの容量は最大テーブルスピード時の吐出量から算出している．このため，テーブル速度を遅くするために絞り弁を絞れば，大部分の油をリリーフバルブ（逃がし弁）から逃がし，このエネルギーが熱に変わり，油温の上昇となり，機械本体の熱によるひずみが増す結果，精度に影響する．なお，この回路では油温は 1 時間平均 5℃ の上昇となるので，8 時間操業の場合 40℃ の上昇となる．このためポンプユニット，油槽を機械本体と分離するとか，タンク容量を大きくするとか手段がとられるが，小形の機種では困難である．また，ギヤポンプを使っているため，油圧が脈動し，リリーフバルブも鋼球を用いているため，振動（チャタリング）を起こしやすい．

　中形以上の機種になると，油温の上昇を防止するため，可変吐出形のベーンポンプ（羽根ポンプ）を使い，テーブル駆動に必要な油量しか吸い上げずに，この速度を保つのに必要な油量を循環させるような密閉回路を形成させると，油温上昇は 8 時間で 8℃ しか上昇せず，気温の変化に準じて無視できる範囲になる．また，ベーンポンプ採用のため油圧の脈動もない．

（4） テーブルの慣性力と油圧回路

図7・23 は横軸角テーブル形の平面研削盤のテーブル駆動部を示したもので，テーブル上の中央に磁気チャックが取り付けられ，チャック上面に工作物を磁気によって固定している．テーブルのストロークは工作物の長さに応

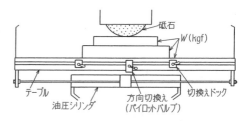

図 7・23 平面研削盤のテーブル慣性力．

じ，切換えドックの間隔を調節するが，両端で切込みや前後送りをかけるために，両端では砥石と接触しない程度にする．切換えドックがパイロットバルブを切り換えると，油圧でメインバルブのプランジャが切り換えられ（図7・22参照），油圧シリンダへの圧油供給の方向が逆になるが，運動している部分は慣性力のためにすぐにはテーブルは折り返らないので減速距離が必要である．なお，ドックによる方向切替えからの制動距離をオーバランという．

工作機械では油圧を利用することが多いので，平面研削盤を例にして，テーブルにかかる力から，オーバランの距離を求め，油圧シリンダのピストンにかかる力からその内径を求めてみる．

いま，テーブルと磁気チャック，工作物重量の和を $W(\mathrm{kgf})$ その質量を $m[\mathrm{kg}]$，テーブル速度 $v(\mathrm{m/sec})$，加速度または減速度 $a(\mathrm{m/sec^2})$，加速または減速距離 $x(\mathrm{m})$ とする．

加速度 a は，テーブル上に加速度計のピックアップを取り付けることによって，何 g か測定できる（g は重力の加速度で $9.8\mathrm{m/sec^2}$．）．運動中の W の重量の運動エネルギーは

$(1/2)(W/g)\cdot v^2$ で，これを止める制動力を $F(\mathrm{kgf})[\mathrm{N}]$ とすれば

$$(1/2)(W/g)\cdot v^2=F\cdot x=一定, \quad F=(W/g)\cdot a, \quad F=ma$$

減速距離 $x=v^2/(2\cdot a)$ (m)，減速距離を小さくするには，a を等加速度に制御する．減速力 $=(W/g)\cdot a(\mathrm{kgf})$，SI 単位では減速力 $=m\cdot a[\mathrm{N}]$

切換えドックによるパイロット，メーンバルブの方向を切り換える間の時間遅れを t 秒とすると，オーバランの距離 $X=vt+x=vt+v^2/(2\cdot a)$ (m)

テーブル速度を大きくすると，オーバランの距離も長くなり，切換えドックの位置を変える必要がある．また，時間遅れ t を短くするため，パイロット弁の油回路の配管は太く，短くなるようにする．

また，摺動面との静止摩擦係数を μ とすれば，シリンダにかかる力は

$F=\mu W+(W/g)\cdot a$ (kgf), SI 単位では $F=9.8\mu m+ma$ [N] となり, 油圧を p (kgf/cm²), シリンダの効率 0.9 とすれば, シリンダ断面積が $A=F/(p\times 0.9)$ (cm²), 油圧 p [Pa] のときは, Pa=N/m² であるから $A=[(ma+9.8\mu m)/(0.9p)]\times 10^4$ (cm²) となり, シリンダの直径は $D=\sqrt{4A/\pi}$ (cm) となる.

また, v_m を最大テーブル速度(m/min)とすれば, ポンプの容量は $Q=0.1Av_m$ (l/min) となるが, 最大所要流量に 10% くらい余裕をみる必要がある. タンクの容量はこの 4 倍くらいにとる. 配管管径は, 管内流速制限を一般に 3～4 m/sec にとるように定める.

(5) 平面研削盤の基本作業

(i) 磁気チャック上面の研削 チャック上面はテーブルの動きに平行でないと, 高精度の研削はできないので, 時々注意して研削しておく. チャック上面は極軟鋼に黄銅で区切ってあるため研削しにくいから, よくドレッシングした砥石を使い, 目づまりしないようにする. この場合, 切込みは 0.005 mm くらい, テーブル速度は 20 m/min と速くし, 磁気チャックは ON にして少し時間をおいてから研削する (チャック上面は温度により狂ってくる.).

(ii) 平面研削作業 つぎの ①～⑥ に留意する.

① チャック上面および工作物の面を清掃してからチャック面と工作物との間にごみ, 切りくずをはさまないように注意して, 工作物をチャック面におき, 磁気チャックを ON にする. 工作物の背が高い場合や取付け面が小さいときはチャック力が不足のこともあるので, 正直台などで補強して, しっかり工作物を固定する.

② 砥石を研削する面の高さまで近づけて, すきまを 0.5 mm 程度とする. なお, 工作物の長さに応じて, 切換えドックの距離を調節し, テーブル速度を 15 m/min くらいにして, 長手方向のみ自動送りをかけて, 両端で砥石と工作物の接触が外れるようにする.

③ 砥石を回転させ, 工作物のいちばん高い部分に, 前後送りハンドルを手動で回し, 砥石をもってゆく. 砥石を下げてごくわずかに火花がでるようにし, 切込みダイヤルの目盛を零に合わせる.

④ 過大な切込みが掛からないように前後送りはテーブル折返し時に手動で注意深く行う. 砥石の切込みは最大 0.01 mm, ふつう 0.005 mm である.

以後, 切込みダイヤルで切込みをあたえ, 手動で前後送りをして研削するが, ここで前後送りも自動送りにしてもよい.

⑤ 工作物の寸法は一般にマイクロメータで測る. 平面研削用の砥石は結合度が低い (やわらかい) ので, 摩耗も多く, 切込み量だけ寸法は減少しないし, 研削面にびびりマークがでやすいから, 仕上げ研削ではドレッシングに注意する.

7・4 各種研削盤とその作業

⑥ 直角の出し方は直角のよく出ている正直台に工作物をクランプで止めて研削する．矯正する場合は工作物とチャックとの間の片側に薄紙をはさんで研削して直す．

例題 7・3 横軸平面研削盤で，砥石の幅 25 mm，研削速度 $V=2000$ (m/min)，テーブル速度 30 m/min とし，砥石の切込み 0.01 mm とするとき，つぎを求めよ．

(1) 比研削抵抗 5000 kgf/mm² 〔49000 N/mm²〕として，接線抵抗 F_t を求めよ．

(2) テーブルと工作物の重さ 120 kgf とし，テーブルの加・減速度 $0.3g$ 〔2.94 m/s²〕として制動力を求めよ．

(3) 油圧の切換え弁の遅れを 0.1 秒として，方向切換え時のオーバランの距離を求めよ．

(4) 摺動面との静止摩擦係数 0.25，油圧シリンダの効率 0.9，油圧 5 kgf/cm² 〔49×10⁴ Pa〕として油圧シリンダの径を求めよ．

(5) 最大テーブル速度を 30 m/min として，油圧ポンプの最大流量 (l/min) を求めよ．

(6) パイプの配管の内径を求めよ．ただし，管内流速制限 3.5 m/sec とする．

〔解〕
〔重力単位系による計算〕

(1) $F_t = K_G tbv/V = 5000 \times 0.01 \times 25 \times 30/2000 = 18.75$ (kgf)

(2) $F = (W/g) \cdot a = (120/g) \times 0.3g = 120 \times 0.3 = 36$ (kgf)

(3) $X = (v/60) \times t + (v/60)^2/(2a) = (30/60) \times 0.1 + (30/60)^2/(2 \times 0.3 \times 9.8)$
$= 0.0925$ (m)

(4) $A = (F + \mu W)/(0.9 p) = (36 + 0.25 \times 120)/(5 \times 0.9) = 14.67$ (cm²)
$D = \sqrt{4A/\pi} = \sqrt{4 \times 14.67/\pi} = 4.32 ≒ 4.4$ (cm)

(5) $Q = 0.1 Av = 0.1 \times 14.67 \times 30 = 44.01 ≒ 45$ (l/min)

(6) $(\pi/4) \cdot d^2 \times 3.5 \times 100 \times 60 = 1000 Q$
$d^2 = 1000 \times 45 \times 4/(\pi \times 3.5 \times 6000) = 2.73 \quad d = 1.65$ (cm)

〔SI 単位系による計算〕

(1) $F_t = K_G tbv/V = 49000 \times 0.01 \times 25 \times 30/2000 = 183.75$ 〔N〕

(2) $F = ma = 120 \times 2.94 = 352.8$ 〔N〕

(3) $X = (v/60) \times t + (v/60)^2/(2a) = (30/60) \times 0.1 + (30/60)^2/(2 \times 2.94)$
$= 0.0925$ (m)

(4) $A = 〔(F + 9.8 \mu m)/(0.9 p)〕 \times 10^4 = 〔(352.8 + 9.8 \times 0.25 \times 120)/(49 \times 10^4)〕 \times 10^4$
$= 14.67$ (cm²)，$D = 4.32 ≒ 4.4$ (cm)

(5), (6) は上に同じ．

6. 心無し研削盤

（1） 心無し研削盤の構造　図 7・24 に心無し研削盤の構造の概略を示した．使用する研削砥石は直径 400 mm 程度のビトリファイド砥石で，幅は 200 mm くらいの大形の砥石である．研削砥石に対向して直径 225 mm くらいの調整車または送り砥石（ゴムを結合剤

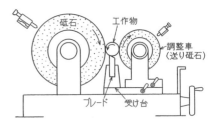

図 7・24　心無し研削盤模型図

とし，幅は研削砥石と同じ．）があり，工作物に送り回転を与える．工作物を支えるブレードは，両砥石の間にあるが，工作物の中心を，両砥石のセンタ高さよりわずかに高く保つようにしている．ブレードは一般に工作物を調整車側に押すように傾きその先端は 60°に研削されている．

砥石は研削速度 2000 m/min くらいで回転しているが，調整車は工作物に摩擦力で回転を与えるのが目的であるから，10～100 rpm で 7～10 段または無段に変速でき，調整車の目直し，および形直し用に 300 rpm くらいの高回転を 1 段付けている．

円筒研削は上向き研削であるが，心無し研削では工作物をブレードに押し付けるように回転させるので，下向き研削である．下向き研削であるから機械の剛性は大きく，砥石軸は軸径が大きく，最近はこれに静圧軸受が使用されている．両砥石ともに，案内定規に倣い，油圧駆動のドレッシング装置が付いている．工作物の仕上がり寸法は，両砥石の間隔によって決まる．

（2） 心無し研削盤による研削作業　心無し研削には通し送り研削と送り込み研削とがある．

（i） 通し送り研削　心無し研削では調整車を工作物の径に応じて 20 mm 以下なら 3.5°，20～25 mm なら 2～2.5°，25 mm 以上なら 1.5°傾ける．この調整車を傾けることによって，工作物に長手方向の送りを与える．

この送り速度 A は次式によって与えられる．

$$A = \pi D N \sin\alpha \quad (\text{mm/min}) \tag{7・8}$$

ここに，D：調整車直径(mm)，N：調整車の回転数(rpm)，α：調整車の傾斜角(°)．

ふつう，送り速度 A は 1～3 m/min であるが，A が大きければ真直度がよく，小さければ真円度がよくなる．図 7・25 に示すように調整車を傾けただけでは，両砥石の中心部は接触しても

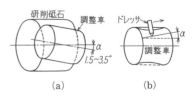

図 7・25　調整車のドレッシング．

7・4 各種研削盤とその作業

両端にはすきまができるので，その分だけドレッサの案内板を傾け，調整車をつづみ形にドレッシングする．

つぎにブレードと調整車との間隔を決め，図7・26に示すように工作物をブレード上にのせ，砥石のすき

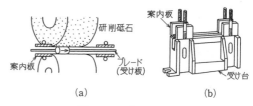

図 7・26 通し送り研削

まを見る．受け台の2組の案内板を平行になるように調整して取り付ける．砥石を回転させ，切込みを与えて，工作物をゆっくりブレード上を入口から出口に研削させながら移動させる．研削の後に工作物の直径を測り，案内板を調整する．なお，工作物の中心高さを心高より15mm以下で1/2d，径がそれ以上では1/3～1/4dだけ高くする．

(ii) 送り込み研削 受け台とブレードを送り込み研削用に変え調整車の傾きを0.25～0.5°にし，ドレッシング後に砥石を修正する．特に，工作物の径が異なったり曲面の場合は，砥石，調整車ともにトルーイング（形直し）する．つぎに引出し金具を工作物の長さに応じて調節したのち，砥石の間隔を工作物の径に応じて開け，ブレード上に工作物をのせ，切込みレバーの位置を決める．

つぎに砥石を回転させ，切込みレバーを上げて砥石間を開き，工作物をブレード上に差し込んでのせ，レバーを下げて調整車を近づけて研削する．研削終了時には，図7・27(b)に示すようにレバーを上げると弾き出し装置によって工作物は前方に突き出される．なお，荒研削で仕上げしろを0.02～0.05mm残し，仕上げ研削ではスパークアウトの時間をおく．

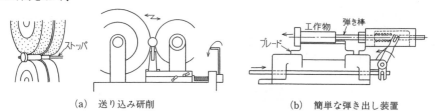

(a) 送り込み研削   (b) 簡単な弾き出し装置

図 7・27 送り込み研削

(iii) 自動工作物供給装置 通送り研削の場合は振動を与えて，工作物を供給する装置等，比較的簡単であるが，送込み研削になると，油圧を利用するなど，供給装置も複雑になり，本体と同じくらいの設備費がかかることもある．

例題 7・4 心無し研削盤で直径15mm，長さ50mmの工作物を通送り研削する場合，調整車の直径を220mm，その回転数を40rpmとし，その傾き角を3°とすれば，工作物は1分間に何個研削できるか．また，工作物の表面速度vはいくらか．

〔解〕 $A = \pi DN \sin\alpha = \pi \cdot 220 \cdot 40 \sin 3° = 1446.9 \,(\text{mm/min})$

個数 $= 1446.9/50 = 28.9$ (個), $v = \pi \cdot 220 \cdot 40/1000 = 27.6$ (m/min)

7. 歯車研削盤

高速回転する歯車は歯形がよくないと騒音が出る．この騒音を小さくするには，シェービングすればよいが，焼きが入った素材はシェービングできない．最近は，CBN などで作ったシェービング工具を用いると焼入れした素材でも加工が可能であるが，一般的ではない．一般には，Cr-Mo 鋼などを肌焼き（浸炭）の後，熱処理して表面硬化させた歯車素材を歯車研削している．AC サーボモータの普及によって，今後は歯車の使用も少なくはなるが，高速回転，高荷重用として，また，工作機械の主軸変速用の歯車，ロボット用，計測器用等には研削した歯車が使われよう．

歯車研削盤はホブ状の砥石を用いるライスハウアー (Reishauer) 社製と，皿形砥石を用いるマーグ (Magg) 社製とが有名である．

（1）ホブ状砥石を用いる歯車研削盤 砥石は歯切り盤の工具のホブのように，クラッシングロールで成形した市販品を研削盤に取り付けたのち，ダイヤモンドドレッサを

図 7・28 ホブ状砥石による歯車研削.

付けた成形装置で取り付け，誤差を成形仕上げしてから研削に使われる．この砥石軸と歯車素材を取り付けた軸とは一定の回転比をもつように，それぞれ独立した同期電動機を用いて駆動される．このタイプの歯車研削盤は研削能率がよく，少品種多量生産に適している．図 7・28 はライスハウアー社の歯車研削盤で，価格は歯車研削盤本体が約 4000 万円，成形装置は本体 3 台に 1 個くらいあればよい

図 7・29 同期制御歯車研削盤

が，約 1000 万円と高価である．図 7・29 はコンピュータを用いて同期制御している国産の歯車研削盤の例である．

（2）マーグの歯車研削盤 これは，図 7・30 に示すように，2 枚の皿形砥石を用いて，皿形砥石の縁のきわめて小さい面積で研削する乾式研削であるため，研削熱も少ない．基準円に応じたアルミ製円筒のピッチブロックと鋼帯で，ピッチブロックと同軸に取り付けた歯車素材の歯形を，インボリュート曲線になるよう研削し，割出し板で 1 歯

7・4 各種研削盤とその作業

ずつ割り出しながら研削するので，多品種少量生産に適し，工作機械メーカなどで使われている．

図7・30(a) は15°/20°研削法を示したものであるが，これは歯車の圧力角だけ砥石を傾斜させる研削法で，ピッチブロックの直径はピッチ円直径であり，小さい歯車の研削に用いられる．また，同図 (b) に示す0°研削法は，砥石の傾きが

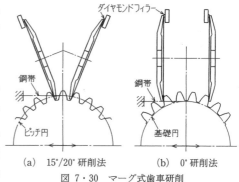

図 7・30 マーグ式歯車研削

0°で向かいあい，研削点が内側にあり，歯の側面との接触は最も縁に近い小部分で行うので歯形の調整が確実である．ピッチブロックの直径は基礎円に等しいので，基礎円を直線に沿って転がせば，インボリュート歯形ならば，歯形は1点を通る．同様に，鋼帯で同図に示すように基礎円を動かせば，砥石は歯形をインボリュート曲線に仕上げる．なお，同図においてダイヤモンドフィラは，多石のダイヤモンドで，砥石の縁を短時間ごとになぜ，砥石が減れば電気とメカによって砥石軸を前進させる砥石摩耗補正装置の一部である．

図7・31は歯形の修正とクラウニング量（歯すじの当たる部分がわずかに凸になる．）を設定する装置であるが，歯形線図から求めた修正カムからの信号を油圧機構によって砥石軸の軸方向への移動によって修正する．

なお，図7・32に示すように，鋼帯の一端はピッチブロックに回して固定され，他端は創成サドル上のテープスタンドに止められており，創成サドルのクランクデスクによる往復運動によって，歯形がインボリュート曲線に研削される．なお，歯すじ方向の研

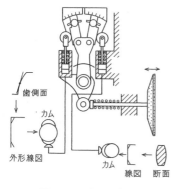

図 7・31 歯形の修正．

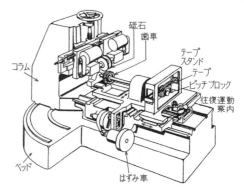

図 7・32 マーグの平歯車研削盤の各部．

削はこの創成運動をしながら、往復台を油圧によりゆっくり往復運動させることにより行われる.

　(3) 歯車研削盤の能率　能率については、いちがいにはいえないが、例えば歯数60くらいの歯車を研削する場合、マーグの歯車研削盤では段取りに2時間、研削に2時間を要する. なお、研削した歯車は0級の最高精度である. 同じ歯車をライスハウアー社製の研削盤を用いると20分間くらいで研削できるが、0級の精度を得ることは難しい. なお、歯車研削作業では、歯車の仕上げ寸法はまたぎ歯厚で測るため、歯厚コンパレータを使いブロックゲージと比較測定している.

7・5　超精密研削加工（マイクログラインディング）

　最近は目標精度を加工精度で0.1ミクロン、表面粗さで0.01ミクロンとする超精密加工を金属材料だけでなくぜい性材料（水晶, セラミックス, シリコンなど.）にも行いたいという要求がある. このためには、ぜい性材料に対しても、割れが入らないように、金属のように塑性流動による除去加工させる必要があり、ラッピングやポリッシングの微少な切込みの領域に対しても、切込みが制御できなければならないので、高精度、高剛性の工作機械が必要になる. 超精密ダイヤモンド旋盤はその代表である.

　研削においても、現在の技術水準を1桁ないし2桁向上させる必要があるので、マイクログラインディングのための研削盤は従来のものより、1桁高い運動精度と、1桁高い剛性が必要な性能で、具体的にはつぎの数値が要求される.

　スピンドルの振れ：$<0.1\,\mu m$,　　スライド真直度：$<1\,\mu rad$

　位置決め分解能：$<0.1\,\mu m$

　砥石/工作物取付け繰返し精度：$<0.1\,\mu m$

　砥石/工作物支持剛性：$>10^8\,N/m$

研削盤の構造はこのような数値を念頭において、選択あるいは工夫され設計・製作が進められている.

1.　マイクログラインディング研削盤の構造

　これについての研究は1980～1986年に宮下・吉岡・橋本・金井の四氏が発表されているので、これにもとづいて2～3の事項を説明するが、種々の貴重な工夫が開発されていることを汲み取っていただきたい.

　(1) 負荷補償方式による高精度送り機構への対応　駆動系の剛性を増大するために、位置決め機構に加わる負荷（摺動抵抗, 摩擦力, 切削力などに抗して駆動するのに要する力.）を検出し、位置決め機構とは別に設置した力補償装置によって、この力を駆

7・5 超精密研削加工（マイクログラインディング）

動対象に供給して，位置決め機構にはできるだけ負荷を与えず，運動指令の役割のみ与える駆動方式を採用している（図7・33参照）．これによって，運動体はスティック・スリップ(stick-slip：低速における間欠運動．)等の現象を起こすことなく円滑に送られる．

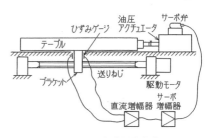

図7・33 負荷補償方式

（2） 複合案内機構 一般に砥石ヘッドの垂直案内機構は，対向する二つの案内面を必要とするため，高精度の送り運動を得ることは困難である．これに対して複合案内機構にはつぎのメリットがある．

① 摺動面の荷重分布をつねに均一にし，不必要なガタの排除を可能にする静圧案内の採用．

② 垂直案内機構における運動基準面を1面だけにすると，その案内面の幾何学的精度が摺動体の運動精度に転写され精度の向上が期待できる．

③ 負荷補償方式によって，摺動摩擦力による駆動機構の lost motion を排除し，stick-slip 現象を解消する．

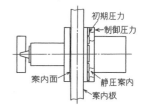

図7・34 複合案内機構

複合案内機構は図7・34に示すように前側の摺動面を従来からのすべり案内面が唯一の運動基準面とし，後側を静圧案内としているので，砥石ヘッドに作用する外力に支配されることなく，つねに安定した接触状態が得られ，砥石ヘッドの支持剛性は静的に約3倍増す．

（3） 軸固定構造 これは宮下・吉岡両氏の提案であるが，図7・35に示すように砥石ヘッドの構成を固定軸と砥石ユニットおよびユニット本体とした軸固定構造である．

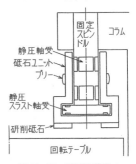

図7・35 軸固定構造の砥石ヘッド．

静圧方式を採用し，静剛性的にも1桁の差異が生じるとしている．

2. マイクログラインディング研削盤の実例

図7・36に示した立て軸ロータリテーブル形超精密研削盤では，負荷補償機構の効果として砥石ヘッドは確実に $0.1\,\mu m$ ステップで送られているとともに，上下に運動の向きを変える際の lost motion も見られない．また，専用のツルーイング/ドレッシング装置を持ち，工作物取付け具を付属させている．砥石ヘッドの案内は複合案内機構を採用して，その前後方向の静剛性は $140\,kgf/\mu m\,[1370\,N/\mu m]$ 程度である．

図7・38に示した横軸テーブル往復形平面研削盤は，砥石ヘッドの切込み送り機構か

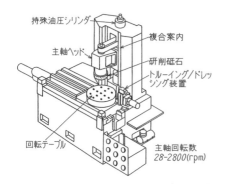

図 7・36 立て軸ロータリテーブル形超精密研削盤

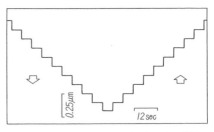

図 7・37 立て軸砥石ヘッドの位置決め特性.

らねじ軸を除去して，負荷補償用と位置決め用の二つの特殊油圧シリンダを使っている．

これらと同じ設計概念で開発した心無し研削盤もあり，研削砥石側，調整車側も軸固定構造による静圧油支持である．また，砥石の機外修正機の主軸系の構造も同様である．すでに実際に製作され，十分な加工精度を得ている．

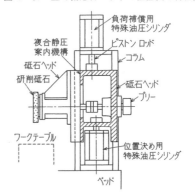

図 7・38 超精密横軸テーブル往復形平面研削盤

3. マイクログラインディングの加工結果

マイクログラインディングは研削砥石のぜい性破壊によって創成された作業面を用いて行われる従来からの研削とは異なり，マイクロツルーイング/ドレッシングされた砥石面によって，研削盤の高剛性と高い運動精度を用いて実施される塑性領域の除去加工であるが，工具としての砥石作業面もまた塑性領域の摩耗でなければならない．

図 7・39 は砥粒の摩耗状況を，図 7・40 は工作物の表面粗さの変化を示したものである．図 7・41 は横軸往復テーブル形による Y カット水晶板の加工結果である．同図に示すように圧力転写形除去加工法の中の代表的存在であるラッピングの粒度 #4000 程度の加工面が容易に

150 分研削後
研削砥石 GC 80 L 7 V,
350 φ 幅 150.

図 7・39 砥粒の摩耗状況.

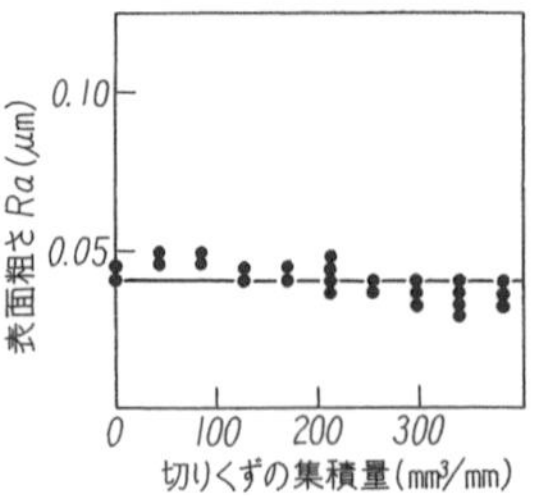

図 7・40 工作物の表面粗さ.

7・5 超精密研削加工(マイクログラインディング)

得られる。マイクログラインディングの最大のメリットは寸法・形状・粗さの3者を高精度で満足し得ることとドレスインターバル(ドレッシングの間隔, 砥石寿命.)がきわめて長いことである。

砥石 SD 1500 N 160 M
切込み 0.2μm, 水晶板
(a) マイクログラインディング

(b) ラッピング#4000

図 7・41 研削結果

8章 特殊加工法

　電気・光・電気化学などの加工エネルギーを用いる除去加工法を特殊加工法と呼んでいる．これには放電加工，電解研摩，電解加工，電解研削およびすでに第3章で述べた電子ビーム加工，プラズマ加工，レーザ加工などが挙げられる．この章ではさらに加工による変質層の少ないホーニング，超仕上げ，ラッピング，超音波加工を加えその概略を説明しておく．

8・1　放電加工

　各種の工作物に電極との間の放電によって加工を施す加工を放電加工という．放電加工では直流電源に安定抵抗を入れ，両極の間に並列に $50 \sim 200\,\mu F$ のコンデンサを入れ，両極を $0.05\,mm$ くらいに近づけると火花放電する．軽油などの加工液中では，冷却作用によって放電点の面積が絞られ，両極の消耗は激しくなる．

　放電加工では，はじめに電極の形を加工しておき，加工物を一方の極として，ケロシン（白灯油）などの中で火花放電を繰り返すと，電極も加工物も減る結果，加工物を加工することができる．

　放電加工機の各部は図8・1に示すように繰返し放電の電源，電極と加工物とのすきまを $5 \sim 10\,\mu$ に保つサーボ装置，加工液の循環ろ過装置，加工物の電極の位置決めの四つの部分に分けられる．電極の消耗を減らし，効率を上げるには，電源のパルス幅を大きくすればよく，これにはサイリスタ，トランジスタ等によるパルス発生装置が使われ

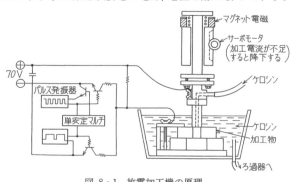

図 8・1　放電加工機の原理．

ている。電極としては，黄銅，グラファイト，銀-タングステン，銅-タングステンなどが使われているが，グラファイトが一般的である。図8・2はグラファイト電極の例を示したものである。

図8・3はNC形彫り放電加工機の例であるが，NC装置が付いていない汎用の機種もある。加工速度は面粗さによって，$8\,\mu mR_{max}$で$1.5\,mm^3/min$，$15\,\mu mR_{max}$で$4\,mm^3/min$程度であり，最大加工速度は(グラファイト/鋼)で$3.5\,gr/min$である。

数値制御を十分に生かした放電加工機がCNCワイヤ放電加工機であるが，0.1～0.3mm径の走行ワイヤを電極として，XYテーブル上の工作物を切断加工する。なお，CNCワイヤ放電加工機は図形入力の自動プログラムが内蔵されているものが多い。加工液は純水を使っている。図8・4にCNCワイヤ放電加工機の例を示した。また図8・5はその構成図である。

図8・2 グラファイト電極と加工品例（鍛造型）．

図8・3 放電加工機

図8・4 CNCワイヤ放電加工機

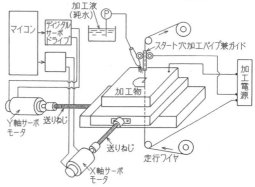

図8・5 ワイヤカット放電加工機の構成．

8・2 電解加工

各種の工作物を電気分解によって加工を施すことを電解加工という。また，導電性の砥石車を使用して，研削と電解加工とを併用した加工を電解研削という。1929年に電解研摩が工業化したが，図8・6(a)に示すように，加工物を ⊕ 極に，⊖ 極は金属板にして，めっきと逆極にして，正りん酸などを電解液として電圧20V程度で電流を流すと，加工

 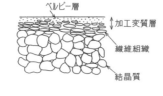 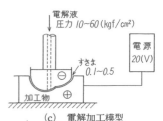

(a) 電解研摩　　　(b) 金属の加工変質層の模型図.　　　(c) 電解加工模型

図 8・6　電解加工

物の表面は電解液に溶け，しだいになめらかになり光沢が得られる．これは加工変質層の除去などに利用されている．なお，加工変質層というのは図 8・6(b) に示すように加工によって生じた結晶構造の繊維状組織とその上のベルビー層のことである．この電解作用によって金属を溶かして加工を行うのが，電解加工であるが，おす型は加工して ⊖ 極の工具とし，加工物を ⊕ 極につなぎ，両者のすきまを 0.1～0.5mm を保つよう制御し，工具上部穴より多量の電解液を 5～30m/s の速度で流し，電解作用をさせると同時に加工くずやガスを排除する．

電解加工機では図 8・6(c) にその構造を示したように，電解液はすきまを流すため液圧を 10～60kgf/cm²〔1～5.8 MPa〕と高くするため，構造も強固にする必要になる．放電加工に比べて電極の消耗がなく，加工速度も速く，深さ方向で加工速度 7mm/min くらいである．加工電圧は 5～25V 程度であるが，電流は 500A 以上である．電解液は 5～10% の食塩水，または硝酸ナトリウムを用いるので，防食についての考慮が必要である．

用途は，形彫り，ばり取りなどであるが，最近はばり取り機への応用が普及している．電解加工機には加工液供給装置，加工液ろ過装置，電源部が必要である．図 8・7 に電解加工機の一例を示す．

図 8・7　電解加工機

8・3　砥石を用いる加工

1.　ホーニング

各種の工作物の主として円筒内面に，ホーニングヘッドを使用してホーニング仕上げを施す加工をホーニングという．ホーニングヘッドは，砥石を円筒内面に押し付けながら回転するとともに，軸方向に往復する．図 8・8 に示すような精密中ぐり盤などで削られたシリンダ内径を荒仕上げで #150 の結合度 J～L の棒状砥石，仕上げでは #300～

8・3 砥石を用いる加工

#500，結合度 H，G の研削に比べて細い砥石を使い，ホーニングで仕上げるには，4～数本の棒状砥石を油圧またはばねで加工面に押し付け回転させながら往復運動させて，圧力 5 kgf/cm²〔0.5 MPa〕，回転表面速度 50～100 m/min，往復速度 15～30 m/min くらいで，軽油にスピンドル油を混ぜた切削剤を与えて加工する．シリンダの内壁，軸受など中ぐり仕上げまたは研削面の加工変質層を除去する外，クランクロッド等の軸受に当たる部分の加工など円筒外面の加工にも使われる．このような加工を行う機械をホーニング盤という．ホーニング加工の特徴としてはつぎの ①～③ がある．

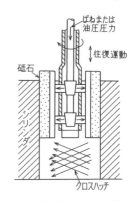

図 8・8 ホーニング

① 砥粒にかかる力の方向が変わるので，切れ刃の切れ味がよい．
② 低速，低圧力で加工するため，加工変質層が少ない．
③ 真円度，真直度，仕上げ面粗さが向上する．#600 以下で 1μ 以下の最大高さ粗さとなる．

2. 超仕上げ

超仕上げは振動する砥石を工作物に押し付けて加工する精密加工の一種である．超仕上げは 1934 年 Clrysler（米）の D. A. Wallace によって開発された（図 8・9）．粒度の細かい #400～#1000，結合度の低い I～N の棒状砥石を 1～3 kgf/cm²〔98～294 kPa〕で加工物に押し付け，1～4 mm の振幅で 0.5～2 kHz の振動をさせて，工作物に 10～30 m/min の運動およびマシン油と軽油を混合した切削剤を与えると，初め仕上げ面がくもり，つぎにみがき作用（self loading）によって美しい仕上げ面に仕上がる．ピストンピン，ボールベアリング，ローラベアリングのころがり面用などの仕上げは専用に設計された超仕上げ盤または装置が使われ，耐摩耗性を向上させている．

超仕上げの特徴としてはつぎの ①～③ があげられる．

① 砥石は自己ドレッシングと目づまりを繰り返すので，砥石と加工液の選び方による．
② 加工変質層ができないため，加工面の耐摩耗性がよい．
③ 加工能率がよいが，真円度，不平坦は前加工に倣う．

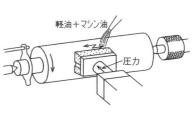

図 8・9 超仕上げの原理．

3. 電解研削

導電性の砥石車によって研削と電解加工を併用した加工を電解研削という．これにはダイヤモンド砥石のメタルボンドまたは，通電性砥石を ⊖ 電極にし，超硬合金などの難研削金属を ⊕ 電極として，電解液は超硬合金研削用としては硝酸ナトリウム溶液，また鉄鋼部品研削用としては塩化カリ（KCl）または食塩（NaCl）5～10% 溶液などを噴射して，研削くずを流す．

電解研削は電解作用と研削作用の両方を使って研削する方法であるから，砥石の摩耗も少なく，加工能率もよい．なお，砥石が目づまりしたときは極性を逆にする．難削材，薄板の研削に用いられ，電圧は 20V であるが，電流は少なくとも 100A は必要である．電解液による腐食に対する防御に工夫がいる．図 8・10 に電解研削の原理を示した．

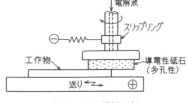

図 8・10 電解研削

8・4 砥粒による加工

1. ラッピング

ラッピングとは細かい砥粒を油とともに，鋳鉄または砲金などのラップに与え，工作物の加工面に接触させて圧力を加えて移動，摺動させて面の加工を行う加工である．ラッピングには，荒仕上げ用の湿式ラッピングと仕上げに用いる乾式ラッピングとがある．

ラッピングは人手を用いるか，ラップ盤などの機械を使うかで，ハンドラッピングとマシンラッピングとに分けられる（図8・11参照）．

（1）ハンドラップ

（i）湿式ラッピング 荒ラップは鋳鉄円板の平坦度のよく加工してある面（1～2cm 角に幅 1～2mm，深さ 5mm くらいの溝を切った面．）に，工作物が鋼なら酸化アルミまたは炭化けい素の #240～#500 をマシン油で溶いたものを塗り，工作物を上にのせて手で圧力をかけてラップ上を摺動させると，油に混合した砥粒は転動して切削作用を行う．摺動して抵抗が増えたら軽油をラップ面に滴下させ，摺動を続ける．なお，加工面はくもりガラスのような肌になる．

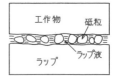 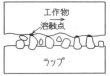

(a) 湿式ラッピング　　(b) 乾式ラッピング

図 8・11 ラッピング

湿式の中仕上げラップには，溝が切ってない，平面度のさらによいものを用いる．ラップ剤もさらに微粒の #1000 以下のものをマシン油に混ぜて用い，荒ラップと同様にし

て，中仕上げラッピングをする．

ラッピングはラップの平面度を工作物加工面に転写するためで，油圧用部品などの摺合わせでは，この程度で仕上がりとする場合も多い．ガラス，鋳鉄，青銅ではGC（炭化けい素）砥粒が使われ，能率を上げるためには，ダイヤモンドペーストを用いることもある．

（ii）乾式ラッピング 鋳鉄または青銅ラップの表面を平面度のよくでているくし形定盤と摺り合わせて，あたりを見てきさげ仕上げした平面度のよくでているラップに，鋼ならばラップ剤は酸化クロム（Cr_2O_3）を油に混入したものを塗り，湿式で工作物を摺動させて仕上げた後，ラップの上面を布できれいにふきとると，ラップ面が光干渉によって茶色に光って見える．工作物の面もよくふき取り，ラップ上にのせ圧力をかけて摺動させると，工作物の加工面には光沢がでてくる．乾式ラッピングはラップに埋め込まれた砥粒によるポリシングであり，工作物の部分的に凸の先端がラップ剤先端によって溶融して，低い所に流動してなめらかになる作用である．

図8・12 両面ラップ盤　　図8・13 片面ラップ盤

ガラスでは仕上げラップ剤としてベンガラ（酸化第二鉄 FeO_2）を用いる．小さい鋼の部品のラッピングでは電磁チャック等に取り付けてハンドラップすることがある．

（iii）湿式・乾式ラッピングの比較 湿式ラッピングは砥粒の転動による切削作用であるが，乾式はラップに埋め込まれた砥粒先端による溶融作用であり，ポリシングである（図8・11参照）．湿式では中凹に，乾式では中高になり端はダレる．したがってラップ材質は工作物材質よりもやわらかいものを使用する．

（2）マシンラッピング マシンラッピングでは，鋳鉄製円盤であるラップを回転させ，工作物を工作物よりも少し薄い合成樹脂円盤または薄鋼板に加工物の外形に応じた穴をあけたホルダに入れ，そのホルダを揺動させて，工作物とラップの片当りを防ぎ，全面が当たるようにして平坦度を得ている．ラップ盤には図8・12に示すラップを上下2枚にした両面ラップ盤と図8・13に示す下面がラップで上におもりをのせる片面ラップ盤とがある．片面ラップでは修正リングがワークホルダ兼ラッププレートの修正を行う．ラップ剤はラップ液（鋼では軽油，マシン油，ガラスでは水．）に30％くらい混入する．なお，ラップ圧は $1 kgf/cm^2$〔$98 kPa$〕程度である．

2. 超音波加工

各種の工作物に超音波振動を与える工具と砥粒とを併用して加工を施すのが超音波加工である．つまり，工具を工作物に軽く圧し付けて，この間に砥粒を加工液に混合したものを与えて，工具には超音波で15～30 kHz，振幅 0.05 mm の振動を与えて，微細な衝撃破壊の繰返しを行う．ゲルマニウム，シリコン，水晶，セラミックス，ダイヤモンドなどの材料に穴あけ，切削を行う．図 8・14 はこの原理図を示したものであるが，加工機は発振器と加工部とに分かれ，加工部の上には発振器があり，15～30 kHz，出力 50～600 W の電力を発生し，振動子によって振動に変え，これをホーンと

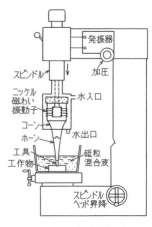

図 8・14 超音波加工

いう工具保持器に伝え，振幅を共振によって拡大している．工作物と工具とは砥粒と油または水の混合液の中につかっている．なお，超音波加工は 1940 年頃から開発された加工法である．

9章　数値制御工作機械（NC工作機械）

　工作物に対して切削する工具の位置を座標等の数値で指令する制御を数値制御（Numerical Control）といい，この数値で表された指令によって，動作を制御される工作機械が数値制御工作機械（NC工作機械）である．これは電子計算機を内蔵しているため，CNC工作機械（Computer Numerical Controle Machintool）とも呼ばれる．

　図9・1はNC旋盤による加工を示したものであるが，工作図から，荒削り，仕上げ削り，溝入れ，ねじ切りなどの加工手順に分け，それぞれについて工具，主軸回転数，送り速度，工具先端を送る先々の座標，加工順序等をNC言語で表したプログラムで指令する．プログラムの作成はまず，プロセスシートの作成から始めるが，人手でプログラムを作る場合をマニアルプログラムという．プログラムができたら，編集器にキーインして，これを編集し，工具経路を作図させ，確認した後，パンチャ（せん孔機）に入力し，NCテープにせん孔させNCテープを作成する．なお，工作図からコンピュータを利用してNCプログラム言語（例えば，APT言語，FAPT言語）で入力して，NCテープ

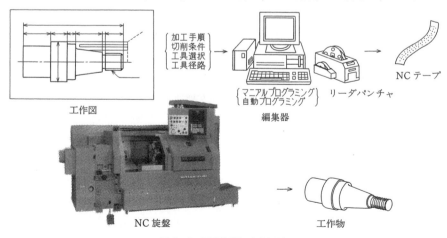

図 9・1　NC旋盤による加工．

にせん孔させる場合を自動プログラムという．

NCテープは中央の小さい送り孔のほかに，1列に8個までの孔をあけ，それらの孔の組合わせによって英字，数字，符号などを表すが，これには一定の規格があり，当初はEIA（Electronic Industries Association）コードと呼ぶ規格が使われたが，最近はISO（International Standard Organization）コードに変わりつつある．なお，ISOコードでは1列の孔数が送りの小孔を除いて偶数個であるのに対して，EIAコードは奇数個の孔である．

図9・1においては，NC旋盤のテープリーダを介してNCテープを制御装置に入力すると，ミニコンはこれを一時記憶し，NC旋盤はテープの指令通りに工具を選択し，荒削りの後，仕上げ削り，ねじ切りと工作図通りの部品を切削する．

工作機械のNC化は旋盤，フライス盤からはじまり，ボール盤，中ぐり盤，研削盤，放電加工機等の各種の工作機械に及んでいるが，多品種少・中量生産における適応性のよさと，金型等の需要の増加，自動化の促進およびNC装置の進歩にともない普及している．ここではNC旋盤，NCフライス盤，マシニングセンタの仕組みとプログラミングについて述べる．

9・1 数値制御工作機械の仕組み

NC旋盤には，センタ高さの水平面上に主軸中心と心押し台センタとを結ぶ軸をZ軸，前後方向をX軸方向とし，両軸の交点をプログラム原点として工具位置をX，Zの座標値で表す2軸制御が用いられている．

NCフライス盤またはマシニングセンタでは工作物上のある点をプログラム原点に設定して，テーブル長手方向にX軸，前後方向にY軸，工具の上下方向にZ軸をとり，工具刃先の座標としている3軸制御が用いられている．また，テーブル上に回転テーブルを固定し，その上に工作物を固定し，割り出すようにすると，4軸，5軸と制御軸が増え，主軸に角度の変化を与えるとさらに1軸制御軸が増加する．

1．送り機構

電気信号の指令パルスが送り機構に入ると，送りねじを駆動するサーボモータが指令に相当するだけ回転するが，指令した位置までテーブルが移動したかを検出して指令値と比較して誤差を補正して送りを制御している．図9・2のように，物体の位置，方向を制御量とし，目標値の変化に追従するように構成された制御系をサーボ機構と呼んでいる．送り機構は同図（a）に示すように，機械のテーブルに検出器であるリニアエンコーダ（マグネスケール）を直接取り付けて，フィードバックをかける形式をクローズドル

9・1 数値制御工作機械の仕組み

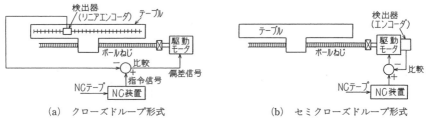

(a) クローズドループ形式　　　(b) セミクローズドループ形式

図 9・2　クローズドループ

ープ形式という．リニアエンコーダには光電式と磁気式との二つのタイプがあるが，最小読取り 0.01〜0.001 mm であり，位置決め誤差があれば補正する能力があるため，また精度と信頼度の点で優れている．しかし，検出器の構造が，複雑・高価になるためとサーボ系の安定が難しいので，特に高精度の位置決めを必要とするジグ中ぐり盤などの NC 化に使われている．

一般には同図 (b) に示すテーブルの位置決めを送りねじの回転角変位で検出してフィードバックをかけるセミクローズドループ形式が使用される．この場合，検出には，モータ軸にまたは送りねじに直接取り付けたエンコーダなどによって発生したパルスを検出している．

図 9・3 はディジタルサーボの一例として偏差カウンタ方式を示したものである．エンコーダのパルスと，タコジェネレータの電圧のフィードバックによって，回転速度と位置決め制御を行っている．

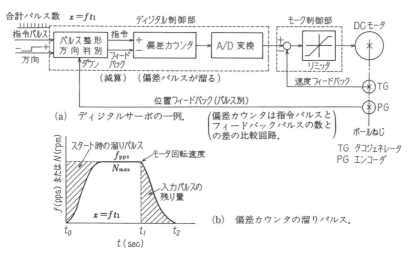

(a) ディジタルサーボの一例．

(b) 偏差カウンタの溜りパルス．

図 9・3　ディジタルサーボの一例．

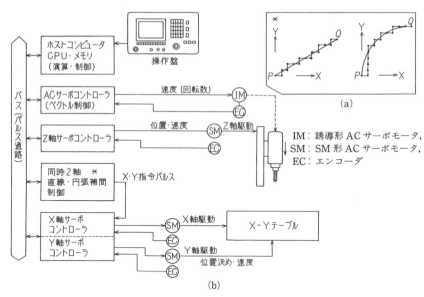

図 9・4 NC フライス盤の制御ブロック図.

また，図9・4はNCフライス盤の制御ブロック図を示したものであるが，同時2軸の3軸制御であるから，工具先端を直線上，または円弧上に移動させるためには，X軸，Y軸の送りは1パルスごとにX方向，Y方向に分配しなければならない．この演算はコンピュータで行わず直線・円弧補間制御ボードで専用のICにまかせる場合が多い．1パルスの移動量は最小設定単位の0.01mmまたは0.001mmであるから，肉眼では直線（または円弧）運動しているように見えるが，拡大すれば同図(a)に示すようにPQのような経路で直線補間，あるいは円弧補間を行っている．

NCテープをテープリーダを介して制御装置に入力すると，コンピュータは信号をRAMメモリに一時書き込んで記憶する．中央処理装置（CPU）には演算・論理装置（ALU）と信号の流れと入・出力ポートの受渡しを制御する制御装置とがあり，CPUによって，RAMに書き込まれた何行かの指令は順番に読み出され，ROMのインタプリタによってマシン語になり命令を解読して，演算・判断して実行し，NCサーボに送られる．なお，使用されるコンピュータは16ビットまたは，32ビットのタイプのものが使用される．

2. サーボモータ

主軸用の工具の回転に用いるサーボモータは誘導電動機形のIM形のACサーボモータが用いられ，検出器としてエンコーダまたはレゾルバを用いて回転数を80〜4000rpm

9・1 数値制御工作機械の仕組み

くらいに制御している.

送り用のサーボモータとしては，図9・3に示したように特性が優れ，制御が簡単なDCサーボモータが使われていたが，DCモータはブラシと整流子をもつため，整流子回りの保守が必要であった.これに対してACサーボモータは保守の点では優れているが，コントローラはDCサーボに比べて，やや複雑であるが，最近は価額もほぼ同じになったため，SM形ACサーボモータが使用されている.

SM形ACサーボモータは同期電動機タイプで，界磁（永久磁石）に同期した電機子電流を流すことによって，連続したトルクを発生させている．永久磁石の位置（回転角）を正確にフィードバックする磁極センサとしてエンコーダやレゾルバが使われている．なお，SM形ACサーボモータは専用のコントローラと1対1で使用するもので，使用条件によって選択できる．

3. エンコーダ

エンコーダはサーボモータ，ボールねじに用いるディジタル式の回転変位検出器で，最も多く使われているのは図9・5に示すインクルメントエンコーダである．これはスリット円板をフォト・インタラプタではさみ，光のON/OFF信号をモータの回転数として，パルスA，B，Zトラックで出力し，A，Bの位相差によって回転方向と回転角を検出する．Zトラックは1回転ごとに1パルスの信号が出るが，回転量を知るには，パルス数をカウンタで累計する．したがって位置決めに使用した場合には，NCの電源を入れたとき必ず機械原点まで送りを戻す操作，つまり「原点復帰」を行う必要があり，このタイプのNC工作機が多い．アブソリュート形は回転角度に応じた絶対位置がコードで出力されるので，機械に組み込んだ時点で決まっており「原点復帰」を行う必要はないが，エンコーダが高価になっている．

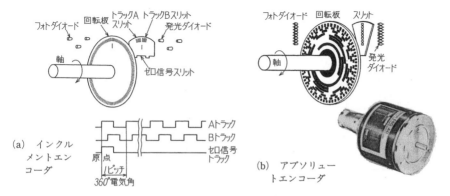

図9・5 エンコーダ

4. NC旋盤の構造

図9・6にNC旋盤の構造を示した。主軸中心線をZ軸とし、Z軸上の任意の点をZ=0としてプログラム原点として、水平面上、Z=0においてZ軸に直交するX軸をとる。同図においては工作物端面の仕上げ面をZ=0としているため、切削時のZ座標はつねにマイナスになるので、プログラムをチェックしやすい。なお、NC旋盤は電源を入れた後、直ちに刃物台をX方向に主軸台からリミットスイッチによって止まるまで遠ざけ、つぎにZ方向に遠ざける「原点復帰」という操作を行う。ディスプレイ（CRT）に示されるX, Zの絶対座標は、この工具先端の位置を示す機械原点を示している。

NC旋盤の座標の最小単位を設定単位と呼び、従来は0.01mmであったが、現在は0.001mmになっており、マニアルプログラム、ディスプレイの表示にはmm単位で小数点をつけて表示する。なお、NC旋盤のX座標は直径表示であることが特色である。

図9・6に示すように主軸はIM形（誘導形）ACサーボモータで駆動され、送り用のサーボモータはSM形の永久磁石を界磁に使ったACサーボモータであるが、エンコーダで回転、速度を検出しコントロールされている。なお、送りねじにはバックラッシュ、ピッチ誤差、摩擦を小さくするためボールねじが使われている。

主軸のチャックには生爪を使う場合が多いが、チャックの開閉は油圧によって行う。刃物台は普通旋盤とは異なり、対向する側に付けてあり、10角のインディックス形のタレットヘッドで、10本の工具が取り付けられる。なお、工具はTコードによって選定できる。

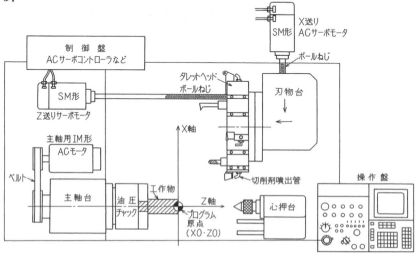

図9・6 NC旋盤の構造.

9・1 数値制御工作機械の仕組み

操作盤には各種のスイッチ，ダイヤル，CRT，キーボードが取り付けてある．モード切換えスイッチによって手動パルス発生ダイヤルによる手動送り，原点復帰，送り速度ダイヤル指定によって自動送り，手動データインプット(MDI)，プログラム編集，メモリに入力されたプログラムによる運転，NC テープによる運転の各モードに切り換えられる．その他，テープチェックといい，主軸は回転せず，工作物を取り外した状態で工具の動きを試して見るドルグスイッチ，プログラムを1行ずつ動作させる「シングルブロック」のスイッチ，「マシンロック」のスイッチ等を備えている．

CRT およびキーボードのキーには，工具先端の座標を表示する「POS」，プログラムを表示する「PROG」，工具補正，工具先端の丸味，Z=0の点を決めるなどのオフセットを行う「OFS」，プログラムの入出力を行うキー，プログラムの編集用のキー，アルファベット文字，数字，符号のキーがあり，プログラムの編集が可能である．

5. 小形マシニングセンタの構造

NC フライス盤は 3 軸制御であるが，同時 2 軸制御のタイプが多い．この NC フライス盤に自動工具交換機能（ATC）やインディックステーブルをテーブルに取り付けて割出し機能を備えたりして，多種の作業を連続的に行える機能を備えた NC 機をマシニングセンタ（以下 MC と略記する．）という．横軸形の MC は横中ぐり盤形のもので，テーブルに割出し機能を標準装備した大形のタイプが多い．

図 9・7 は小形の MC の各部を示したものであるが，主軸は垂直に上下に送られ，Z 送りとなり，下方がマイナスの数値をとる．テーブルは左右方向に X 軸，前後方向は Y 軸をとる X-Y テーブルである．テーブル上には，5～6 個までのワーク座標系を MC に登録でき，ワークオフセットに機械原点からの座標値を

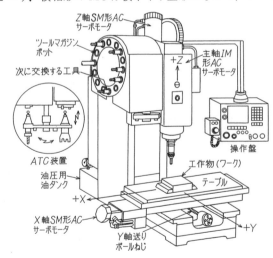

図 9・7 小形マシニングセンタの構造．

キーインすれば，プログラム上 G 54～G 59 でプログラム原点とすることができる．

工具交換機能（ATC）は交換工具を収納するツールマガジンポットと工具交換装置とからなり，交換工具と収納ポットの番号をつねに記憶させるパラメータ機能をもち，

M 06 という指令で交換位置にある工具と主軸に取り付けた工具を交換する．工具長はそれぞれ異なるので，工具長を工具オフセット機能に入力し，差し引きして，つねに工作物上面などを Z=0 とする機能をもつ．なお，工具交換を行うためには，圧縮空気と油圧装置を必要とする．

NC フライス盤や MC では，仕上がり図面をそのままプログラムしておいて，後で工具半径を NC に教えることによって，工具の半径分だけ外側または内側にずらせて加工することができる工具径のオフセット（差引き）機能を持っている．制御は図 9・4 に示した NC フライス盤の制御ブロック図とほぼ同様であり，インクルメントエンコーダを使っている MC が多く，電源入力時に原点復帰が必要である．操作盤は NC 旋盤と同様であるが，3～5 軸の制御できる能力の制御装置を持つタイプが多い．また，最近はディスプレイもカラーになり，これにカッタパス作図によるプログラムチェック機能，対話形自動プログラミング機能を備えた機種が多くなった．

9・2 NC 旋盤のプログラミング

1. NC の言語（テープフォーマット）

図面から加工に必要な種々の情報を作ることをプログラミングと呼ぶが，NC の言語はアルファベットの英字，数字，小数点，符号を用いて記述される．工具の先端の座標は NC 旋盤では X＿＿＿＿Z＿＿＿＿と表すアブソリュート指令が多いが，U＿＿＿＿W＿＿＿＿と表すインクレメンタル指令とすることもある．

アブソリュート指令　これは X, Z の座標で指令する場合である．刃先の移動はすべてプログラム原点からの座標値で指令される．

インクレメンタル指令　これは刃先の移動は現在の位置（始点）から終点までの移動量を U（X 軸），W（Z 軸）で指令する場合である．前ブロックの終点が次ブロックの始点になる．

工具刃先の移動には，早送りする場合，直線に沿って切削される場合，円弧に沿って切削される場合，ねじ切りさせる場合などがある．

早送り　これは G 00 X＿＿＿＿Z＿＿＿＿CR と指令する．早送りは刃先を工作物に 3～5 mm の距離まで近付けたり，切削終了後に刃物を逃がすときに使う．しかし，現在位置から指令位置まで直線的には移動しない．X の座標は直径表示である点と，X, Y とも 0.01 mm か 0.001 mm 単位であるから，mm に小数点を忘れないことを注意する．なお，早送りは位置決めともいう．CR はキャレージリターンで 1 行の文の終りを表す．キーインの場合は，リターンキーを押す．

9・2 NC旋盤のプログラミング

直線切削　これは G 01 X(U)＿＿＿ Z(W)＿＿＿ F＿＿＿ CR と指令する．面取り，テーパ削りも直線切削で，最初の送りには送りコード F を必ず指令する．F は主軸1回転当りの送り（mm/rev）である．X(U)＿＿＿ Z(W)＿＿＿ は工具刃先の行く先（終点）の座標である．

図 9・8 は中間点 X 200.0，Z 180.0 にあるバイト刃先を，A 点まで早送り，A から B まで送り 1mm/rev で，BCD と送り 0.1mm/rev で切削し，D より中間点に早送りする仕上げ削りを示した例である．

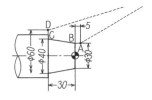

アブソリュート指令	インクレメンタル指令
G 00 X 30.0 Z 5.0 CR	G 00 X 30.0 Z 5.0 CR
G 01 Z 0 F 1.0 CR	G 01 W −5.0 F 1.0 CR
X 40.0 Z −30.0 F 0.1 CR	U 10.0 W −30.0 F 0.1 CR
X 60.0 CR	U 20.0 CR
G 00 X 200.0 Z 180.0 CR	G 00 U 140.0 W 210.0 CR

図 9・8　位置決めと直線切削のプログラム（X，U ともに直径表示）．

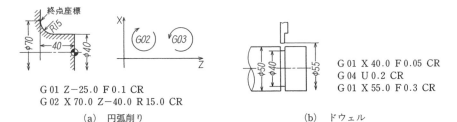

G 01 Z −25.0 F 0.1 CR
G 02 X 70.0 Z −40.0 R 15.0 CR

(a) 円弧削り

G 01 X 40.0 F 0.05 CR
G 04 U 0.2 CR
G 01 X 55.0 F 0.3 CR

(b) ドウェル

図 9・9　円弧削り，ドウェルの例．

円弧切削　時計方向の場合は G 02 X＿＿＿ Z＿＿＿ R＿＿＿ CR と指令する．また反時計方向の場合は G 03 X＿＿＿ Z＿＿＿ R＿＿＿ CR と指令する．

図 9・9(a) に円弧終点の座標値 X，Z．円弧の半径 R の例を示した．

ドウェル　これは G 04 U＿＿＿秒単位で停止．溝削りのときなど，溝底で最低1回転以上刃物を静止させる指令である．同図 (b) に溝入れの例を示した．

G 機能（準備機能）　以上 G 00，G 01，G 02，G 03，G 04 と代表的な G 機能を説明したが，これらはプログラム指令の内容を表し，そのブロックの制御機能を発揮するための動作の準備をする．なお，G 機能は G のあと2桁の数字で表し，NC 旋盤では表 9・1 に示すような種類が使われる．

S 機能（主軸機能）　これは主軸回転数，または周速（切削速度）を S に続く4桁までの数字で指令する機能であり，G 50 S＿＿＿主軸最高回転数の制限のように用いる．

〔例〕　G 50 S 1500

表 9・1 準備機能の一覧表（NC 指令のブロックにおける制御機能の種類を指示するもの．）

G コード	機能	テープ指令および説明
G 50	座標系設定	G50 X_____ Z_____ CR 現在工具先端の位置している点を(X, Z)とする座標系が設定され，プログラム原点が決まる．
	主軸最高回転数設定	G50 S(4桁) 主軸の上限値 rpm 指定．
G 00	位置決め(早送り)	G00 X(U)_____ Z(W)_____ CR (X, Z)点あるいは現在点から(U, W)だけ離れた点へ，工具が早送りで移動する．
G 01	直線切削(直線補間)	G01 X(U)_____ Z(W)_____ F_____ CR (X, Z)点まで，あるいは(U, W)だけ離れた点まで工具が直線にそって移動する．
G 02	円弧切削(円弧補間)〔時計回り〕	G02 G03 X_____ Z_____ R_____ F_____ CR
G 03	円弧切削〔反時計回り〕	現在点から(X, Z)まで，R を半径とした円弧を切削する．
G 04	ドウェル(動作一時停止)	G04 U_____ CR U 時間(秒)動作の停止：0.01秒単位または少数点で秒
G 28	自動原点復帰	G28 X(U)_____ Z(W)_____ CR X(U), Z(W)で指令された位置(中間点)まで刃物が移動したのち，機械原点へ自動復帰． G28 U0 W0 CR U0 W0 は移動量が 0，その位置から原点復帰．
G 32	ねじ切り	G32 X(U)_____ Z(W)_____ F_____ CR (X, Z)点まで，ねじ切りしながら工具が移動．
G 92	ストレートねじ切りサイクル	G92 X(U)_____ Z(W)_____ F_____ CR ねじ切りスタート点から「切込み→ねじ切り→逃げ→スタート点への戻り」の四つの動作を 1 サイクルの動きとして，1 ブロックで指令する．
G 90	ストレート切削サイクル	G90 X(U)_____ Z(W)_____ F_____ CR G90 X(U)_____ Z(W)_____ I_____ F_____ CR スタート点から指令された点を通り切削を行い，再びスタート点に戻る．
G 96	周速一定制御	G96 S_____ CR 切削速度 V(m/min)を S_____ で指令．
G 97	周速一定キャンセル	G97 S_____ CR 主軸回転数(rpm)を指令． 電源投入時は G97 モード．
G 98	毎分当りの送り	G98 F_____ CR (mm/min)

(次ページに続く)

9・2 NC旋盤のプログラミング

G コード	機　能	テープ指令および説明
G 99	毎回転送り	G99 F_____CR　　(mm/rev) 電源投入時は G99 モードになっているので，G98 を使用しない限り指令の必要はない．

表 9・2　M 機能（補助機能）一覧

M コード	機　能	説　明
M 00	プログラムストップ	運転中の停止（主軸，クーラントも停止）． 再起動は起動キーによるが，以後のブロックに M03，M08 を指令する．
M 01	オプショナルストップ	機能は M00 と同じ． プログラム上の M01 指令を操作盤のトルグスイッチで実行（止まる）か無視かの選択が可能．
M 02	プログラムエンド	テープ運転で加工完了後，テープ読込みおよび主軸，クーラントを停止．NC 装置にリセットがかかる．
M 03	主軸正転起動	主軸をセンタ側から見たときに反時計方向に主軸が回る．
M 04	主軸逆転起動	主軸をセンタ側から見たときに時計方向に主軸が回る．
M 05	主 軸 停 止	主軸の回転を停止．正転から逆転を指令する場合は M05 でいったん停止させてから M04(M03) を指令する．
M 08	クーラント起動	切削油を吐出させる．
M 09	クーラント停止	切削油の吐出を停止させる．
M 30	プログラムエンド（メモリ運転）	メモリ運転の場合に，M02 の代わりに使用する．機能は M02 と同じ．さらにメモリの先頭に戻す機能を持っている（単独ブロックで指令）．
M 40	主軸低速レンジ	1000 rpm 以下　　出力一定領域
M 41	主軸高速レンジ	1000 rpm 以上　　出力一定領域
M 98	サブプログラム呼出し	メインプログラムからサブプログラムへ移行する．
M 99	メインプログラム復帰	サブプログラムからメインプログラムへ復帰，また，メインプログラム中に指令すると先頭に戻る．

　　G 97 S ____これは周速一定キャンセル機能で，回転数 (rpm) を指令する．
　　G 96 S ____これは周速一定制御，切削速度 (m/min) を指定する．
　M 機能（補助機能）　これはサーボモータ以外のモータなどの ON-OFF，プログラムの呼出し，終了などのように，実際になんらかの動作を行う指令で，1ブロックに一つしか指令できない．表 9・2 に M 機能を一覧して示した．
　T 機能（工具機能）　これは工具を指定する機能で，T に続く 4 桁の数字 T □□△△ で表す．
　F 機能（送り機能）　これは送り速度で主軸 1 回転当りの送りを F____.____で指令す

る．ねじ切りの場合はリード（ピッチ）を指定する．NC 旋盤では G 99 モードで主軸 1 回転当りの送りのモードになっている．G 98 F ＿＿＿ とすると 1 分間の送り（mm/min）になる．

2. プログラム原点と機械原点および中間点

NC 旋盤では Z 軸（X=0）は主軸中心線上にとり，X 軸（Z=0）は任意にとってよいが，一般に工作物をチャックにくわえたときの工作物の右端面（または左端面），チャック面などを Z=0 として，プログラム原点にとる．図 9・10 はプログラム原点と座標値を示したものである．同図において，工作物の右端仕上げ面を Z=0 としているが，刃物の先端の座標をもし，● が（X 0 Z 0）が原点とすれば A 点は X 220.0，Z 180.0 であり，A 点に刃先があった場合に，

G 50 X 220.0 Z 180.0 CR

と指令すると，プログラム原点が同図のように工作物端面に設定される．また，チャック爪の前面 C 点をプログラム原点にする場合は，つぎのように指令すればよい．

G 50 X 220.0 Z 300.0 CR

機械によっては，G 50 を使わないで，右端面を軽く削り，OFF SET で，ワークシフトに P ＿＿＿ と取りしろを入力することによって，プログラム原点の Z=0 を設定できるワーク座標系シフトを使う場合もある．

自動原点復帰　G 28 X(U)＿＿＿．＿＿＿Z(W)＿＿＿．＿＿＿CR とすると X(U) Z(W) の中間点まで移動したのち，機械原点に自動復帰する．G 28 U 0 W 0 CR では現在位置から機械原点に復帰する．図 9・10 において A 点は中間点であり，刃物台のタレットヘッドが回転して工具選択を行っても安全な位置であり，この中間点で工具を交換する．

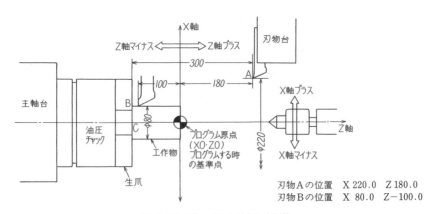

図 9・10　プログラム原点と座標値．

3. ねじ切り

NC旋盤ではG32,G92機能を使ってねじ切りをする。ねじ切りは切込みを数回に分けてつぎのようにプログラミングする。

G32 X___Z___F(ピッチ)CR … Fは送り（ピッチまたはリード）でねじ切りを行う。切込み、逃がし、戻しはG00、またはG01によってプログラミングする。

G92 X___Z___F___CR … ねじ切りのスタート点から「切込み→ねじ切り→逃げ→スタート点への戻り」の四つの動作を1サイクルの動きとして、1ブロックで指令できる。したがってプログラムがG32より短くてすむ。

送りねじは回転しはじめと停止時は回転が遅く、切り始めの点では加速のため δ_1、切り終りの点では減速のため δ_2 のリードの短い部分（不完全ねじ部）ができ、有効ねじ長さ l を得る場合は $(l+\delta_1+\delta_2)$ のねじ切り長さが必要となり、主軸回転数も制限を受ける。

主軸回転数 $N(\mathrm{rpm})$ の制限　$N \leq (5000/P)$，P : ピッチまたはリード (mm)，
$\delta_1 = 0.002 \times N \times P\,(\mathrm{mm})$，$\delta_2 = 0.0006 \times N \times P\,(\mathrm{mm})$．

$W_1 = t_2 \times \tan 30° = 0.577 t_2$
$W_2 = t_3 \times \tan 30° = 0.577 t_3$
W_i : 刃先をずらす量

(a) ねじ面に沿って切り込む場合．

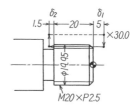

(b) $\phi 20$ (P 2.5) おねじ切りの例．

回数	切込み $t(n)$	切込み累計	切込累計の2倍 $X(n)$	W 0.57 $t(n)$	Kの値 累計 0.57	Xの値 $D-X(n)$
1	0.35	0.35	0.70		-0.20	19.95 -0.70=19.25
2	0.35	0.70	1.40	0.20	-0.40	〃 -1.40=18.55
3	0.20	0.90	1.80	0.12	-0.51	〃 -1.80=18.15
4	0.15	1.05	2.10	0.09	-0.60	〃 -2.10=17.85
5	0.15	1.20	2.40	0.09	-0.69	〃 -2.40=17.55
6	0.10	1.30	2.60	0.06	-0.75	〃 -2.60=17.35
7	0.10	1.40	2.80	0.05	-0.80	〃 -2.80=17.15
8	0.10	1.50	3.00	0.05	-0.86	〃 -3.00=16.95
9	0.05	1.55	3.10	0.02	-0.89	〃 -3.10=16.85
10	0.02	1.57	3.14		-0.90	〃 -3.14=16.81
11	0.02	1.59	3.18		-0.91	〃 -3.18=16.77
計	1.59					

$N = 800\,\mathrm{rpm}$ とする
不完全ねじ部　$\delta 1 = 0.002 \times N \times p = 0.002 \times 800 \times 2.5 = 4\,\mathrm{mm}$
　　　　　　　$\delta 2 = 0.0006 \times N \times p = 0.0006 \times 800 \times 2.5 = 1.2\,\mathrm{mm}$
したがって　$\delta 1 = 5\,\mathrm{mm}$，$\delta 2 = 1.5\,\mathrm{mm}$ とする

(c) ねじ切りの計算例　ねじ径 20 mm，長さ 20 mm のねじ切り，ピッチ 2.5 mm （おねじ）．

プログラム例（1）	プログラム例（2）	プログラム例（3）
T0900 M40 CR	T0900 M40 CR	T0900 M40 CR
G97 S800 M08 CR	G97 S800 M08 CR	G97 S800 M08 CR
G00 X30.0 Z5.0 M03CR	G00 X30.0 Z5.0 M03 CR	G00 X30.0 Z5.0 M03 CR
X19.25CR	G92 X19.25 Z-21.5 F2.5CR	G92 X19.25 Z-21.5 K-0.20F2.5CR
G32 Z-21.5 F2.5 CR	G01 W-0.20 CR	X18.55 K-0.40 CR
G00 X30.0 CR	G92 X18.55 Z-21.5 CR	X18.15 K-0.51 CR
Z5.0 CR	G01 W-0.12 CR	X17.85 K-0.60 CR
G01 W-0.20 CR	G92 X18.15 Z-21.5 CR	X17.55 K-0.69 CR
X18.55 CR	G01 W-0.09 CR	X17.35 K-0.75 CR
G32 Z-21.5 CR	G92 X17.85 Z-21.5 CR	X17.15 K-0.80 CR
G00 X30.0 CR	G01 W-0.09 CR	X16.95 K-0.86 CR
Z5.0 CR	G92 X17.55 Z-21.5 CR	X16.85 K-0.89 CR
G01 W-0.12 CR	G01 W-0.06 CR	X16.81 K-0.90 CR
X18.15 CR	G92 X17.35 Z-21.5 CR	X16.77 K-0.91 CR
G32 Z-21.5 CR	G01 W-0.05 CR	G00 X200.0 Z200.0 CR
G00 X30.0 CR	G92 X17.15 Z-21.5 CR	M01 CR
Z5.0 CR	G01 W-0.05 CR	
G01 W-0.09 CR	G92 X16.95 Z-21.5 CR	（最もプログラムが短い）
X17.85 CR	G01 W-0.02 CR	
G32 Z-21.5 CR	G92 X16.85 Z-21.5 CR	
：（省略）	X16.81 CR	
：	X16.77 CR	
G00 X200.0 Z200.0 CR	G00 X200.0 Z200.0 CR	
M01 CR	M01 CR	

(d) ねじ切りのプログラム（ねじ切りバイト T 0900 とする.）

図 9・11 径20mmのねじ切り.

ねじ切りはねじ面に沿って切り込むほうが，バイトの損傷が少なく，切上がりもきれいである．

図9・11に径20mmのねじ切りの例を示した．同図 (c) は切込みから刃先の位置，ずらせる量の計算を示してある．なお，プログラム例は同図 (d) に示した（1）～（3）のいずれでもよいが，G32を使うと長くなるから（2），（3）を使う．

4. バイトのコーナ半径の工作物寸法への影響と刃先 R 補正自動計算機能

図9・12(a) はバイトチップの刃先先端を示したもので，rはコーナ半径で一般に0.8 mmか0.5 mmである．A点は刃先点といってテープ指令のプログラムによって動く点でプログラム点ともいう．しかし，実際に切削するのはコーナ半径rの接点であるため，テーパ削り，円弧切削のときは同図 (b) に示すように削り残しができて図面通りの形状にならない．これを修正するには同図 (c) に示すようにコーナ半径を考慮したプログラムに修正することが必要で図示のように計算し，刃先の始め，終点の座標値も考えなければならない．最近のNC旋盤には刃先R補正自動計算機能が付き，工具オフセットに同図 (d) のように刃先点を数字で決め，刃先点とコーナ半径を工具別にキーインして刃先R補正を自動にしている．

9・2 NC旋盤のプログラミング

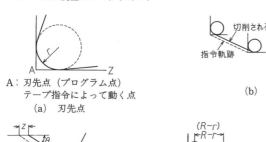
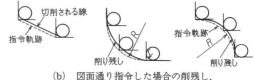
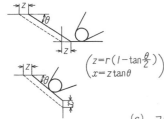

A：刃先点（プログラム点）
テープ指令によって動く点
　　(a)　刃先点

(b)　図面通り指令した場合の削残し．

$\begin{pmatrix} z = r(1-\tan\frac{\theta}{2}) \\ x = z\tan\theta \end{pmatrix}$

プログラムの半径を$(R-r)$にする．　プログラムの半径を$(R+r)$にする．　(d)　刃先点の表示例．

(c)　コーナ半径を考慮したプログラムの修正．

図 9・12　バイトのコーナ半径の影響．

例題 9・1　図9・13(a)のマンドレルをNC旋盤で削りたい．図9・13(b)に示す工具経路（カッタパス）の図，および次ページの参考手順を見てプログラムを作成せよ．

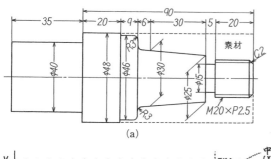
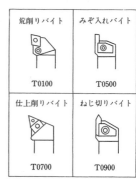
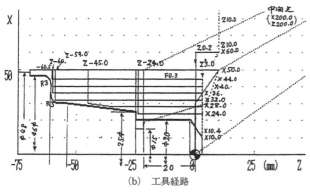

(b)　工具経路

図9・13　例題9・1の図．

[参考手順]
　　プログラムNo. O0025
　　（荒削り）
1　X軸　原点復帰
2　Y　〃　〃　　　荒削りバイトを選択
3　最高回転数限度 1200rpm
4　中間点に早送り
5　オプショナルストップ
6　荒削りバイト選択，高速レンジ
7　定速キャンセル，回転数635rpm
8　Z10.0 に早送り，主軸回転
9　X60.0 に早送り，切削速度80m/min
10　送り1.0mm/rev でZ0.2に切削送りで
11　X0まで送り0.2mm/rev で端面削り
12　Z3.0に刃先を逃がす
13　X44.0 まで早送り
14　Z-60.5まで送り0.3mm/rev で直線切削
15　X50.0 まで刃先を逃がす
16　Z3.0 まで早送り
17　X40.0 に早送り
18　Z-60.0まで直線切削
19　X50.0 まで　〃　　で逃がす
20　Z3.0まで早送り
21　X36.0　　〃
22　Z-60.0まで直線切削
23　X50.0 に逃がす
24　Z3.0 まで早送り
25　X32.0 まで早送り

26　Z-59.0まで直線切削
27　X50.0 に逃がす
28　Z3.0に早送り
29　X28.0 まで早送り
30　Z-35.0まで直線切削
31　X30.0 Z-45.0まで直線切削
32　X50.0 に早送り
33　Z3.0に早送り
34　X24.0 に早送り
35　Z-24.0まで直線切削
36　X50.0 に直線切削で逃がす
37　Z3.0まで早送り
38　X10.4 まで早送り
39　X20.4 Z-1.8 まで直線切削
40　Z-24.8まで直線切削
41　X25.4　〃
42　X30.4 Z-55.0まで直線切削
43　Z-58.0まで直線切削
44　X36.0 Z-60.8まで半径2.8 で円弧切削
45　X40.0 まで直線切削
46　X46.4 Z-64.0まで半径3.2 で円弧切削
47　Z-69.8まで直線切削
48　X50.0 に逃がす
49　Z10.0 に早送り
50　中間点に早送り，定速キャンセル600 rpm
51　オプショナルストップ

（仕上削り）
101　仕上バイトを選択，高速レンジ
102　定速キャンセル，650rpm，切削剤ON
103　Z10.0 に早送り，主軸回転
104　X50.0 に，　定速切削，120 m/min
105　X30.0 Z0に1.0mm/rev で送り
106　X0まで端面削り，送り0.1mm/rev
107　3mm 刃先を逃がす
108　X10.0 に切削送り
109　X19.95 Z-2.0に送り0.1mm/rev で切削
110　Z-25.0まで直線切削
111　X25.0　　〃
112　X30.0 Z-55.0まで直線切削
113　Z-58.0まで直線切削
114　X36.0 Z-61.0までR3mmで円弧切削
115　X40.0 まで直線切削
116　X46.0 Z-64.0までR3mmで円弧切削
117　Z-70.0まで直線切削
118　X50.0 まで逃がす
119　Z10.0 まで早送り
120　定速キャンセル，600rpm，中間点に
121　オプショナルストップ
（みぞ入れ）
122　みぞ切りバイトを選択，低速レンジ
123　定速キャンセル，600rpm，切削剤ON
124　X50.0 Z10.0 に早送り，主軸回転
125　Z-25.0送り1.0mm/rev で切削送り
126　X30.0，主軸 800rpm に
127　X25.0 まで送り0.1mm/rev で切削送り
128　X15.0 までみぞ削り送り0.05mm/rev
129　0.1 秒ドウエル
130　X25.0 まで直線切削，送り0.1mm/rev
131　X50.0 まで1.0mm/rev で切削送り
132　Z10.0 に早送り
133　中間点に早送り
134　オプショナルストップ

（ねじ切り）
135　ねじ切りバイト選択，低速レンジ
136　定速キャンセル，800rpm，切削剤ON
137　X50.0 Z10.0 に早送り，主軸回転
138　X30.0 Z5.0に早送り
139　ねじ切り１回目（Z－21.5）
140　刃先をずらす
141　ねじ切り２回目
142　刃先をずらす
143　ねじ切り３回目
144　刃先をずらす
145　ねじ切り４回目
146　刃先をずらす
147　ねじ切り５回目
148　刃先をずらす
149　ねじ切り６回目
150　刃先をずらす
151　ねじ切り７回目
152　刃先をずらす
153　ねじ切り８回目
154　刃先をずらす
155　ねじ切り９回目
156　ねじ切り１０回目
157　ねじ切り１１回目
158　X50.0 に切削送り
159　中間点に早送り
160　オプショナルストップ
161　原点復帰，荒削りバイトを選択
162　プログラムエンド

図9・11
(d) の
プログ
ラム
(2) に
同じ

9・2 NC旋盤のプログラミング

[解]　　　　＊＊＊＊＊＊ PROCESS SHEET ＊＊＊＊＊＊
　　　　　　＊ 00025 ＊

N		N	
1	G28 U0 ＊	101	T0700 M41 ＊
2	W0 T0100 ＊	102	G97 S650 M08 ＊
3	G50 S1200 ＊	103	G00 Z10.0 M03 ＊
4	G00 X200.0 Z200.0 ＊	104	G96 X50.0 S120 ＊
5	M01 ＊	105	G01 X30.0 Z0 F1.0 ＊
6	T0100 M41 ＊	106	X0 F0.1 ＊
7	G97 S635 ＊	107	Z3.0 ＊
8	G00 Z10.0 M03 ＊	108	X10.0 ＊
9	G96 X60.0 S80 ＊	109	X19.95 Z-2.0 F0.1 ＊
10	G01 Z0.2 F1.0 ＊	110	Z-25.0 ＊
11	X0 F0.2 ＊	111	X25.0 ＊
12	Z3.0 ＊	112	X30.0 Z-55.0 ＊
13	G00 X44.0 ＊	113	Z-58.0 ＊
14	G01 Z-60.5 F0.3 ＊	114	G02 X36.0 Z-61.0 R3.0 ＊
15	X50.0 ＊	115	G01 X40.0 ＊
16	G00 Z3.0 ＊	116	G03 X46.0 Z-64.0 R3.0 ＊
17	X40.0 ＊	117	G01 Z-70.0 ＊
18	G01 Z-60.0 ＊	118	X50.0 ＊
19	X50.0 ＊	119	G00 Z10.0 ＊
20	G00 Z3.0 ＊	120	G97 X200.0 Z200.0 S600 ＊
21	X36.0 ＊	121	M01 ＊
22	G01 Z-60.0 ＊	122	T0500 M40 ＊
23	X50.0 ＊	123	G97 S600 M08 ＊
24	G00 Z3.0 ＊	124	G00 X50.0 Z10.0 M03 ＊
25	X32.0 ＊	125	G01 Z-25.0 F1.0 ＊
26	G01 Z-59.0 ＊	126	G97 X30.0 S800 ＊
27	X50.0 ＊	127	X25.0 F0.1 ＊
28	G00 Z3.0 ＊	128	X15.0 F0.05 ＊
29	X28.0 ＊	129	G04 U0.1 ＊
30	G01 Z-35.0 ＊	130	G01 X25.0 F0.1 ＊
31	X30.0 Z-45.0 ＊	131	X50.0 F1.0 ＊
32	X50.0 ＊	132	G00 Z10.0 ＊
33	G00 Z3.0 ＊	133	X200.0 Z200.0 ＊
34	X24.0 ＊	134	M01 ＊
35	G01 Z-24.0 ＊	135	T0900 M40 ＊
36	X50.0 ＊	136	G97 S800 M08 ＊
37	G00 Z3.0 ＊	137	G00 X50.0 Z10.0 M03 ＊
38	X10.4 ＊	138	X30.0 Z5.0 ＊
39	G01 X20.4 Z-1.8 ＊	139	G92 X19.25 Z-21.5 F2.5 ＊
40	Z-24.8 ＊	140	G01 W-0.20 ＊
41	X25.4 ＊	141	G92 X18.55 Z-21.5 ＊
42	X30.4 Z-55.0 ＊	142	G01 W-0.12 ＊
43	Z-58.0 ＊	143	G92 X18.15 Z-21.5 ＊
44	G02 X36.0 Z-60.8 R2.8 ＊	144	G01 W-0.09 ＊
45	G01 X40.0 ＊	145	G92 X17.85 Z-21.5 ＊
46	G03 X46.4 Z-64.0 R3.2 ＊	146	G01 W-0.09 ＊
47	G01 Z-69.8 ＊	147	G92 X17.55 Z-21.5 ＊
48	X50.0 ＊	148	G01 W-0.06 ＊
49	G00 Z10.0 ＊	149	G92 X17.35 Z-21.5 ＊
50	G97 X200.0 Z200.0 S600 ＊	150	G01 W-0.05 ＊
51	M01 ＊	151	G92 X17.15 Z-21.5 ＊
		152	G01 W-0.05 ＊
		153	G92 X16.95 Z-21.5 ＊
		154	G01 W-0.02 ＊
		155	G92 X16.85 Z-21.5 ＊
		156	X16.81 ＊
		157	X16.77 ＊
		158	G01 X50.0 ＊
		159	G00 X200.0 Z200.0 ＊
		160	M01 ＊
		161	G28 U0 W0 T0100 ＊
		162	M30 ＊

9・3 NC フライス盤とマシニングセンタのプログラミング

　NC フライス盤や MC では，仕上がり図形をそのままプログラムしておいて，後で工具半径を NC に教えることによって，自動的に半径分だけ外側（または内側）にずらせて加工することができる工具径補正の機能をもっている．また，MC は工具交換機能（ATC）を備えているため，工具長の違いを MC に登録し，また，何番のツールマガジンポットに工具番号何番の工具を入れたかも登録する必要がある．プログラム原点のとりかたも，NC 旋盤のように G50 を使わないで G92 を使うなど，多少違っている点がある．表 9・3 に NC フライス盤，マシニングセンタ用の主な準備機能を示した．G00, G01, G02, G03 などは NC 旋盤と同様である．

　MC による加工は本来はテーブルが動くが，プログラミングを行う場合，機械の動きで考えると混乱しやすいので，プログラム上の考えかたとしては「主軸の工具が動くもの」と考えてプログラミングする．

表 9・3　準備機能の一覧表(その 2)　NC フライス盤・マシニングセンタ用．

G コード	機　　　能	テープ指令および説明
G 9 2	座標系設定	G92 X＿＿＿ Y＿＿＿ Z＿＿＿ この指令によりアブソリュート座標原点を設定する工具のいる場所を NC に教えるだけで，工具の座標値の原点がプログラム原点に設定される．軸の移動はない．
G 9 0	アブソリュート指令	設定原点を基にした座標，絶対座標方式であり，G91 を指令するまで，この状態となる．
G 9 1	インクレメンタル指令	いま工具のいる位置がつねに 0 と考える，増分方式で，G90 を指令するまで，この状態を保つ．
G 4 1 G 4 2 G 4 0	工具径補正　左側 進行方向に対して 工具径補正　右側 工具径補正　キャンセル	G00 ｝ G41 ｝ X＿＿＿ Y＿＿＿ D 補正番号 G01 ｝ G42 ｝ 仕上がり図形をそのままプログラムしておいて，後で工具半径を NC に教えることにより，自動的に半径分だけ外側（または内側）にずらせて加工できる．工具径補正量はプログラム上には D26～D32 の番号で登録しておき，オフセット No. 26~32 にあとで工具半径を設定する（キーインする．）．
G 4 5 G 4 6	オフセットメモリに設定した補正量を　伸長 同じく　　　　　　縮小	G45　G91　G00　Z50.　D 補正番号 G46 工具位置オフセット 工具先端が加工面上 50 mm まで下がる． D は工具長補正量のプログラム上の登録番号で，普通は工具番号と同じにする．
G 0 4	ドウェル	G04　X＿＿＿　秒単位 G04　P＿＿＿　1/1000 秒単位

（次ページに続く）

9・3 NCフライス盤とマシニングセンタのプログラミング

Gコード	機能	テープ指令及び説明
G17 G18 G19	XY平面指定 ZX平面指定 YZ平面指定	電源投入時は自動的にG17が選択される．
G28	自動リファレンス点復帰	G91 G28 X0 Y0 Z0 リファレンス点へ早送りで復帰，復帰完了ランプが点灯する．
G54 〜 G59	ワーク座標 1 〜 〃　〃　6	G90 {G54〜G59} G00 X＿＿＿＿ Y＿＿＿＿ (Z＿＿＿＿) マシニングセンタではテーブル上に6個の工作物の座標原点を取ることができる． ただしG59は工具交換のテーブル位置としての場合もある．
G81	穴あけサイクル	G81 X＿＿＿ Y＿＿＿ Z 深さ R早送り点 F送り X, Y：穴加工位置，Z：最終的な深さ（通常マイナス），R：早送りでのワーク上面とのすきま．
G73	高速深穴あけ	G73 X＿＿＿ Y＿＿＿ Z＿＿＿ R＿＿＿ Qペック量 F＿＿＿ Q：ペック　1回の切込み量，切り込むと少し戻り，また切り込む．切りくずが切断され巻付を防止できる．
G82	穴加工，穴底で停止	G82 X＿＿＿ Y＿＿＿ Z＿＿＿ R＿＿＿ Pドウェル F＿＿＿ P：1/1000秒単位．停止時間．
G84	タップ作業用	G84 X＿＿＿ Y＿＿＿ Z＿＿＿ R＿＿＿ F＿＿＿ 穴底で主軸逆転し，R点で再び正転する．ただし， $F = (0.9 \sim 0.95) \times S \times P$　　P：ピッチ，S：回転数
G85 G86	ボーリング用	省略　他に穴底停止のG89，精密ボーリングのG76がある．

1. アブソリュート座標とインクレメンタル座標

NC旋盤ではインクレメンタルはU＿＿＿ W＿＿＿で表したが，G90…ABS., G91…INC.で区別する．アブソリュート指令は，プログラム原点を基にした指令で，インクレメンタル指令は工具がいまいる場所をつねに0と考える指令である．G90, G91は，モーダルコードといい，いちど切り換えると，異なる指令がない限り，そのままの状態になる．

2. 座標系設定

G92 X＿＿＿ Y＿＿＿ Z＿＿＿ CR この指令によってアブソリュート座標のプログラム原点が設定する．工具のいる場所をNCに教えるだけで，軸の移動はないが，工具の座標値の原点がプログラム原点に設定される．図9・14に示すようにMCではワークオフセットに機械座標値（X, Y）をINPUTし，Zは工具長をオフセットに登録すれば，3行のプログラムによって実行される．

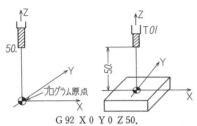

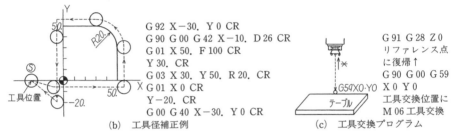

図 9·14　MCのプログラム.

3. 工具径補正

これは自動的に半径分だけ外側（内側）にずらせて輪郭加工をする機能である．図9·14(b) に示すように

$$\left.\begin{array}{l}G\,00\\G\,01\end{array}\right\}\left\{\begin{array}{l}G\,41\\G\,42\end{array}\right\}\,X\underline{\quad}\,Y\underline{\quad}\,D\,補正番号\,(F\,連度)\,CR$$

と指令するが，Dの補正番号は，ふつうATCの工具収納本数より多い番号を使う．工具がT01～T25まであればD01～D25は工具の長さを登録するのに使うのでD26～D32の番号でプログラムに登録しておき，MCの工具オフセットのNo.26～No.32にあとで半径値を設定する．進行方向の左にずらせるのがG41，右方向にずらせるのがG42であり，G41，G42を指令したら，最後にG40で補正を解除しておく．

4. 工具位置オフセット

G 45 G 91 G 00 Z(50.0) D 補正番号

主軸に工具を取り付け，主軸を最上端（Z機械原点）まで上げ，ここでZ=0として，再び工具の先端を工作物上面まで下ろして，工作物に接するZの数値を，Dの補正番号の数値として入力，登録しておけば，上の指令で，主軸は下がり，工具先端が工作物面上，50.0mmの点で止まる．つぎにG 92 Z 50.0 CRとすれば，工作物の上面がZ=0となる．MCで工具長をオフセットに工具番号ごとに登録しておけば，工具長補正となる．なお，工具の基準長さとの差をオフセット量として登録して（H　　）工具位置オ

フセットとし，G 91 G 00 G 43 Z…H…を使うこともある（G 43 工具長補正＋を使う．）．

5．工具交換

これは，M 06 によって行われる〔図 9・14(c) を参照〕．

F コード　送りは mm/min．T コード … 2 桁でよい．

例題 9・2　図 9・15(a) に示す部品を加工するためのプログラムを作成せよ．ただし材料は 64×104 の 10mm の S 55 C の板材とする．

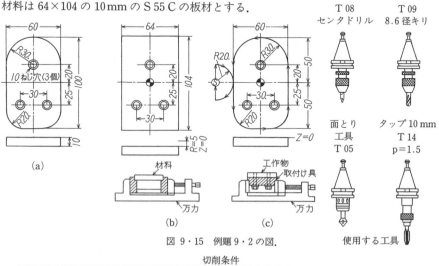

図 9・15　例題 9・2 の図．

切削条件

工　具	工具 No.	工具長	Z 切込み	F	回転数 S	R	ペック量 Q
センタドリル	T 08	D 08	5　mm	30	600	5	
8.6 径ドリル	T 09	D 09	15　mm	60	600	5	2
面とり工具	T 05	D 05	5.5mm	30	600	5	
タッピング工具	T 14	D 14	15　mm	285	200	5	

〔**解**〕　輪郭を削るときに，工作物を万力でくわえられないので，先に 10mm のねじ穴 3 個をつぎの手順で加工する．

①　図 9・15(b) に示すようにプログラム原点をとり，センタドリルによってもみ付け，ねじ下きり（8.6mm）によって穴あけし，面取り，タップ立ての順に加工する．

②　加工条件を表のようにとり，プログラム①～④まで加工する．

③　同図 (c) のような取付け具を作り，下から 10mm ボルト 3 本で材料を固定し，取付け具を万力でくわえて，輪郭を加工する．

④　工具は 20φ 径の 2 枚刃の超硬エンドミルを使う．工具番号 T 03，工具長補正 D 03，荒削りは工作物の厚さ 10mm であるから切込み深さ 5mm とし，2 回にわけて輪郭を削る（Z＝－5 および Z＝－10），工具回転数 1000 rpm，送り 30 mm/min，工具径補

取付け用ねじ穴の加工のプログラムNo. O4000

①センタドリル
G90G00G54X0Y0T09S600M03CR
G91G45Z100.D08CR
G92Z100.CR
G90G81X0Y20.Z-5.F30M08CR
X-15.Y-25.CR
X15.CR
M09CR
G91G28Z0CR   ┌工具交換
G90G00G59X0Y0CR │T08 － T09
M06CR   └

②穴あけ
G90G00G54X0Y0T05S600M03CR
G91G45Z100.D09CR
G92Z100.CR
G90G73X0Y20.Z-15.R5.Q2.F60M08CR
X-15.Y-25.CR
X15.CR
M09CR
G91G28Z0CR
G90G00G59X0Y0CR
M06CR

③面とり
G90G00G54X0Y0T14S600M03CR
G91G45Z100.D05CR
G92Z100.CR
G90G81X0Y20.Z5.5R5.F30M08CR
X-15.Y-25.CR
X15.CR
M09CR
G91G28Z0CR
G90G00G59X0Y0CR
M06

④タップ立て
G90G00G54XY0T03S200M03CR
G91G45Z100.D14CR
G92Z100.CR
G90G84X0Y20.Z-15.R5.F285M08CR
X-15.Y-25.CR   ┌タップの送りは┐
X15.CR   │F=p ×N ×0.95│
M09CR   │=1.5*200*0.95│
G91G28Z0CR   │=285 とする │
G90GG59X0Y0CR   └   ┘
M06CR
M30CR エンドオブプログラム
      カーソルは先頭に戻る。

エンドミルで輪郭を削るプログラム

⑤O5000 メインプログラムNo.
G90G00G54X0Y0S1000M03CR   ◆の真上に主軸がくる
G91G45Z100.D03CR   工作物上100mm まで下がる
G92Z100.CR   その点をZ100. とする。
G90G00X-50.CR   ⑤点に早送り
Z5.CR   工具を加工面上5mm に
G01Z-5.F30CR   5mm 切込みをかける。
D26M98P5001CR   サブプロ呼出し
G90G01Z-10.CR   切込みを10mmに
D26M98P5001CR   サブプロ呼出し
S1200CR   回転数1200rpm に
D27M98P5001CR   仕上げ削りサブプロ呼出し
G91G28Z0CR   Z方向リファレンス点に
G90G00G59X0Y0CR   工具交換位置に
M30CR   プログラム終了
%   （テープ送り一時停止）

⑥O5001 サブプログラム
      のNo.
G90G01G42X-50.Y20.F30M08CR
G02X-30.Y0R20.CR
G01Y-30.CR
G03X-10.Y-50.R20.CR
G!X10.CR
G03X30.Y-30.R20.CR
G01Y20.CR
G03X-30.R30.CR
G01Y0CR
G02X-50.Y-20.R20.M09CR
G01G40Y0CR   工具径補正
             キャンセル
M99CR メインプロに復帰
%

正 D 26（10.2）とする．

⑤ 仕上げ削りは工具は換えないで，回転数を 1200 rpm として，切込み深さは 10 mm，送りは変えないで輪郭を削るが，工具径補正 D 27（10.0）とする．

⑥ 輪郭はエンドミルで 3 周して削るが，工具経路のプログラムは同じで，サブプログラムとし，工具の選択，回転，上下，工具径補正などはメインプログラムとする．一般にメインプロの番号は O につづき 4 桁で，上 3 桁は重複しなければ任意に決めてよいが，下 1 桁の数字を 0 にする．サブプロの番号は下 1 桁を 1〜9 とし，他の 3 桁はメインプロと同じくすることが多い．NC テープを作成するときは，CR をキーインした後にメインプロ No. の O 5000 CR G 90……M 30 CR％（少しスペースを打って），CR O 5001 CR G 90 G 01……とサブプロを続けて打てばよい．なお，このサブプロの始めで，直線部分で工具径補正をかけ，円弧で切り込むのは，切込み点をきれいにするための手段である．

例題 9・3 2 枚刃の 20 mm 径エンドミルで S 1000 の場合，切削速度はいくらか．また，送りを 30 mm/min とすると，1 刃当りの送りはいくらか．

〔解〕 62.8（m/min），0.015（mm）

例題 9・4 図 9・15(a) をポンチとし，図 9・16 のようにダイを加工して打抜き型とするとき，クリアランス（すきま）が 0.05 mm になるように加工するときは，20 mm のエンドミルを使うとして，工具径補正の工具径オフセットに入れる数値はいくらか．

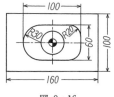

図 9・16

〔解〕 9.950（mm）

9・4 自動プログラミング

工作物の形が複雑になると線分と線分，線分と円弧との交点などは計算で求めるが，これをマニアルプログラミングすると時間と労力がかかるのでコンピュータで指令テープを作る．この場合，図面の形状，工具の経路，作業順序などを自動プログラム言語で表現するが，これをパートプログラムといい，このパートプログラムをコンピュータに入力して，翻訳して工具座標演算，工具移動順序，補助機能を指定するものが，メインプロセッサであり，NC の特定の機械に合うように指令を変更して，NC テープを作成する処理をするものが，ポストプロセッサである．

NC 用の自動プログラム言語としては APT（アメリカ），EXAPT（ドイツ）があり，日本でも富士通，日立精工の FAPT，HAPT などがある．FAPT は図 9・17(a) に示すような簡易形のパソコンを用いた自動プログラミングシステム P-MODEL G を使う

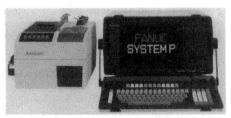
(a) システムの外観.

(b) タブレット

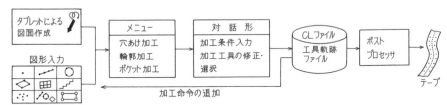
(c) 図形入力によるNCテープ作成.
図 9・17 自動プログラミングシステム

が，これには各種のソフトウェアがある．入力方式には言語入力と図形対話入力とがあるが，図形対話入力 (Symbolic) 方式は同図 (b) に示したタブレットに図面をのせて座標値を入力できるので簡単である．この入力方式による汎用パソコンを用いる NC データ作成のソフトは他社でも開発され，同図 (c) に示すように，図形定義，輪郭定義がワーク図面からタブレットやデジタイザによって NC データが簡単に入力できる．

9・5　FA, CAD/CAM, FMC, FMS, CIM

1. FA

これは Factory Automation の略であるが，素材の搬入から加工して出荷するまでの工程を無人で行う生産であり，これに参加する機器を FA 機器などという．

2. CAD/CAM

CAD は Computer Aided Design の略であり，CAM は Computer Aided Manufacturing の略である．つまり，CAD と CAM とを一連の作業として行うことである．一般の CAD データをそのまま CAM に渡しても，直ちに CAD/CAM 化はできない．しかし，同じ CAD/CAM システムのソフトであれば可能であるが，既存のものは少なく，現在では金型用が開発されつつある．主な CAD システムのデータについては，CAM インタフェイス CAD システムが開発されている．

3. FMC

これは Flexible Manufacturing Cell の略である．図 9・17 にその構成例を示したが，

9・5 FA, CAD/CAM, FMC, FMS, CIM

パレットプールを中心に1~3台のMCマシンで構成する加工セルで，中品種中量生産で合理化を計り，パレットプールに収納したワークを連続して加工する．工具の自動供給，ワーク，ジグの自動交換，切粉処理にロボットを使うこともある．なおパレットとは搬送手段としてワークを取り付ける取付け具の一種である（図9・18参照）．

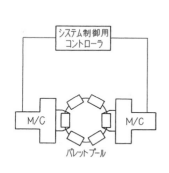

図9・18 FMCの構成例．

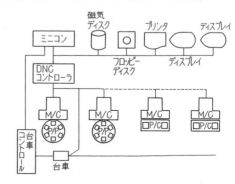

図9・19 FMSの構成例．

4．FMS

これはFlexible Manufacturing Systemの略で，多品種中少量生産の手段として，融通性のあるように，複数のNC工作機，ロボット，自動パレット交換装置，無人運転車，ロボット台車等を取り入れて，一連の生産システムを構成し，コンピュータで制御する（図9・19参照）．

5．CIM

これはComputer Integrated Manufacturingの略で，生産計画から出荷までをコンピュータで一元的に統合した生産システムである．

〔練習問題解答〕

4章 塑性加工

問題1. (1) $\varepsilon_c=(70-100)/100=-0.3$ $\varepsilon_c=\mathrm{i}_n(70/100)=-0.357$
$\sigma_m=F\varepsilon^n/(1+n)=300\times 0.357^{0.25}/1.25=185.5(\mathrm{N/mm^2})$

(2) $(\pi/4)D^2\times 70=(\pi/4)\cdot 80^2\times 100$, $D=\sqrt{80\times 100/70}=95.62(\mathrm{mm})$
$K=1+\mu D/(3H)=1+0.3\times 45.62/(3\times 70)=1.137$,
$p_{av}=1.137\times 185.5=210.9(\mathrm{N/mm^2})$〔$21.5\,\mathrm{kgf/mm^2}$〕

(3) $P=(\pi/4)D^2\times p_{av}=(\pi/4)\times 95.62^2\times 210.9=1514481(\mathrm{N})$,
$P\fallingdotseq 1.5(\mathrm{MN})$〔$154.5\,\mathrm{tf}$〕

問題2. $R\geqq (h_1-h_2)/\mu^2$, $R=(6-3)/0.1^2=300(\mathrm{mm})$

問題3. (1) ダイスの穴径 40 mm.

(2) ポンチの径 $40-1.2\times 0.07\times 2=39.83(\mathrm{mm})$

(3) $l=\pi D=\pi\times 40=125.7$, $P=lt\tau_s=125.7\times 1.2\times 490=73912(\mathrm{N})$
$P=74(\mathrm{kN})$ 〔$7.54\,\mathrm{tf}$〕

(4) $k=1.25$, $h=0.467k\sqrt[3]{P}=0.467\times 1.25\times\sqrt[3]{73912}=24.49\fallingdotseq 25(\mathrm{mm})$

問題4. (1) $A_1=(\pi/4)\times 200^2=31416(\mathrm{mm^2})$, $R=In(31416/2000)=2.754$

(2) $p_{av}=(0.8+1.5\times 2.754)\times 145=714.99=715(\mathrm{N/mm^2})$

5章 熱処理

問題3. ピストンピン，歯車，カム軸，軸類など表面硬化を必要とする部品．炭素鋼，Cr鋼，Cr-Mo鋼，Ni-Cr鋼，Ni-Cr-Mo鋼の炭素量の低い（0.23%以下）の鋼．ガス浸炭法，固体浸炭法，以下本文参照．

〈主要参考文献〉

機械工学便覧：加工学・加工機器（日本機械学会）

機械工作法 (1)：堤信久・葉山益次郎著（コロナ社）

機械工作要論：大西久治著（理工学社）

機械力学入門：堀野正俊著（理工学社）

図解機械工作 (1, 2)：小林輝夫著（オーム社）

中小企業の技術マトリックス：倉林良雄著（世界書院）

索引

〔ア〕
アーク溶接　49, 53
アーバサポート　146
上がり　26
アセチレン過剰炎　45
圧延加工　68
圧力角　162
アプセット溶接　56
荒削り　11
アルミニウム合金　19
アンダカット　52, 168

〔イ〕
板ジグ　143
移動振止め　128
イナートガス　53
鋳物尺（伸尺）　23
鋳物砂　24
イルミナイト　50
インベスメント鋳造法　40
インボリュート歯形　162
インボリュートフライス　148

〔ウ〕
上向き削りと下向き削り　152

〔エ〕
ATC　213
S機能（主軸機能）　215
NCテープ　207
Nプロセス　41
エネルギー法　65
FA　230
F機能（送り機能）　217
M機能（補助機能）　217
エルー式アーク炉　31
エレクトロスラグ溶接法　57
塩基性キュポラ　31
エンゲージ角　152
エンコーダ　211
円弧切削　215

〔オ〕
遠心鋳造法　40
エンドミル　149
塩浴炉　91

オーステンパ　90
オーバアーム　146
オーバラップ　52
オーバラン　189
送り込み研削　193
押え板（ブランクホルダ）　83
押出し　71
押し湯　26
親ねじ　130

〔カ〕
カーバイト　44
開先　53
かき型　23
角フライス　148
加工硬化　63
加工精度　11
加工変質層　202
重ね抵抗溶接　56
風箱　30
ガス浸炭法　99
ガス切断法　48
形削り盤　160
硬さ試験　17
型鍛造　66
型鍛造用機械　67
型ばらし　32
可鍛鋳鉄　35
金型　22
加熱時間　92
かみ込み条件　69
枯らし　98
側フライス　147
乾式ラッピング　205
環状フライス　169
ガンドリル　138
冠歯車　169

〔キ〕
機械工作法　9
機械効率　125
木型　21
CAD/CAM　230
球状黒鉛鋳鉄　35
キュポラ　29
鏡面仕上げ　180
極圧油　113
切りくずの形状　100, 123
切込みダイヤル目盛　12
キリブシュ　144
切れ刃傾き角　121

〔ク〕
クイックチェンジホルダ　147
管の圧延　69
クラウニング量　195
くらゲージ　141
クリアランス　76
グリーソンのすぐばかさ歯車歯
　切り盤　169
クレータ　52
クローズドループ形式　208
クロムモリブデン鋼　18

〔ケ〕
ゲージマチック研削　186
結合剤　173
結合度　173
ケレン　28
限界絞り率　83
現型　22
研削温度の測定　179
研削抵抗　177, 178
研削砥石　172
研削の幾何学　175
研削盤　181
研削比　175
現図　22
原点復帰　211

〔コ〕
高級鋳鉄　35
工具位置オフセット　226
工具径補正　224
工具寿命　105
工具寿命線図　106
硬鋼　18
工作機械　10
較正　102
構成刃先　101
構造用炭素鋼　18
高速度鋼　110
剛塑性体　64
降伏　60
降伏点　17
後方押出し　71
こしき　30
固体浸炭法　99
固定振止め　128
コーナ半径　123
固溶化熱処理　98
コレットチャック　126

〔サ〕
サーボモータ　210
サーメット　111
サイクロイド曲線　162
再結温度　63
最小設定単位　210
最小曲げ半径　80
最適ダイス角　75
差動歯車装置　166
サブゼロ処理　88

〔シ〕
仕上げ削り　11
CNC工作機械　207
CNCワイヤ放電加工機　201
G機能(準備機能)　215
CBN材　112
シーム溶接　56
シェービング加工　170
シェルモールド鋳造法　39
時間焼入れ　92
ジグ　143
ジグ中ぐり盤　140
時効硬化　98
自生作用　171
下向き研削　192
湿式ラッピング　204
自動アーク溶接　53
自動ガス切断機　49
自動旋盤　115
自動プログラミング　229
自動プログラム　208
四方締めチェック　126
絞り加工　82
絞り比　83
絞り力　84
自由鍛造用機械　67
主分力　124
焼結合金　109
正面フライス　149
常用切削速度　106
ショープロセス　41
しわ押え力　84
真応力　61
浸炭法　98
心無し研削盤　192
シンニング　135

〔ス〕
吹管　45
水溶性切削油剤　113
数値制御　207
据込み　66
スクロールチャック　126
図形対話入力　230
スティック・スリップ　197
ステライト　108
ステンレス鋼　18
ストレンゲージ　102
ストレンメータ　102
スパークアウト　185
スパッタ　52
スラスト　133
スローアウェイバイト　118
寸法効果　105, 177

〔セ〕
静圧軸受　181
正極性　50
精密軸受　181
精密中ぐり盤　140
せき(枝湯道)　26
石炭酸レジン　39
せぎり　66
切削温度　107
切削効率　153
切削抵抗　101
切削動力計　102
切削の幾何学　103
接種　35
接触弧の長さ　175
セッティングゲージ　141
セミクローズドループ形式　209

セメンタイト　87
セメンタイトの球状化　94
セラミックス　111
旋回テーブル　150, 184
潜弧溶接機　54
センタ作業　126
線引き　74
前方押出し　71

〔ソ〕
造型機　28
総形フライス　148
創成歯切り法　163
組織　173
塑性　60
ソルバイト　88

〔タ〕
ダイカスト鋳造　37
対数ひずみ　61
ダイセット　78
ダイヤモンドサイジング　186
ダイヤモンドバイト　112
ダイヤモンドフィラ　195
耐力　17
卓上ボール盤　132
多軸ボール盤　133
タップ　136
立てフライス盤　146
多頭ボール盤　133
タリータイム　185
タレット旋盤　114
炭酸ガスアーク溶接　54
炭酸ガス法　41
弾性完全塑性体　64
鍛接　66
鍛流線　65

〔チ〕
窒化　99
チッピング(欠け)　106
チップブレーカ　123
チャック作業　126
鋳鋼　36
鋳造　21
鋳造方案　21
超音波圧接　57
超音波加工　206
超硬合金　108
超硬ドリル　136
超仕上げ　203
調整車　192
超精密研削加工　196
直線切削　215

索　　引

〔チ〕
直立ボール盤　132
直流アーク溶接機　50
チル鋳鉄　36

〔ツ〕
ツイストドリル　135
突合わせ抵抗溶接　56

〔テ〕
低圧鋳造法　38
T 機能(工具機能)　217
TIG　54
低周波誘導炉　31
定寸監視装置　184
テーパ　129
テーブルの浮上がり　187
デットセンタ式　184
テルミット溶接法　57
転位歯車　168
電解加工　201
電解研削　204
電磁チャック　126
電子ビーム溶接　58
点溶接　56

〔ト〕
砥石の3要素　172
砥石の寿命　175
砥石の釣合い　181
等温変態　89
等温変態曲線　89
銅合金　19
通し送り研削　192
トラバース研削　185
トランスファマシン　13
取付け作業　127
砥粒切込み深さ　175
砥粒の種類　173
ドリル抜き(ドリフト)　137
トルーイング　183
トルースタイト　88
ドレッシング　183

〔ナ〕
中子　23
中子押え　28
中子型　23
流し吹き型　25
ナショナルテーパ　129
生型砂　26
ナローガイド　118

〔ニ〕
逃げ角　121

二重溶解　31

〔ヌ〕
抜きこう配　23

〔ネ〕
ねじ追いダイヤル　131
ねじ切り　130
ねじ転造　70
ねじれ溝削り　154
熱電対高温計　91
熱風式水冷キュポラ　30
粘結剤　24

〔ノ〕
ノックアウト　185

〔ハ〕
パートプログラム　229
パーライト　87
羽口比　30
歯車研削盤　194
歯車転造　71
箱ジグ　144
刃先 R 補正自動計算機能　220
刃先点　220
はじろ　24
パテンチング　90
はね返り(スプリングバック)　81
幅木　23
張り気の強さ　32
張り溝　66
万能フライス盤　146

〔ヒ〕
BS テーパ　129
BTA 方式　138
ひき型　23
引抜き　74
比研削抵抗　178
ひざ形フライス盤　144
比切削抵抗　103
引張り試験　16
1 刃当りの送り　151
ビトリファイド　173
びびり　11
標準炎　45
平削りバイト　157
平フライス　147
ビレット　71

〔フ〕
フェライト　87

フェロース形歯切り盤　168
不完全ねじ部　219
不水溶性切削油剤　113
フライス　144
プラスチック材料　20
プラズマアーク溶接　55
フラッシュ　66
フラッシュ溶接　57
プラノミラ　159
フランク摩耗　106
プランジ研削　184
ブリネル硬さ　17
フルモールド法　22
プレス　75
ブローチ盤　161
プロジェクション溶接　56
プロセスシート　207

〔ヘ〕
平均切れ刃間隔　175
平均切削厚さ　153
平衡状態図　87
ヘール仕上げ　128
ベーンポンプ　188
劈開作用　171
ベッド形フライス盤　145
ベッドコークス　31
へら絞り　84
ベントナイト　24

〔ホ〕
放電加工　200
ホーニング　202
ボールガイド　187
ボールねじ　212
骨組み型　23
ホブ　163
ポリスチロール模型　22

〔マ〕
マーグ形歯車形削り盤　164
マーグの歯車研削盤　194
マイクロセット　141
マイクロミーリング　175
曲げ力　81
マシニングセンタ　213
マシンラッピング　205
マッチプレート　28
マニアルプログラム　207
マルテンサイト　88
マルテンパ　90

〔ミ〕
ミーハナイト鋳鉄　35

235

MIG　54

〔モ〕
モールステーパ　129
模型　21
モジュール　162

〔ヤ〕
焼入れ　89
焼なまし　88
焼ならし　89
焼戻し　89
焼戻しもろさ　94

〔ユ〕
ユージンセジュルネ法　72
湯道　26

〔ヨ〕
溶解アセチレン　44
溶接部の欠陥　52
溶接部の名称　52
横中ぐり盤　139
横フライス盤　146
寄せ　23

〔ラ〕
ライスハウアー社の歯車研削盤　194
ラジアルボール盤　133
ラッピング　204

〔リ〕
リーマ　136

粒度　173
理論的仕上げ面粗さ　125

〔レ〕
冷間鍛造　65
冷却媒　92
レーザ溶接　58
レジノイド　173
連続切れ刃間隔　175

〔ロ〕
ローレット掛け　128
ロックウェル硬さ　17

〔ワ〕
ワードレオナード方式　157
割出し台　149

- 本書の内容に関する質問は，オーム社ホームページの「サポート」から，「お問合せ」の「書籍に関するお問合せ」をご参照いただくか，または書状にてオーム社編集局宛にお願いします．お受けできる質問は本書で紹介した内容に限らせていただきます．なお，電話での質問にはお答えできませんので，あらかじめご了承ください．
- 万一，落丁・乱丁の場合は，送料当社負担でお取替えいたします．当社販売課宛にお送りください．
- 本書の一部の複写複製を希望される場合は，本書扉裏を参照してください．
  JCOPY ＜出版者著作権管理機構 委託出版物＞
- 本書籍は，理工学社から発行されていた『機械工学入門シリーズ 機械工作入門』を，オーム社から版数，刷数を継承して発行するものです．

機械工学入門シリーズ
機械工作入門

1991 年 11 月 30 日　第 1 版第 1 刷発行
2025 年 4 月 25 日　第 1 版第 30 刷発行

著　者　小 林 輝 夫
発行者　髙 田 光 明
発行所　株式会社 オーム社
　　　　郵便番号 101-8460
　　　　東京都千代田区神田錦町 3-1
　　　　電話 03(3233)0641(代表)
　　　　URL https://www.ohmsha.co.jp/

©小林輝夫 1991

印刷 中央印刷　製本 協栄製本
ISBN978-4-274-05052-7　Printed in Japan

本書の感想募集　https://www.ohmsha.co.jp/kansou
本書をお読みになった感想を上記サイトまでお寄せください．
お寄せいただいた方には，抽選でプレゼントを差し上げます．

● 機械工学入門シリーズ

機械材料入門 （第3版） 佐々木雅人 著
A5判/232頁
本体2100円【税別】

本書は、ものづくりに必要な、材料の製法、特性、加工性、用途など、機械材料全般の基本的知識を広く学ぶための入門テキストです。第3版では、材料技術の進展にともない新たに開発された新素材や新しい機械材料（合金鋼、希有金属、非金属材料、機能性材料等）について増補するとともに、JIS材料関係規格についても最新規格に準拠。企業内研修および学校教育用テキストとして最適です。

機械力学入門 （第3版） 堀野正俊 著
A5判/152頁
本体1800円【税別】

材料力学入門 （第2版） 堀野正俊 著
A5判/176頁
本体2000円【税別】

生産管理入門 （第5版） 坂本碩也 著・細野泰彦 改訂　最新刊
A5判/240頁
本体2400円【税別】

機械工学一般 （第3版） 大西 清 編著
A5判/184頁
本体1700円【税別】

機械設計入門 （第4版） 大西 清 著
A5判/256頁
本体2300円【税別】

要説 機械製図 （第3版） 大西 清 著
A5判/184頁
本体1700円【税別】

流体のエネルギーと流体機械 高橋 徹 著
A5判/184頁
本体2100円【税別】

● 電子機械入門シリーズ

メカトロニクス （第2版） 鷹野英司 著
A5判/248頁
本体2500円【税別】

センサの技術 （第2版） 鷹野英司・川嶌俊夫 共著
A5判/216頁
本体2400円【税別】

アクチュエータの技術 鷹野英司・加藤光文 共著
A5判/176頁
本体2300円【税別】

● 機械工学基礎講座

工業力学 （第2版） 入江敏博・山田 元 共著
A5判/272頁
本体2800円【税別】

機械設計工学 ─機能設計 （第2版） 井澤 實 著
A5判/360頁
本体3500円【税別】

機械力学 I ─線形実践振動論 井上順吉・松下修己 共著
A5判/264頁
本体2800円【税別】

◎本体価格の変更、品切れが生じる場合もございますので、ご了承ください。
◎書店に商品がない場合または直接ご注文の場合は下記宛にご連絡ください。
TEL.03-3233-0643 FAX.03-3233-3440 https://www.ohmsha.co.jp/

● 好評既刊

自動車工学概論（第3版）
竹花有也 著　　　　　　　　　　　　A5判　並製　232頁　本体2400円【税別】

自動車の歴史から、電気自動車・ハイブリッド車、ITやAIを活用した先進安全自動車まで、図版を多用してわかりやすく解説した入門書です。第2版では、現在、実用化されている電子制御技術を主軸に内容をあらため、さらにクリーンエンジン・排出ガス浄化など、環境対策を増補しました。機械系学生、機械系業務従事者、機械系教育機関でのテキストに最適。

AutoCAD LT2019 機械製図
間瀬喜夫・土肥美波子 共著　　　　　　B5判　並製　296頁　本体2800円【税別】

3日でわかる「AutoCAD」実務のキホン
土肥美波子 著　　　　　　　　　　　　B5判　並製　152頁　本体2000円【税別】

機械力学の基礎
堀野正俊 著　　　　　　　　　　　　　A5判　並製　192頁　本体2200円【税別】

機械工作要論（第4版）
大西久治 著／伊藤 猛 改訂　　　　　　A5判　並製　288頁　本体2300円【税別】

機械工作概論（第2版）
萱場孝雄・加藤康司 共著　　　　　　　A5判　並製　256頁　本体2500円【税別】

板金製缶 展開板取の実際 ― 厚板・求角・曲げ計算まで ―
繁山俊雄 著　　　　　　　　　　　　　A5判　並製　192頁　本体2700円【税別】

実用本位 板金展開詳細図集（改訂版）
池田 勇 著　　　　　　　　　　　　　A5判　並製　148頁　本体2100円【税別】

詳解 工業力学（第2版）
入江敏博 著　　　　　　　　　　　　　A5判　並製　224頁　本体2200円【税別】

総説 機械材料（改4版）
落合 泰 著　　　　　　　　　　　　　A5判　並製　192頁　本体1800円【税別】

基礎製図（第6版）
大西 清 著　　　　　　　　　　　　　B5判　並製　136頁　本体2100円【税別】

JISにもとづく 機械製作図集（第8版）
大西 清 著　　　　　　　　　　　　　B5判　並製　168頁　本体2200円【税別】

JISにもとづく 標準機械製図集（第8版）
大柳康・蓮見善久 共著　　　　　　　　B5判　並製　152頁　本体2100円【税別】

◎本体価格の変更、品切れが生じる場合もございますので、ご了承ください。
◎書店に商品がない場合または直接ご注文の場合は下記宛にご連絡ください。
TEL.03-3233-0643　FAX.03-3233-3440　https://www.ohmsha.co.jp/

● オーム社の好評図書

マンガでわかる**溶接作業**

［漫画］野村宗弘 ＋ ［解説］野原英孝　　A5判　並製　168頁　本体1600円【税別】

大人気コミック『とろける鉄工所』のキャラクターたちが大活躍！
さと子のぶっとび溶接を手堅くフォローするのは溶接業界人材育成の第一人者による確かな解説。溶接作業の［初歩の初歩］が楽しく学べます。
［主要目次］　プロローグ　溶接は熱いっ、んで暑い !!　**1**　ようこそ！溶接の世界へ　**2**　溶接やる前、これ知っとこ　**3**　被覆アーク溶接は棒使い　**4**　「半自動アーク溶接」〜スパッタとともに〜　**5**　つやつや上品、TIG溶接　**6**　溶接実務のファーストステップ　エピローグ　さと子、資格試験に挑戦！　付録　溶接技能者資格について

図でわかる**溶接作業の実技**（第2版）

小林一清 著　　　　　　　　　　　　　　　A5判　並製　272頁　本体2600円【税別】

現場で実際に行われている各種の手溶接法を一冊にまとめた待望の実技書。被覆アーク溶接、炭酸ガス半自動アーク溶接、ティグ溶接、ガス溶接（切断を含む）、火炎ろう付け法などについて、溶接母材や材料、装置・器具から実技の基本、作業手順まで、ほんとうに知りたいポイントを明快に図説。若手技術者や学生、JIS技術検定受験者の皆さんに絶好の書。

JISにもとづく 機械設計製図便覧　第13版

すべてのエンジニア必携。あらゆる機械の設計・製図・製作に対応。

工学博士　津村利光 閲序／大西 清 著　　B6判　上製　720頁　本体4000円【税別】

主要目次　**1** 諸単位　**2** 数学　**3** 力学　**4** 材料力学　**5** 機械材料　**6** 機械設計製図者に必要な工作知識　**7** 幾何画法　**8** 締結用機械要素の設計　**9** 軸、軸継手およびクラッチの設計　**10** 軸受の設計　**11** 伝動用機械要素の設計　**12** 緩衝および制動用機械要素の設計　**13** リベット継手、溶接継手の設計　**14** 配管および密封装置の設計　**15** ジグおよび取付具の設計　**16** 寸法公差およびはめあい　**17** 機械製図　**18** CAD製図　**19** 標準数　付録

JISにもとづく 標準製図法　第15全訂版

JIS B 0001：2019 対応。日本のモノづくりを支える、製図指導書のロングセラー。

工学博士　津村利光 閲序／大西 清 著　　A5判　上製　256頁　本体2000円【税別】

メカニズムの事典

伊藤　茂 編　　　　　　　　　　　　　　　A5判　並製　240頁　本体2400円【税別】

◎本体価格の変更、品切れが生じる場合もございますので、ご了承ください。
◎書店に商品がない場合または直接ご注文の場合は下記宛にご連絡ください。
TEL.03-3233-0643　FAX.03-3233-3440　https://www.ohmsha.co.jp/